机场工程系列教材

机场地基处理技术

李　婉　苏立海　梁　磊　姚志华　主编
岑国平　主审

人民交通出版社股份有限公司
北　京

内 容 提 要

本书为机场工程系列教材，主要介绍了国内外机场常用的地基处理方法及其适用范围。全书共八章，分别是：绪论、碾压夯实法、强夯法及强夯置换法、排水固结法、复合地基处理技术、灌浆法、加筋土技术和高填方地基加固处理。书中论述了各加固方法的原理、设计计算、处理效果的检验、质量验收以及适用范围，供设计、施工人员参考。机场地基处理通常涉及大面积处理以及局部处理。大面积地基处理力求方法简单、经济合理、便于施工，运用碾压夯实法、强夯法等方法具有较大的优势，相反，运用复合地基处理技术等方法则存在造价偏高、施工难度较大等不足；当涉及高填方工程原地基处理或建(构)筑物地基局部处理时，尤其是对地基承载力和变形要求较高时，复合地基处理技术等方法则可以发挥较好的作用，其他方法也可以根据实际情况酌情考虑，遵循工程造价低、施工难度小等原则选择合理的地基处理施工方法。

本书可作为机场工程专业本科生的教材，也可供公路工程、城市道路工程等土建专业和从事岩土工程勘察、设计研究、施工、监理以及其他相关工程的管理人员参考使用。

图书在版编目(CIP)数据

机场地基处理技术 / 李婉等主编. — 北京 : 人民交通出版社股份有限公司, 2022.5

ISBN 978-7-114-17803-0

Ⅰ.①机… Ⅱ.①李… Ⅲ.①机场—地基处理 Ⅳ.①TU248.6

中国版本图书馆 CIP 数据核字(2021)第 276964 号

机场工程系列教材

Jichang Diji Chuli Jishu

书　　名：机场地基处理技术
著 作 者：李　婉　苏立海　梁　磊　姚志华
责任编辑：李　瑞
责任校对：刘　芹
责任印制：张　凯
出版发行：人民交通出版社股份有限公司
地　　址：(100011)北京市朝阳区安定门外外馆斜街 3 号
网　　址：http://www.ccpcl.com.cn
销售电话：(010)59757973
总 经 销：人民交通出版社股份有限公司发行部
经　　销：各地新华书店
印　　刷：北京虎彩文化传播有限公司
开　　本：787×1092　1/16
印　　张：12
字　　数：256 千
版　　次：2022 年 5 月　第 1 版
印　　次：2023 年 5 月　第 2 次印刷
书　　号：ISBN 978-7-114-17803-0
定　　价：35.00 元
(有印刷、装订质量问题的图书由本公司负责调换)

前·言

Preface

《机场地基处理技术》是为了满足机场工程专业课程建设的需要,基于机场工程专业的教学计划,在充分调研的基础上,结合长期积累的机场工程地基处理经验,并认真总结国内外相关的研究成果和大量的实践经验编写而成的。

地基处理是岩土工程学科的一个分支,是机场工程的根基和先导性工程,对机场工程的质量和安全使用具有决定性的影响。随着机场工程的迅速发展,新建和迁建机场工程越来越多地遇到复杂的地质条件和不良地基,因此就需要对各种不良地基进行处理。

机场地基处理的主要目的是减少地基的沉降,尤其是不均匀沉降,提高地基的承载力,防止道面断板和错台,保证道面的安全使用;提高软弱地基的强度,保证地基的稳定性;提高地基的抗剪强度,增强边坡的稳定性;消除特殊土的湿陷性、冻胀性、胀缩性等。

目前,国内外的地基处理方法很多,且在不断发展。每一种地基处理方法都有其各自的适用范围和局限性。在机场地基处理过程中应根据机场等级、场道工程功能分区、岩土工程勘察资料,综合考虑道面结构类型、施工条件、工期造价等因素,选择合适的地基处理方法,做到因地制宜、就地取材、保护环境、节约资源。

为了便于学生学习和工程技术人员使用,本书对目前常用的各种地基处理方法进行了较全面的论述,特别是对各种地基处理方法的适用范围、加固原理、设计计算、处理效果及检验方法做了较系统的阐述，并以机场场道工程设计要求及标准为指导，结合工程案例，在内容上体现各方法在机场工程中的应用。

本书第一、二、四章由李婉编写，第六、七、八章由苏立海编写，第三章由梁磊编写，第五章由姚志华编写。限于作者理论水平及实践经验等不足，书中难免存在不妥，敬请读者批评指正。

编者

2021年12月

目·录

Contents

第一章

绪　论

第一节　地基处理概述

一、场地

场地是指工程建设直接占有并直接使用的有限面积的土体。场地范围内及其邻近的地质环境都会直接影响场地的稳定性。宏观的场地不仅代表所划定的土地范围，还应扩大到某种地质现象或工程地质问题所包括的地区，所以场地的概念不能机械地理解为建筑占地面积，在地质条件复杂的地区，还应包括该面积在内的某个微地貌、地形和地质单元。场地的评价对工程的总体规划具有深远的实际意义，关系工程的安全性和工程造价。

二、地基

地基是指承受建(构)筑物荷载的天然或人工填筑的土(岩)体，分为天然地基和人工地基。基础直接建造在未经加固的天然土层上的地基称为天然地基；当地基强度稳定性不足或压缩性很大，不能满足设计要求时，可以针对不同情况对地基进行相应处理，经过处理后的地基称为人工地基。

道基是指道面下受道面传递的飞机或车辆荷载影响的天然或人工填筑土(岩)体。实践证明，没有一个坚实、均匀、稳定的道基，即使采用很坚固的面层，道面结构在飞机荷载作用下，也会很快发生破坏。机场道面结构和土面区临空面地基所面临的问题有以下四个方面：

1.稳定问题

稳定问题是指在建(构)筑物荷载作用下，地基土体能否保持稳定。地基的稳定性，主要与地基土体的抗剪强度有关，也与基础形式、大小和埋深等因素有关。机场道基稳定性除受地基土体的抗剪强度影响外，还受地区土性、填挖方大小、大气降水、大气温度周期性变化等因素影响，这些影响严重时，会导致病害发生。如：在软土地层上修筑机场，或者在山区修筑高填方机场时，有可能由于软土层承载能力不足，或者由于坡体失去支撑，而出现道基沉陷后坡体失稳破坏；低洼地带道基排水不良，长期积水，会使道基软化，失去承载力；土面区临空面排水不良，会引发滑坡或边坡滑塌；水泥混凝土道面如果不及时将水排出结构层，会产生唧泥现象，冲刷基层，导致结构层提前破坏；地下水源丰富的地区，低温会引起冻胀，导致道基上面的道面结构发生断裂；盐渍土地区，溶陷与盐胀也会使道基上面的道面脱空、抬升或断裂。

2. 压缩及不均匀沉降问题

当地基在上部结构的自重及外荷载作用下产生过大的变形时，会影响道面结构的使用功能；当地基沉降大于飞行区道面影响区和土面区所容许的工后沉降与差异沉降时，可能导致道面断板或错台，排水系统失效，从而影响飞机的安全起降与机场的正常通航。

3. 渗漏问题

由于地下水在运动中会产生水量的损失，可能使地基土出现排水固结从而导致道面结构塌陷，或产生潜蚀和管涌导致道面结构病害发生。

4. 液化问题

在动力荷载作用下，饱和松散粉细砂或部分粉土会产生液化，使土体失去抗剪强度，并呈现近似液体特性的现象，从而导致地基失稳和震陷。

三、基础

基础是指建(构)筑物向地基传递荷载的下部结构，它具有承上启下的作用。它处于上部结构的荷载及地基反力的相互作用下，承受由此而产生的内力(轴力、剪力和弯矩)。另外，基础底面的反力反过来又作为地基上的荷载，使地基产生应力和变形。因此，地基和基础的设计往往是不可分割的，进行基础设计时，除需保证基础结构本身具有足够刚度和强度外，还需选择合理的基础尺寸和布置方案，使地基的强度和变形满足相关规范的要求。

四、地基处理

若天然地基很软弱，不能满足地基强度、变形等要求，则要事先对天然地基进行加固再在其上建造基础，这种对地基进行加固的过程称为地基处理。

我国幅员辽阔，从沿海到内陆，从山区到平原，呈现气候类型多，地形、地貌复杂的特点，从而导致不同地区地基类型各异，其抗剪强度、压缩性、透水性等因土的种类不同而可能有很大差异。各地自然条件不同，对机场建(构)筑物产生的影响和造成的病害就不同,因此,在机场地基处理中应考虑的问题也各不相同。例如,高填方机场的“移山填沟”地基应考虑工后变形和边坡稳定性问题;季节性冻土地区的机场地基处理应考虑抗冻要求,且主要病害是道面的冻胀和翻浆;盐渍土地区的机场地基处理应考虑盐胀和溶陷问题。因而,如何根据各地自然区域的特征,因地制宜,选择合适的基础形式和地基处理方案,是十分重要的。

五、地基土特征

地基土中,不少为软弱土和不良土,主要包括:软土、人工填土(包括素填土、杂填土和冲填土)、盐渍土、湿陷性黄土、冻土、膨胀土等。下面简要介绍上述地基土的工程特性。

1. 软土

软土一般指天然含水率高、压缩性大、承载能力低的一类软塑到流塑状态的黏性土。如淤泥、淤泥质土以及其他高压缩性饱和黏性土、粉土等。

软土一般是在静水或缓慢的流水环境中沉积,经生物化学作用形成的。这种黏性土的特点是天然含水率高,一般为35% ~80%;天然孔隙比大,一般为1.0 ~2.0;抗剪强度低,不排水抗剪强度为5 ~25kPa;压缩系数高,一般为0.5 ~1.5MPa^{-1};渗透系数小,一般为$1\times10^{-8}\sim1\times10^{-6}$cm/s。在荷载作用下,软土地基承载力低,地基沉降变形大,不均匀沉降也较大,而且沉降稳定历时较长,在比较深厚的软土层上,结构物基础的沉降往往需要几年,甚至几十年。

2. 人工填土

人工填土按照物质组成和堆填方式可以分为素填土、杂填土和冲填土三类。

(1)素填土。素填土是由碎石土、砂土、粉土和黏性土等一种或几种材料组成的填土,其中不含杂质或含杂质很少。素填土按主要组成物质分为碎石素填土、砂性素填土、粉性素填土、黏性素填土。若分层压实则称为压实填土,其性质取决于填土性质、压实程度以及堆填时间。

(2)杂填土。杂填土是人类活动形成的无规则堆积物,由大量建筑垃圾、工业废料或生活垃圾组成,其成分复杂,性质随成分而变,成层有厚有薄。在大多数情况下,杂填土是比较疏松和不均匀的,在同一场地的不同位置,地基承载力和压缩性也有较大的差异。

(3)冲填土。冲填土是由水力冲填泥砂形成的。冲填土的性质与冲填泥砂的来源及冲填时的水力条件密切相关。含黏性土颗粒较多的冲填土往往是欠固结的,其强度和压缩性指标都比同类天然沉积土差;以粉细砂为主的冲填土,其性质基本上和粉细砂相同。

3. 盐渍土

土中易溶盐类含量超过一定数值的土称为盐渍土。盐渍土地基浸水后,土中盐类溶解,可能引发地基溶陷,某些盐渍土(如含硫酸钠的土)在环境温度和湿度变化时,土体可能膨胀。除此之外,盐渍土中的盐溶液还会导致结构物材料的腐蚀,造成结构物的破坏。

4. 湿陷性黄土

湿陷性黄土是指在上覆土层的自重应力或自重应力和结构物的附加应力综合作用下,土被水浸湿后,土的结构迅速破坏,并发生显著附加下沉,强度迅速降低的黄土。由于地基土的湿陷性而引起的结构物不均匀沉降是造成黄土地基事故的主要原因,因而设计时首先要判断地基土是否具有湿陷性,再考虑如何进行地基处理。

5. 冻土

冻土是指处于负温气候条件下,其中含有冰的各种土。冬季冻结、夏季融化的土层称为季节性冻土。冻结状态持续三年以上的土层称为多年冻土或永冻土。季节性冻土因其周期性的冻结和融化,因而对地基的不均匀沉降和地基的稳定性影响较大。

6. 膨胀土

膨胀土是指主要由亲水性黏土矿物组成的黏性土。它是一种吸水膨胀、失水收缩,具有较强的胀缩变形性能,且能变形往复的高塑性黏土。膨胀土作为建筑物的地基常会引起建筑物的开裂、倾斜而破坏。膨胀土边坡很不稳定,作为开挖介质时可能在开挖体边坡产生浅层滑坡。

第二节 地基处理的目的

我国的新建机场工程越来越多地遇到不良地基,因此,对地基处理的需求也就越来越迫切。当飞行区和航站区的天然地基无法满足工程需要时,必须对地基进行处理,应针对不同的土质选取适宜的地基处理方法。地基处理的目的是利用各种方法对地基土进行加固,以改良地基土的工程特性。

(1)提高地基的抗剪强度。

地基的剪切破坏表现在:地基承载力不够,在填土或建(构)筑物荷载作用下,导致道面结构的多种病害、高填方道基的边坡失稳,从而影响整个道面结构和建筑物的稳定;偏心荷载及侧向土压力的作用使结构物失稳;土方开挖时边坡失稳。地基的剪切破坏反映在地基土的抗剪强度不足,为了防止剪切破坏,就需要采取一定措施以增加地基的抗剪强度。

(2)降低地基的压缩性。

地基的压缩性是道面或建筑物产生沉降和差异沉降的内在因素。比如:在填土或建筑物荷载作用下,地基会产生固结沉降;作用于建筑物基础的负摩擦力引起建筑物沉降;基坑开挖引起邻近地面沉降;由于降水地基产生固结沉降。地基的压缩性反映在地基的压缩模量指标的大小，因此，需要采取措施提高地基土的压缩模量，从而减少地基的沉降或不均匀沉降。

(3)改善地基的透水性。

地基的透水性对地基的影响体现在高填方地基中，因原地基或填土内存在粉质黏土层或粉土，地基透水性差，孔隙水无法排出，超静孔隙水压力过大导致边坡失稳；在碾压地基时，因地基压实不紧密，水分的渗透加快，会使地基的水稳性变差或易发生盐胀和冻胀等病害；在基坑开挖过程中，因土层内夹薄层粉砂或粉土而产生流砂和管涌。为此，必须采取相应措施改善地基土透水性或减小其水压力。

(4)改善地基的动力特性。

地基的动力特性表现在地震时饱和松散粉细砂(包括部分粉土)将产生液化；飞机荷载或打桩等使邻近地基产生振动下沉。为此，需要采取相应措施防止地基液化，并改善其动力特性以提高地基的抗震性能。

(5)改善特殊土地基的不良工程特性。

主要是减少或消除特殊土地基的一些不良工程性质，如湿陷性黄土的湿陷性、膨胀土的胀缩性和冻土的冻胀融沉性等。

第三节 地基处理方法分类及各种方法的适用范围

地基处理方法的分类方式有多种，可以从地基处理的作用机理、地基处理的目的、所处理地基的性质、地基处理的时效、地基处理的深度等不同角度进行分类。一般认为按地基处理的作用机理进行分类较为妥当。

对地基处理方法进行严格分类是困难的，因为不少地基处理方法同时具有几种不同的作用。例如：碎石桩具有置换、挤密、排水和加筋的多重作用；石灰桩既具有挤密作用又具有吸水作用，且吸水后又进一步挤密。

运用不同的地基处理方法时，必须注意每种地基处理方法的加固机理和适用范围。

一、碾压夯实法

1. 机械碾压法

机械碾压法采用机械夯实、碾压或振动对填土、湿陷性黄土、松散无黏性土等软弱或原来比较疏松的表层土进行压实。该法可提高持力层的承载力，减少沉降量，消除或部分消除土的湿陷性和胀缩性。

适用范围：含水率接近最优含水率的浅层疏松黏性土、松散砂性土、湿陷性黄土、杂填土。常用于基坑面积宽大和开挖土方量较大的回填土方工程。

2. 重锤夯实法

重锤夯实法是利用重锤自由下落时的冲击能来夯实浅层土地基，使其表面形成一层较为均匀的硬壳层，从而提高地基强度。

适用范围：地下水位以上稍湿的黏性土、砂土、湿陷性黄土、杂填土以及分层填土地基。

3. 振动压实法

振动压实法是用振动压实机械在地基表面施加振动力以振实浅层松散地基，使地基土的颗粒受到振动而发生相对运动，移动至稳固位置，减小土的孔隙。

适用范围：松散砂性土、杂填土、含少量黏性土的建筑垃圾、工业废料和炉灰填土。

4. 换土夯实法

换土夯实法是将基底以下一定深度范围内的软弱土层挖除，换填无侵蚀性的低压缩性散体材料（中砂、粗砂、砾石、碎石、卵石、矿渣、灰土、素土等），分层夯实后作为基础的持力层。常用机械碾压、重锤夯实和平板振动进行施工。

适用范围：浅层地基处理。

二、强夯法

强夯法是将很重的锤从高处自由落下，多次夯击地面，利用强大的夯击能，迫使深层土液化和动力固结，使土体密实，以提高地基承载力，减小沉降，消除土的湿陷性、胀缩性和液化性。

适用范围：无黏性土、杂填土、非饱和黏性土、湿陷性黄土等。

三、排水固结法

排水固结法的原理是软黏土地基在荷载作用下，土中孔隙水慢慢排出，孔隙比减小，地基发生固结变形。同时，随着超静水压力逐渐消散，土的有效应力增大，地基土的强度逐步增加。

排水固结法常用于解决软黏土地基的沉降和稳定问题，可使地基的沉降在加载预压期间基本完成或大部分完成，使结构物在使用期间不致产生过大的沉降和沉降差。同时可增加地基土的抗剪强度，从而提高地基的承载力和稳定性。

排水固结法是通过排水系统和加压系统来实现对地基的加固。排水系统可在天然地基中设置竖向排水体（如普通砂井、袋装砂井、塑料排水板等），并利用天然地基土层本身的透水性。根据排水系统和加压系统的不同，排水固结法可分为下述几种。

1. 堆载预压法

堆载预压法是在建造结构物前，通过临时堆填土石等方法对地基加载预压，达到预先完成部分或大部地基沉降，并通过使地基土固结提高地基承载力，然后撤除荷载，再建造结构物。

临时的预压荷载一般等于结构物的荷载，但为了减少由于次固结而产生的沉降，预压荷载也可大于结构物的荷载，称为超载预压。

为了加快堆载预压地基固结速度，此方法常与砂井法或塑料排水板法等同时应用。如黏土层较薄，透水性较好，也可单独采用堆载预压法。

适用范围：软黏土地基。

2. 真空预压法

真空预压法是在黏性土层上铺设砂垫层，然后用薄膜密封砂垫层，用真空泵对砂垫及砂井抽气，使地下水位降低，同时在大气压力作用下加速地基固结。与堆载预压法相比，真空预压法就是以真空造成的大气压力代替临时堆土荷载或其一部分。由于真空预压的压力只能达到某一程度，如达不到结构物的荷载，还需另加荷载。

适用范围：软黏土地基。

3. 降低地下水位法

降低地下水位虽然不能改变地基中的总应力，但能减小孔隙水压力，使有效应力增大，促进地基固结，达到在建造结构物前完成部分固结沉降和提高地基强度的目的。

适用范围：在地下水位接近地面的土层中开挖深度较大的工程，特别是饱和粉细砂地基多采用降低地下水位的措施。

4. 电渗法

电渗法是在土中插入金属电极并通上直流电，由于受直流电场作用，土中的水从阳极流向阴极，然后水从阴极排出，而不让水在阳极附近补充，借助电渗作用可逐渐排出土中的水。在工程上常利用此方法降低黏性土的含水率或地下水位来提高土坡或基坑边坡的稳定性，也可利用此方法来加速堆载预压饱和黏性土地基的固结，提高地基强度等。

适用范围：饱和软黏性土地基。

四、挤密桩法

1. 土桩、灰土桩法

土桩和灰土桩挤密地基是由桩间挤密土和填夯的桩体组成的人工“复合地基”。土桩主要用于消除湿陷性黄土地基的湿陷性，灰土桩主要用于提高人工填土地基的承载力。

适用范围：湿陷性黄土、人工填土、非饱和黏性土地基。

2. 砂石桩法

砂石桩法是在松散砂土或人工填土中设置砂桩，对周围土体或产生挤密作用，或同时产生振密作用。可以显著提高地基强度，改善地基的整体稳定性，并减少地基沉降量。

适用范围：松砂地基或杂填土地基。

3. 石灰桩法

石灰桩法是在软弱地基中用机械成孔，在孔中填入作为固化剂的生石灰，并压实以形成桩体，利用生石灰的吸水膨胀放热作用和土与石灰的离子交换反应、凝硬反应等，改善周围土体的物理力学性质，石灰桩和周围被改良的土体一起组成复合地基，达到地基加固的目的。

适用范围：软黏性土地基。

4. 水泥粉煤灰碎石桩法

水泥粉煤灰碎石桩法是将碎石、石屑、粉煤灰掺适量水泥并加水拌和，用各种成桩机制成具有可变黏结强度的桩型。通过调整水泥掺量及配合比，桩体水泥强度可在C5～C20之间变化。桩体中的碎石为粗集料；石屑为中等粒径集料，可使级配良好；粉煤灰具有细集料及低标号水泥的作用。

适用范围：软黏性土、淤泥、淤泥质土、粉土、砂性土、杂填土及湿陷性黄土地基。

5. 振冲法

振冲法通常用以加固砂层，其原理是：一方面，依靠振冲器的强力振动使饱和砂层发生液化，颗粒重新排列，孔隙比减小；另一方面，依靠振冲器的水平振动力，形成垂直孔洞，在其中加入回填料，使砂层挤压加密。

适用范围：砂性土，粒径小于0.005mm且黏粒含量小于10%的黏性土，若黏粒含量大于30%，则效果明显降低。

6. 爆破法

爆破法是在地基钻孔中爆破黄色炸药或其他炸药，利用爆破产生的气体压力使地基压密，并在爆孔中加入填料，压实后形成复合地基。对饱和松砂地基，可利用爆破振动，使松砂层液化，颗粒重新排列而趋于密实，达到加固地基的目的。

适用范围：非饱和疏松黏性土、湿陷性黄土、饱和松砂、杂填土地基。

五、化学加固法

1. 灌浆法

灌浆法的原理是用压力泵把水泥浆液或化学浆液注入土体，使土粒胶结，用以提高地基承载力，减少沉降，增加稳定性，防止渗漏。

在地基处理中，常用的灌浆方法按其依据的理论可分为四种：渗入性灌浆法、劈裂灌浆法、压密灌浆法、电动化学灌浆法。

适用范围：砂及砂砾、湿陷性黄土、黏性土地基。

2. 高压喷射注浆法

高压喷射注浆法简称高喷法或旋喷法。它是利用钻机把带有喷嘴的注浆管钻入土中的预定位置，然后用高压的水泥浆液冲切土体，在喷射浆液的同时，喷嘴以一定速度旋转、提升,形成水泥土圆柱;若喷嘴提升而不旋转,则形成墙状固结体。土体加固后可提高地基承载力,减少沉降,防止砂土液化、管涌和基坑隆起,建成防渗帷幕。

适用范围:软土、黏性土、粉土、砂土、湿陷性黄土、人工填土及碎石土等地基。

3. 深层搅拌法

深层搅拌法是利用水泥、石灰或其他材料作为固化剂的主剂,通过特别的深层搅拌机械,在地基深处就将软土和固化剂(水泥或石灰的浆液或粉体)强制搅拌,形成坚硬拌和柱体,与原地层一起形成复合地基,从而起到加固的作用。

适用范围:超软土、软弱黏性土、泥炭土、粉土、淤泥和淤泥质土等地基。

六、加筋法

加筋法是通过在土层中埋设强度较大的土工聚合物、拉筋、受力杆件等提高地基承载力,减小沉降,或维持建筑物稳定的地基处理方法。加筋法一般有下述几种:

1. 土工聚合物法

土工聚合物法是利用土工聚合物的高强度、高韧性等力学性能,扩散土中应力,增大土体的刚度模量或抗拉强度,改善土体或构成加筋土以及各种复合土工结构。土工聚合物除了具有上述加固强化作用外,还可以用作反滤、排水和隔离材料。

适用范围:加强软弱地基或用作反滤、排水和隔离材料。

2. 加筋土法

加筋土法是把抗拉能力很强的拉筋埋置在土层中,通过土颗粒和拉筋之间的摩擦力形成一个整体,称为加筋土。拉筋一般使用具有耐拉力、摩擦系数大而耐腐蚀性好的板状、网状、丝状、带状的材料,以镀锌钢片、铝合金以及合成树脂等材料为主。

适用范围:在人工填筑的砂性土地基中可以采用,但不宜用于黏性土地基。

3. 锚固法

锚固法是将一种新型受拉杆件的一端固定在边坡或地基的岩层或土层中,另一端与结构物(如挡土结构物)联结,利用锚固力来承受土压力、水压力或风力施加于结构物的推力,从而维持结构物的稳定。

适用范围:在天然地层中可用灌浆锚杆,在人工填土中可用锚定板。

第四节　地基处理方案确定

在确定地基处理方案时,航站区地基处理应考虑上部结构、基础和地基的共同作用,进行多种方案的技术、经济比较,选用地基处理方案或加强上部结构与地基处理相结合的方案。飞行区原地基处理应考虑地形及地质状况，地基成层状况，软弱土层厚度、不均匀性和分布范围，持力层位置及状况，地下水位情况及地基土的物理力学性质等因素，对几种地基处理方案进行技术、经济以及施工进度等方面的比较，选用合适的地基处理方案。存在复杂地基问题的高填方工程应通过原地基处理试验确定技术、经济合理的地基处理方法、工艺和参数，土石方填筑应通过土石方填筑试验确定技术、经济合理的填筑方法、工艺和参数。

一、地基处理方案确定概述

应根据结构物对地基的要求和天然地基条件确定地基是否需要处理。在确定是否需要进行地基处理时，应将上部结构、基础和地基统一考虑。若天然地基能够满足结构物对地基的要求，尽量采用天然地基。若天然地基不能满足要求，首先需要确定进行地基处理的天然地层的范围以及地基处理要求；然后，根据天然地层的条件、地基处理方法、过去应用的经验和现有的机具设备、材料条件，进行地基处理方案的可行性研究，提出多种可行方案；最后，对提出的多种方案进行技术、经济、施工进度等方面的比较分析，并考虑环境保护要求，确定采用一种或几种地基处理方法。

初步确定地基处理方案后，可根据需要进行小型现场试验或补充调查，依据试验成果进行施工设计，然后进行施工。施工过程中进行监测、检验以及反分析，如有需要还可对设计进行修改、补充。

二、确定地基处理方案需考虑的因素

机场地基处理方案受机场场道条件、地基条件和要求、环境条件和施工条件四方面的影响。在确定地基处理方案之前，应详细调查掌握这些影响因素。

1. 机场场道条件

机场场道条件涉及机场总平面，道面结构层的组合、厚度、材料和使用要求，飞机机型、荷载大小、数量和交通量，地基的平整性和压实性等。

2. 地基条件和要求

调查场地的地形地貌、地质构造，查明地质条件（包括岩土的性质、成因类型、地质年代、厚度和分布范围，水文及工程地质条件），确定有无不良地质现象，测定地基土的物理力学性质指标。最后，根据机场工程的要求，对场地的稳定性和适宜性，地基的均匀性、承载力、变形特性等进行评价，分析机场场址的主要岩土工程问题，确定地基处理的目的、范围和处理后要求达到的各项指标等。

了解当地地基处理经验和施工条件，对于有特殊土质或特殊地质条件的工程，还应了解其他地区相似场地上同类工程的地基处理经验和使用效果等。

3. 环境条件

在确定地基处理方案时，注意节约能源、保护环境，避免处理地基时污染地面水或地下水,设备噪声对周围环境产生不良影响,以及使邻近建筑物周围地基产生附加下沉等。因此,要根据当地的环境要求因地制宜地选择合适的地基处理方案。

4. 施工条件

在材料的供给方面,尽可能采用当地的材料,以减少运输费用。

在机械施工设备和机械施工条件方面,要考虑该地区有无所需的施工设备和施工设备的运营状况、人员操作熟练程度。这也是确定采用何种地基处理方法的关键。

在工程费用方面,要综合比较能满足加固要求的各种地基处理方案,选择技术先进、质量有保证、经济合理的方案。技术经济指标的高低,是衡量地基处理方案选择是否合理的关键。

在工期要求方面,应保证地基加固工期不会拖延整个工程的进度。

三、地基处理方案确定步骤

(1)对天然地层进行工程地质勘察,提供详细的工程地质勘察资料。

如果需要进行地基处理,详细的工程地质勘察资料是确定合理的地基处理方法的主要基本资料之一。如果勘察资料不全,则必须根据可能采用的地基处理方法所需的勘察资料作必要的补充勘察,并搜集关于地下管线和地下障碍物分布情况的资料。

(2)根据地基的条件和机场场道对地基的要求初步选定可供考虑的几种地基处理方案。

根据飞行区分区、道面结构及道面类型、使用机型及要求,结合地形地貌、岩土条件、地下水特征、环境条件、对邻近建(构)筑物的影响等因素进行综合分析,初定几种可供选择的地基处理方案。

在选择地基处理方案时,应根据飞行区的不同分区选择不同的处理方案或不同的技术指标。选择道槽区地基处理方案时应充分考虑机场道面、基层与地基的共同作用,进行多种方案的技术、经济比较,选用地基处理方案或加强道面结构与地基处理相结合的方案。

(3)根据工程的具体情况对初步选定的几种地基处理方案进行比较,选择经济合理、技术可靠、施工进度较快的地基处理方案。

在比较地基处理方案时,应从处理方法的加固机理、适用范围、预期处理效果、耗用材料、施工机械、工期要求、对环境的影响等方面进行技术、经济分析和对比,选择最佳的地基处理方案。每一个设计人员必须首先明确,任何一种地基处理方法都不是万能的,都有它的适用范围和局限性。另外,也可采用两种或多种地基处理的综合处理方案。

(4)对已选定的地基处理方案进行必要的现场试验、补充调查,为确定最佳的地基处理方案提供依据。

对于地形和地质条件较复杂、技术要求高的工程以及采用新技术、新工艺、新材料的工程,在进行大面积地基处理施工前,宜在有代表性的场地上进行相应的现场试验或进行试验性施工，并进行必要的测试，以检验设计参数和处理效果。如达不到设计要求，应查明原因，修改设计参数或调整地基处理方案，为今后顺利施工创造条件，加快工程建设进度，优化设计，节约投资。试验性施工一般应在地基处理的典型地质条件的场地以外进行，在不影响工程质量时，也可在地基处理范围内进行。

四、地基处理质量检验

应在地基处理施工结束一定时间后再进行地基处理质量检验。因为大部分地基处理方法的加固效果并不是在施工结束后就能全部显现出来，而是在施工完成后经过一段时间才能逐步体现出来，而且每一项地基处理工程都有它的特殊性，对每一个具体工程往往都有些特殊的要求。另外地基处理大都是隐蔽工程，很难直接检验其加固效果。因此，在地基处理施工过程中和施工完成后要加强质量管理和检验。

机场地基处理质量检验对象应包括原地基处理工程和填方工程，质量检验前应根据工程的具体情况编制检测方案，检测方案应包括检测项目、检测设备型号及参数、检测点位置、检测频率、检测数量等。

原地基处理工程的质量检验要求宜按场地分区、工程地质条件、地基处理方法等综合确定，检验的指标、方法和数量应符合设计要求。原地基处理质量检验的检测时间、检测项目、检测频次、时间间隔、检测要点等与地基处理方法等密切相关，不能一概而论。原地基处理的检测项目及数量应根据场地复杂程度、场地分区和采用的地基处理方法确定，检测内容宜包括地基承载力、变形参数、复合地基增强体的施工质量评价，检测方法可选择平板载荷试验、钻芯法、静力触探试验、动力触探试验、标准贯入试验、波速测试等。对于复合地基可采用复合地基载荷试验来测定承压板下应力主要影响范围内复合土层的承载力。例如：

（1）换填（垫层）地基的检测，换填材料为土料和土质混合料时应进行压实度检测，换填材料为石料、石质混合料和砾质混合料时应进行干密度或固体体积率检测。

（2）强夯地基的检验应在强夯处理后间隔一段时间进行，对碎石土和砂土地基，间隔时间宜为 7 ~ 14d；粉土和黏性土地基宜为 14 ~ 28d；强夯置换地基宜为 28d。强夯地基宜采用静力触探、动力触探、标准贯入、载荷试验等多种原位测试方法和室内土工试验进行综合检验；强夯置换地基宜采用重型或超重型动力触探试验等方法查明置换墩体长度、密实度和着底情况，并检测复合地基承载力或单墩承载力。

（3）散体材料的复合地基增强体应进行密实度检测，对有黏结强度的复合地基增强体应进行强度及完整性检测。复合地基承载力检测应采用复合地基静载荷试验，对有黏结强度的复合地基增强体还应进行单桩静载荷试验。对挤密作用复合地基除检测桩体干密度或压实度外，还应对处理深度范围内的桩间土进行标准贯入试验或其他原位测试；对消除湿陷性的工程，还宜进行浸水静载荷试验。

土石方压实质量检测可采用环刀法、灌砂法、灌水法、原位测试等方法，土石方工程完工高程检测采用水准仪进行；土石方工程完工平整度检测可采用 3m 直尺测最大间隙，取连续5尺的最大值。检测结果应符合设计要求。

五、地基处理工程监测

在地基处理施工过程中，施工单位应有专人负责质量控制和监测，并做好施工记录。当出现异常情况时，须及时会同有关部门妥善解决。为了确保工程建设安全和后期运行安全，应做到保证质量、合理施工和经济适宜，针对机场建设、运行不同阶段的监测目的和任务不同，还应分别制订施工期和工后期的监测方案。

机场飞行区应进行沉降观测。对高填方机场还应进行原地基、填筑体、边坡区、道面的变形监测，包括原地基沉降，填筑体分层沉降、表面沉降，边坡的表面位移、内部位移，支护结构位移和应力，道面表面沉降，孔隙水压力和地下水位。

监测内容可根据不同阶段工程特点适当调整。监测点的布设、监测仪器元件的安装埋设、监测的周期和频率，可根据不同阶段的监测方案执行。沉降和位移观测的基本精度要求，应根据道面工后容许变形值和航站区建筑物地基容许变形值，并结合建筑类型、变形速率、沉降周期等因素综合分析后确定。

通过反分析可获得必要的参考数据，用于验证设计，监测工程安全，进行下一阶段的设计计算。根据实测资料反分析得出的参考数据要比前一阶段的设计更接近实际，必要时可据此修改设计。此外，通过反分析可以获得许多宝贵的经验。

在施工过程的各个阶段，监测和反分析交替进行，是解决土工问题最合理的方法。

思考题与习题

1. 地基面临的问题有哪些？
2. 何谓“软土”“软弱地基”“天然地基”“人工地基”？
3. 软弱地基包括哪些？简述其工程特性。
4. 特殊土地基包括哪些？简述其工程特性。
5. 对饱和软黏性土地基，可以采用哪些地基处理方法？
6. 对湿陷性黄土地基，可以采用哪些地基处理方法？
7. 简述地基处理的目的和方法分类。
8. 试述确定地基处理方案需考虑的因素及地基处理方案确定的步骤。

第二章 碾压夯实法

第一节 概述

碾压夯实法就是对适当含水率下的软弱土或填土地基,采用碾压或夯击方法分层压、夯、振动,使之达到要求的密实度,成为良好人工地基的方法。碾压夯实法适用于处理机场大面积填土地基,控制最优含水率,对道基分层压实,提高强度和降低压缩性,是机场道基施工的基本要求。对大面积填土地基的设计和施工,应验算并采取有效措施确保大面积填土地基及填土下原地基的稳定性、承载力和变形满足设计要求,施工过程中,应对大面积填土地基和周围建筑物、重要市政设施、地下管线等进行变形监测。

碾压夯实法根据原地基软弱土层薄厚不同,一般可分为表层原位压实法和换土夯实法。压实地基的设计和施工方法的选择,应根据机场的等级、道面结构、建筑物体型、场地土层条件、变形要求及填料等因素确定,机场飞行区在正式施工前,应通过现场试验确定地基处理效果。对于浅层软弱地基以及局部不均匀地基可采用换土夯实法进行处理,换土夯实工程量较大时,应按所选用的施工机械、换填材料及场地的土质条件进行现场试验,确定换土夯实效果和施工质量控制标准。

碾压夯实法根据不同的施工机械设备和工艺,一般可分为机械碾压法、振动压实法及重锤夯实法。地下水位以上填土,可采用机械碾压法和振动压实法,非黏性土或黏粒含量少、透水性较好的松散填土地基宜采用振动压实法。地下水位 0.8m 以下,其上部稍湿的一般黏性土、砂土、湿陷性黄土、杂填土等地基也可采用重锤夯实法。

第二节 土的压实机理

实践证明,要使土的压实效果最好,其含水率一定要适当。对过湿的土进行碾压(或夯击、振实)会出现"橡皮土",不能增大土的密实度。对过干的土进行碾压(或夯击、振实),也不能把土充分压实。对填土的碾压质量检验,要求能获得填土的最大干密度 ρ_{dmax},其值可由室内击实试验得出。根据室内标准击实试验,可绘制土的干密度 ρ_d 与含水率 ω 的关系曲线,如图 2-1 所示。在 ρ_d-ω 曲线上 ρ_d 的峰值即为最大干密度 ρ_{dmax},与之对应的含水率即为最优含水率 ω_{op}。

由图 2-1 可看出,当含水率 $\omega < \omega_{op}$时,土的干密度 ρ_d 随含水率 ω 增大而增大;当含水率 $\omega > \omega_{op}$时,土的干密度 ρ_d 随含水率 ω 增大而减小。其原理与土中水的状态有关:当黏性土的含水率较小时,结合水膜很薄,颗粒间引力大,在一定的外部压实功能下,还不能有效地克服这种引力而使土粒相对移动,所以压实效果差,土的干密度较小;当增加土的含水率时,结合水膜逐渐增厚,颗粒间引力减弱,土粒在相同的压实功能下易于移动而挤密,加之水膜的润滑作用,压实效果提高,土的干密度也随之提高。但当土中含水率增大到一定程度后,孔隙中开始出现自由水,这时结合水膜的扩大作用并不显著,颗粒间引力很弱,但自由水充填在孔隙中,阻止了土粒间的移动,并且随着含水率的继续增大,移动阻力逐渐增大,所以压实效果反而下降,土的干密度也随之减小。

对于不同的压实功能(压实单位体积上所消耗的能量),曲线的基本形态不变,但曲线位置却发生移动,如图 2-2 所示,压实功能增大,最大干密度相应增大,最优含水率却减

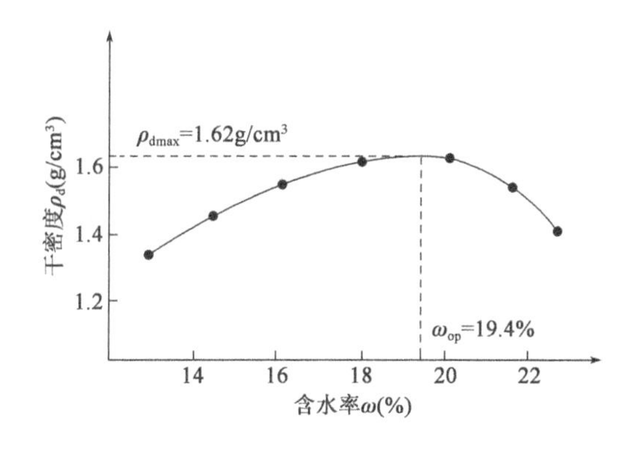

图 2-1 击实曲线

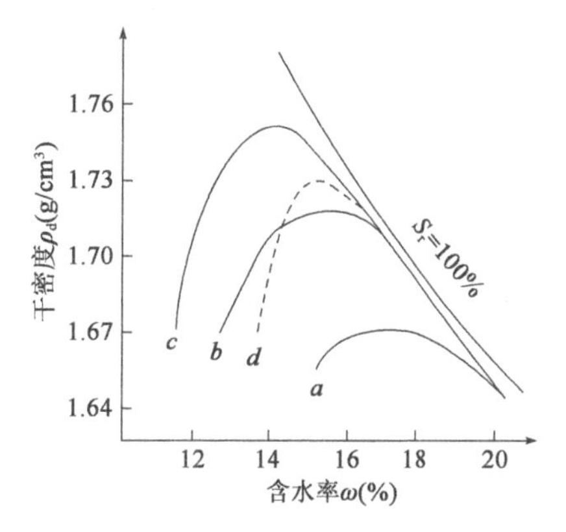

图 2-2 工地现场试验与室内击实试验的比较
a-碾压 6 遍;*b*-碾压 12 遍;*c*-碾压 24 遍;*d*-室内击实试验;$S_r = 100\%$ -饱和曲线

小。亦即压实功能越大,越容易克服颗粒间引力,因此,在较低含水率下可达到最大的密实度。从图2-2还可看出,理论曲线(饱和曲线)高于试验曲线,其原因是理论曲线假定土中空气全部排出,而孔隙完全被水占据,但事实上,土中空气不可能完全排出,因此实际的干密度比理论值要小。另外,相同的压实功能对不同土的压实效果并不相同,黏粒含量较多的土,土粒间的引力较大,只有在含水率较大时,才能达到最大干密度的压实状态。

比较图2-2中室内击实试验结果与工地现场试验结果,用室内击实试验模拟工地现场的压密是可行的,但在相同的压实功能下,工地现场所能达到的干密度一般都低于击实试验所获得的最大干密度。这是由于室内击实试验与工地现场试验的条件不同。室内击实试验时土样是在有侧限的击实筒内,没有侧向位移,力作用在有限体积的整个土体上,击实均匀。而工地现场试验施工面积大,填料土块大小不一,含水率和铺土厚度等难以控制均匀,故压实土的均匀性较差。

压实填土的质量控制指标通常以压实度 λ_c 表示。其计算公式为

$$\lambda_c = \frac{\rho_d}{\rho_{dmax}} \tag{2-1}$$

式中:ρ_d——现场土压实后的实际干密度(g/cm^3);

ρ_{dmax}——土的最大干密度(g/cm^3),通过室内击实试验测得。

道基压实度的选择,一般由设计人员根据道面结构类型和要求、所处的自然环境对道基的影响程度、道基的挖填情况和层位等因素综合考虑。《军用机场水泥混凝土道面设计规范》(GJB 1278A—2009)第5.2.2条要求道基必须具有足够的压实度,应采用重型压实标准,道槽内道基的压实度应符合表2-1的规定,土质地区压实度应符合表2-2的规定。《民用机场水泥混凝土道面设计规范》(MH/T 5004—2010)也规定了各种条件下道床(民航将道面底面以下0.80m范围内的道基部分称为道床)最小压实度要求和道基填方的压实度要求,见表2-3和表2-4。《民用机场沥青道面设计规范》(MH/T 5010—2017)规定了道基的压实度标准,见表2-5。另外,针对高填方机场,《民用机场岩土工程设计规范》(MH/T 5027—2013)规定了高填方机场道基的压实度标准,见表2-6。

《军用机场水泥混凝土道面设计规范》(GJB 1278A—2009)中道槽内道基压实度要求 表2-1

填挖类别	道基顶面以下深度(mm)	压实度(%)	
		细粒土	粗粒土
填方	0~800	≥96	≥98
	>800	≥94	
挖方及零填	0~400	≥96	

注:1. 表列压实度,系按重型击实试验法求得的最大干密度系数。

2. 填方厚度小于400mm时,原地面压实度标准按"挖方及零填"一栏要求。

3. 当受条件所限而必须采用湿黏性土、红黏性土、高液限土、膨胀土、盐渍土等特殊土作为填料时,应采取各种有效措施使压实度达到要求;若压实度达到要求十分困难而又不经济,要求根据试验研究成果确定,或将表列压实度要求降低1%~3%。

《军用机场水泥混凝土道面设计规范》(GJB 1278A—2009)中土质地区压实度要求　　表2-2

道基部位及填挖类别		土质顶面以下深度(mm)	压实度(%)	
			细粒土	粗粒土
土跑道、端保险道、距跑道边缘20m以内的平地区	填方	全填深	≥90	≥93
	挖方及零填	0~200	≥90	
距跑道边缘20m以外的平地区、滑行道外侧	填方	全填深	≥87	≥90
	挖方及零填	0~200	≥87	

《民用机场水泥混凝土道面设计规范》(MH/T 5004—2010)中道床最小压实度要求　　表2-3

填挖类别	道基顶面以下深度(m)	压实度(%)	
		飞行区指标Ⅱ	
		A、B	C、D、E、F
填方	0~0.3	95	96
	0.3~0.8	95	96
挖方及零填	0~0.3	94	95
	0.3~0.8	—	94

注:1. 表中压实度系按《公路土工试验规程》(JTG 3430—2020)重型击实试验法求得的最大干密度的百分数。
2. 挖方区及零填部位,如碾压后或者处理后(采用掺结合料进行改善、表层换填、强夯、冲击碾压等方法)的道床顶面回弹模量达到30MPa以上,则下道床压实度可不作要求。
3. 机场飞行区应根据拟使用飞行区的飞机的特性按指标Ⅰ和指标Ⅱ进行分级。指标Ⅱ按拟使用该飞行区跑道的各类飞机中的最大翼展,采用字母A、B、C、D、E、F进行划分。

《民用机场水泥混凝土道面设计规范》(MH/T 5004—2010)中的道基填方压实度要求　　表2-4

道基顶面以下深度(m)	压实度(%)	
	飞行区指标Ⅱ	
	A、B	C、D、E、F
0.8~4.0	94	95
4.0以下	92	93

注:1. 表中压实度系按《公路土工试验规程》(JTG 3430—2020)重型击实试验法求得的最大干密度的百分数。
2. 在多雨潮湿地区,当土基为高液限黏性土及特殊土质,应根据土基处理要求,通过现场试验分析确定压实标准,根据现场实际情况表内压实度可适当降低1%。

《民用机场沥青道面设计规范》(MH/T 5010—2017)中道基压实度要求　　表2-5

填挖类别	道基顶面以下深度(m)	压实度(%)	
		飞行区指标Ⅱ	
		A、B	C、D、E、F
填方	0~0.3	≥95	≥96
	0.3~1.2 (0.3~0.8)	≥95	≥96

续上表

填挖类别	道基顶面以下深度(m)	压实度(%)	
		飞行区指标Ⅱ	
		A、B	C、D、E、F
挖方及零填	0~0.3	≥94	≥96
	0.3~1.2 (0.3~0.8)	—	≥94

注:1.括号内的深度适用于飞行区指标Ⅱ为A、B、C、D的机场。

2.挖方区及零填部位,如碾压后或者处理后的道床顶面回弹模量达到30MPa以上,则道床顶面以下0.3~1.2m(0.3~0.8m)的压实度可降低1%~2%。

《民用机场岩土工程设计规范》(MH/T 5027—2013)中的高填方机场道基压实度要求 表2-6

部位			道基顶面或地势设计标高以下深度(m)	压实度(%)
飞行区道面影响区	填方		0~4.0	≥96
			>4.0	≥95
	挖方及零填		0~0.3	≥96
			0.3~0.8	≥94
飞行区土面区	填方	跑道端安全区	0~0.8	≥90
			>0.8	≥88
		升降带平整区	0~0.8	≥90
			>0.8	≥88
		其他土面区	>0	≥88
	挖方及零填	跑道端安全区	0~0.3	≥90
		升降带平整区	0~0.3	≥90
		其他土面区	0~0.3	≥88
航站区	填方		>0	≥93
工作区	填方		>0	≥90
预留发展区	填方		>0	≥88
填方边坡稳定影响区	填方		>0	≥93

注:1.表中深度,对飞行区道面影响区自道基顶面起算,对其他场地分区自地势设计标高起算。

2.表中压实度系按《土工试验方法标准》(GB/T 50123—2019)重型击实试验法求得;在多雨潮湿地区或当土质为高液限黏性土时,根据现场实际情况,可将表中的压实度降低1%~2%。

3.高填方机场石方填筑压实指标宜采用固体体积率,具体指标由试验或石料性质确定。

4.各场地分区内建(构)筑物的地基压实指标尚应符合国家现行有关技术标准的规定。

第三节 表层原位压实法

一、机械碾压法

机械碾压法是采用各种压实机械在地基表面来回开动，利用机械自重把松散土地基压实加固。这种方法适用于地下水位以上大面积填土或垫层的压实以及一般非饱和黏性土和杂填土地基的密实处理。

压实方式包括静力碾压、振动碾压和冲击碾压等。静力碾压压实机械是利用碾轮的重力作用进行压实的。振动式压路机是通过振动作用使被压土层产生永久变形而密实。具有碾压和冲击作用的冲击压路机的碾轮分为光碾、槽碾、羊足碾、轮胎碾等（图 2-3）。光碾压路机压实的表面平整光滑，故其使用最广，适用于各种路面、垫层、机场道面、广场等工程的压实。槽碾、羊足碾压路机单位压力较大，压实层厚，适用于路基、堤坝的压实。轮胎碾压路机轮胎气压可调节，可增减压重，改变单位压力，压实过程有揉搓作用，使压实土层均匀密实，且不伤路面，适用于道路、广场等垫层的压实。

a)光碾　b)槽碾　c)羊足碾　d)轮胎碾

图 2-3　常用压实机械碾轮

采用冲击压路机进行碾压的方法又被称为冲击碾压法，是机场岩土工程建设中应用较广的压实方法之一。冲击压路机由曲线为边构成的正多边形冲击轮在位能落差与行驶动能相结合的作用下对工作面进行静压、揉搓、冲击（图 2-4），其高振幅、低频率的冲击碾压使工作面下深层土石的密实度不断增加，受冲压土体逐渐接近弹性状态。与一般压路机相比，冲击压路机具有填方量大、行进速度快（一般可达 10 ~ 15km/h）和工作效率高（是其他压路机的 3 ~4 倍）的特点。

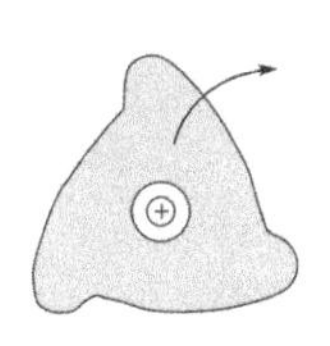 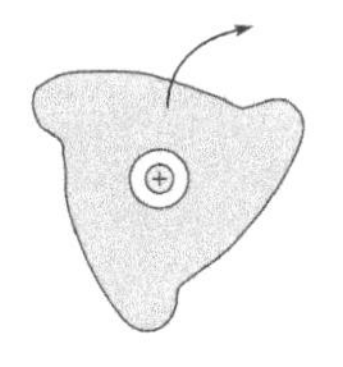 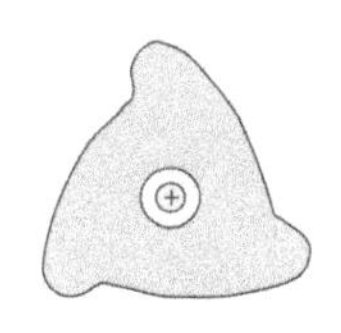

图 2-4　冲击碾压基本原理

采用机械碾压法时应分层填筑、分层压实，不同土质的土不得混填。每种填料的虚铺厚度和压实遍数应根据施工机械的压实能量、填料性质和压实度标准结合现场试验确定，并严格控制碾压土的含水率和密实度。最优含水率应通过重型击实试验确定，粉质黏性土和灰土等细粒填料的施工含水率宜控制在最优含水率 $\omega_{op}\pm2\%$ 的范围内，粉煤灰填料的施工含水率宜控制在 $\omega_{op}\pm4\%$ 的范围内。当填筑至道基顶面时该层最小压实厚度应不小于 100mm。实际工程中垫层的每层铺填厚度及压实遍数可参考表 2-7 确定。

垫层的每层铺填厚度及压实遍数　　表 2-7

碾压设备	每层虚铺厚度(mm)	每层压实遍数(遍)	土质环境
平碾(8～12t)	200～300	6～8	软弱土、素填土
羊足碾(5～16t)	200～350	8～16	软弱土
蛙式夯(碾)(200kg)	200～250	3～4	狭窄场地
振动碾(8～15t)	500～1200	6～8	砂土、湿陷性黄土、碎石土等
冲击碾(冲击势能 15～25kJ)	1200～1500	10	

机场工程实践中，对于道槽下的原道基，当原道基的覆土厚度较小(一般小于 1m)时，可采用碾压方法处理；对于道槽下的填筑体，可采用分层碾压方法。在斜坡上进行压实填土，应考虑压实填土沿斜坡滑动的可能，并应根据天然地面的实际坡度验算其稳定性。当天然地面坡度大于 20% 时，填料前，宜将斜坡的坡面挖出若干台阶，使压实填土与斜坡坡面紧密接触，形成整体，防止压实填土向下滑动。此外，还应将斜坡顶面以上的雨水有组织地引向远处，防止雨水流向压实的填土内。压实填土边坡应控制坡高和坡比，而边坡的坡比与其高度密切相关，为了提高其稳定性，通常将坡比放缓，但若坡比太缓，压实的土方量会过大，不一定经济合理。因此，坡比不宜太缓，也不宜太陡，坡高和坡比应有一合适的关系。压实填土由于填料性质及厚度不同，它们的边坡坡度允许值也有所不同。

碾压工作宜采用先轻后重、先慢后快的方式进行。每次运行碾压机均宜从两侧向中央进行，主轮应重叠 15cm 左右。冲击碾压施工的冲击碾压宽度不宜小于 6m，工作面较窄时，需设置转弯车道；冲压最短直线距离不宜小于 100m，冲压边角及转弯区域应采用其他措施压实；施工时，地下水位应降低到碾压面以下 1.5m。

原地面碾压过程中，如发现碾压机械的轮迹突然增大，应检查碾压区域下面是否有暗坑、暗沟、暗井、暗坟或不稳定土壤，并应采取措施妥善处理。冲击碾压施工时应考虑对居民、建(构)筑物等周围环境可能带来的影响。可采用以下两种减振隔振措施：①开挖宽 0.5m、深 1.5m 左右的隔振沟进行隔振；②降低冲击压路机的行驶速度，增加冲压遍数。

二、振动压实法

振动压实法是利用振动压实机(图 2-5)将松散土振动密实。此法适用于处理无黏性土或黏粒含量少、透水性较好的松散杂填土以及矿渣、碎石、砾石、砾砂、砂砾石等地基。

振动压实机的工作原理是由电动机带动两个偏心块以相同速度反向转动而产生很大的垂直振动力。这种振动机的转速为1160~1180r/min,振幅为3.5mm,质量为2t,振动力可达50~100kN,并能通过操纵机械前后移动或转动。

振动压实的效果与换填土的成分、振动时间等因素有关。一般振动时间越长,效果越好。但是,当振动时间超过某一值时,振动引起的下沉基本稳定,再继续振动就不能起到进一步的压实作用。为此,一般要在施工之前进行试振,以确定稳定下沉量和时间的关系。对于主要由炉渣、碎砖、瓦块组成的建筑垃圾,振动时间约为1min以上;对于炉灰和细粒填土,振动时间为3~5min,有效振实深度为1.2~1.5m。振动碾压机具的速度宜控制在2~3km/h。冲击碾压的速度宜控制在12km/h左右。

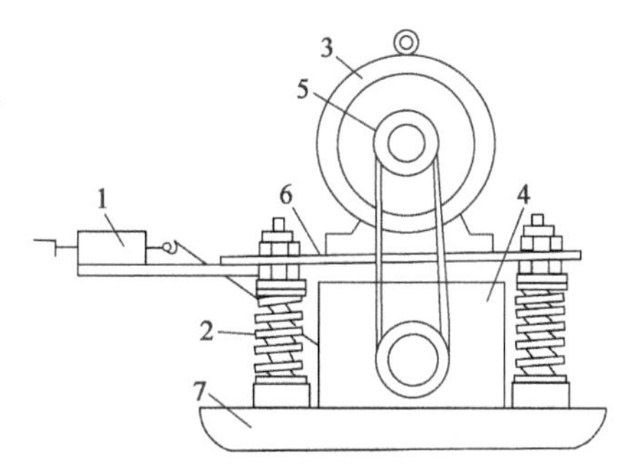

图2-5 振动压实机示意图

1-操纵机械;2-弹簧减振器;3-电动机;4-振动器;5-振动机槽轮;6-减振架;7-振动板

振动压实范围应由基础边缘每边扩出0.6m左右,先振基槽两边,然后振中间。其振动压实的标准以振动机原地振实不再继续下沉为合格,并辅以轻便触探试验检验振动压实的均匀性和影响深度。推动压实后的地基承载力标准应通过现场荷载试验确定。一般杂填土经振动压实后,地基承载力可达到100~120kPa。

地下水位过高会影响振动压实效果,当地下水位距振动压实面小于60cm时,应降低地下水位。另外,施振前应对周围环境进行调查。一般情况下,振源与邻近建筑物、地下管线或其他设施的距离应大于3m。

三、重锤夯实法

重锤夯实法是利用起重设备将夯锤提升到一定高度,然后自由落锤,利用重锤自由下落时的冲击能来夯实浅层土层,重复夯打,使浅部地基土或分层填土密实。重锤夯实法一般适用于地下水位距地表0.8m以上非饱和的黏性土、砂土、杂填土和分层填土。

重锤夯实法用到的主要机具设备为起重机、夯锤、钢丝绳、吊钩等。夯锤的形状宜采用圆台形,如图2-6所示,锤重不宜小于2t,锤底面静压力应控制在15~20kPa。

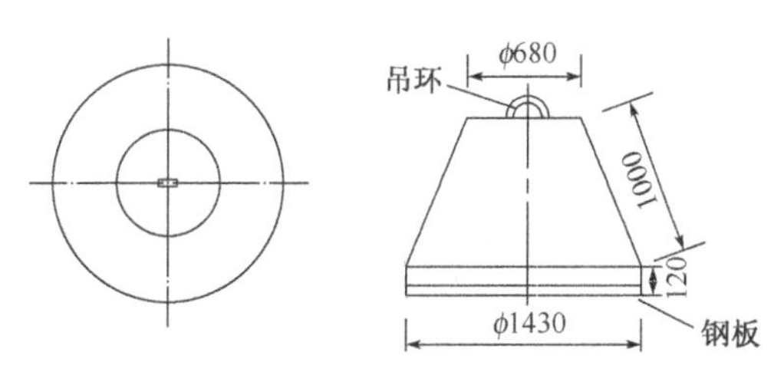

图2-6 夯锤示意图(尺寸单位:mm)

起吊设备应采用带有摩擦式卷筒的起重机或其他起重设备。如直接用钢丝绳悬吊夯锤,吊车的起吊能力一般要大于锤重的 3 倍;采用脱钩夯锤时,起吊能力应大于锤重的 1.5 倍。落距宜大于 4m。

重锤夯实的影响深度及加固效果与锤重、锤底直径、落距、夯击遍数、土质条件等因素有关。随着夯击遍数的增加,每遍夯击的土的夯沉量逐渐减小,而且,当土被夯实到某一密实度时,再增加夯击能量或夯击遍数,土的密实度不再增加,有时甚至会降低。因此,应进行现场试验,确定符合夯击密实度要求的最少夯击遍数、最后下沉量(最后两击的平均下沉量)、总的下沉量及有效夯实深度等。对于黏性土及湿陷性黄土,最后两击的平均下沉量控制在 10 ~ 20mm 时停止夯击;对于砂性土,最后两击的平均下沉量控制在 5 ~ 10mm 时停止夯击。工程实践经验表明,施工时夯击遍数应比试夯时确定的最少夯击遍数多 1 ~ 2遍,有效夯实深度约为锤底直径的 1 倍。

第四节 换土夯实法

当软弱土地基的承载力和变形满足不了建(构)筑物的要求,而软弱土层的厚度又不是很大时,将基础底面以下处理范围内的软弱土层部分或全部挖去,然后分层换填性能稳定、无侵蚀性、强度较高的材料,并压实(夯实、振实)至要求的密实度,这种地基处理方法称为换土夯实法(又称开挖置换法、换土垫层法,简称换土法、垫层法)。换土夯实法适用于淤泥、淤泥质土、湿陷性黄土、素填土、杂填土地基及暗沟、暗塘等的浅层处理,处理深度宜控制在 0.5 ~ 3m。

虽然换填的材料不同,其应力分布有所差异,但从试验结果分析,不同材料垫层的极限承载力还是比较接近的,且通过沉降观测资料,发现不同材料垫层上的建(构)筑物沉降的特点也基本相似,所以各种材料的垫层都可近似地按砂垫层的计算方法进行计算。不同材料的垫层,其主要作用与砂垫层相同,即:

(1)提高地基承载力。浅基础的地基承载力与基础下土层的抗剪强度有关。如果以抗剪强度较高的砂或其他填筑材料代替较软弱的土,可提高地基承载力,避免地基破坏。

(2)减小沉降量。一般地基浅层部分的沉降量在总沉降量中所占的比例是比较大的。如以密实砂或其他填筑材料代替上部软弱土层,就可以减少这部分的沉降量。砂垫层或其他垫层对应力的扩散作用,使作用在下卧层土上的压力减小,这样也会相应减少下卧层土的沉降量。对于湿陷性黄土地基,采用不具有湿陷的垫层处理后可大大减少地基湿陷量。

(3)加速软弱土层的排水固结。砂垫层、砂石垫层等垫层材料透水性大,软弱土层受压后,垫层可作为良好的排水面,使基础下面的孔隙水压力迅速消散,加速垫层下软弱土层的固结并提高其强度。

(4)防止冻胀。由于粗颗粒的垫层材料孔隙大,不易产生毛细现象,因此可防止在寒冷地区土中结冰造成的冻胀。这时,砂垫层的底面应满足当地冻结深度的要求。

(5)消除膨胀土的胀缩作用。在膨胀土地基上可选用砂、碎石、块石煤渣、二灰土或灰土等材料作为垫层以消除胀缩作用。在机场工程中,当填方高度小于道床厚度且地基为膨胀土时,宜挖除地表0.3~0.6m的膨胀土,并将道床换填非膨胀土或掺灰处理。地基若为强膨胀潜势的膨胀土,挖除深度应达到大气影响急剧层深度。

换土垫层视工程具体情况而异,软弱土层较薄时,常全部换填;若软弱土层较厚,可部分换填,并允许有一定程度的沉降或变形。

按换填材料的不同,垫层可分为砂石(砂砾、碎卵石)垫层、土(素土、灰土、二灰土)垫层、粉煤灰垫层、矿渣垫层、土工合成材料加筋垫层等。不同材料的垫层,其应力分布稍有差异,但根据试验结果及实测资料,垫层地基的强度和变形特性基本相似,因此可将各种材料的垫层设计都近似地按砂垫层的设计方法进行计算。

一、换填材料(土、石)要求

1. 砂石

宜选用碎石、卵石、角砾、圆砾、砾砂、粗砂、中砂或石屑,并应级配良好,不含植物残体、垃圾等杂物。当使用粉细砂或石粉时,应掺入不少于30%的碎石或卵石。砂石的最大粒径不宜大于50mm。对于湿陷性黄土或膨胀土地基,不得选用砂石等透水性材料。

2. 粉质黏性土

土料中有机质含量不得超过5%,且不得含有冻土或膨胀土。当含有碎石时,其最大粒径不宜大于50mm。用于湿陷性黄土或膨胀土地基的粉质黏性土垫层,土料中不得夹有砖、瓦或石块等。

3. 灰土

石灰和土料的体积比一般为2:8或3:7。石灰宜选用新鲜的消石灰,其最大粒径不得大于5mm。土料宜选用粉质黏性土,不宜使用块状黏性土,且不得含有松软杂质,土料应过筛且最大粒径不得大于15mm。

4. 粉煤灰

粉煤灰是一种碱性材料,遇水后由于碱性可溶物的析出使得pH值升高,同时粉煤灰中还含有一定量的微量有害元素和放射性元素,因此,选用的粉煤灰应满足相关标准对腐蚀性和放射性的要求,对粉煤灰垫层中的金属构件、管网采取一定的防腐措施。大量填筑粉煤灰时,要考虑粉煤灰中微量有害元素的溶出对场地地下水和土壤环境的不良影响,经评价合格后,方可使用。

实践证明,在粉煤灰垫层上覆盖0.3~0.5m厚的黏性土,不仅可以防止干灰飞扬,还可以减少有害元素和放射性元素对植物生长的不利影响,有利于绿化。

5. 矿渣

宜选用分级矿渣、混合矿渣、原状矿渣等高炉重矿渣。矿渣的松散重度不应小于 $11kN/m^3$,有机质及含泥总量不得超过5%。垫层设计、施工前应对所选用的矿渣进行试验,确认性能稳定并满足腐蚀性和放射性安全的要求。对易受酸、碱影响的基础或地下管网不得采用矿渣垫层。大量填筑矿渣时,应在其对场地地下水和土壤环境的不良影响评价合格后,方可使用。

6. 其他工业废渣

在有充分依据或成功经验时,可采用质地坚硬、性能稳定、透水性强、无腐蚀性和放射性危害的其他工业废渣,但应在现场试验证明其技术、经济效果良好且施工措施完善后使用。

7. 土工合成材料

加筋垫层选用的土工合成材料的品种与性能及填料,应根据工程特性和地基土质条件,按照《土工合成材料应用技术规范》(GB/T 50290—2014)的要求,通过设计计算并进行现场试验后确定。土工合成材料应采用抗拉强度较高、耐久性好、抗腐蚀的土工带、土工格栅、土工格室、土工垫、土工织物等。垫层填料宜用碎石、角砾、砾砂、粗砂、中砂等材料,且不宜含氯化钙、碳酸钙、硫化物等化学物质。当工程要求垫层具有排水功能时,垫层材料应具有良好的透水性。在软土地基上使用加筋垫层时,应保证建(构)筑物稳定并满足允许变形的要求。

二、设计计算

垫层设计的一般要求是,既要有足够的厚度以置换可能受到剪切破坏的软弱土层,又要有足够的宽度以防止垫层向两侧挤出增加沉降。作为排水垫层还要求形成一个排水层面,以利于软土的排水固结。垫层设计的主要内容是确定垫层的合理厚度和宽度。

1. 垫层厚度

垫层厚度 z(图2-7)一般是根据垫层底面处软弱土层的承载力而确定的,并符合式(2-2)的要求:

$$p_z + p_{cz} \leqslant f_{az} \tag{2-2}$$

式中:p_z——垫层底面处附加应力设计值(kPa);

p_{cz}——垫层底面处土的自重压力标准值(kPa);

f_{az}——垫层底面处经深度修正后软弱土层的地基承载力设计值(kPa)。

垫层底面处的附加应力 p_z,除了可用弹性理论的土中应力公式求得外,也可按应力扩散角 θ 进行简化计算。

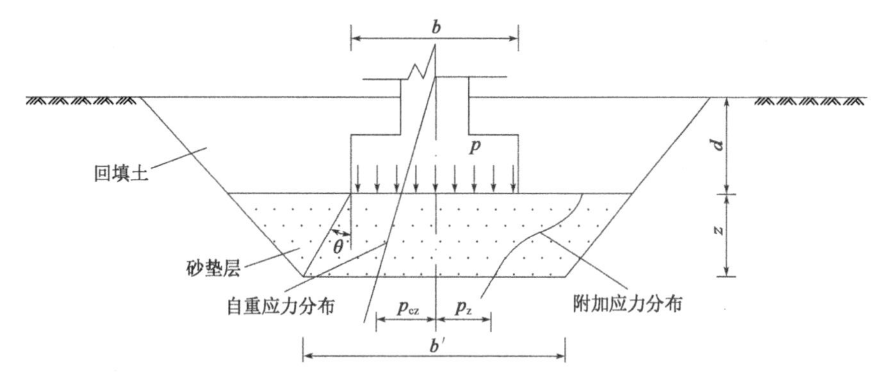

图 2-7　垫层内应力分布

条形基础：

$$p_z = \frac{b(p_k - p_c)}{b + 2z\tan\theta} \tag{2-3}$$

矩形基础：

$$p_z = \frac{bl(p_k - p_c)}{(b + 2z\tan\theta)(l + 2z\tan\theta)} \tag{2-4}$$

式中：b——矩形基础或条形基础底面的宽度（m）；

l——矩形基础底面的长度（m）；

p_k——相应于作用的标准组合时，基础底面处的平均压力值（kPa）；

p_c——基础底面处土的自重压力值（kPa）；

z——基础底面下垫层的厚度（m）；

θ——垫层的压力扩散角（°），宜通过试验确定，无试验资料时，可按表 2-8 取值。

垫层压力扩散角 θ（°）　　表 2-8

z/b	换填材料		
	中砂、粗砂、砾砂、圆砾、角砾、卵石、碎石	黏性土和粉土（$8 \leq I_p < 14$）	灰土
0.25	20	6	28
≥0.50	30	23	

注：1. 当 $z/b < 0.25$ 时，除灰土仍取 $\theta = 28°$ 外，其余材料均取 $\theta = 0°$。

2. 当 $0.25 < z/b < 0.50$ 时，θ 值可内插求得。

3. I_p 指塑性指数。

对于具体换土垫层工程的设计计算可采用试算法。先根据上部荷载和垫层承载力确定基础宽度，然后初步选取一个垫层厚度值，并用式（2-3）验算。如不合要求，修改厚度值，重新验算，直至满足要求为止。

2. 垫层宽度

垫层的底面宽度应以满足基础底面应力扩散和防止垫层向两侧挤出为原则进行设

计。垫层顶面每边宜比基础底面大300mm,或从垫层底面两侧向上按当地开挖基坑经验的要求放坡,整片垫层的宽度可根据施工的要求适当放宽。

关于宽度计算,目前还缺乏可靠的方法,一般可按应力扩散角法计算或根据当地经验确定。

(1)应力扩散角法。

以条形基础为例,砂垫层的底面宽度按下式计算:

$$b' \geq b + 2z\tan\theta \tag{2-5}$$

式中:b'——垫层底面宽度(m);

θ——垫层的压力扩散角(°),可按表2-8采用;当 $z/b < 0.25$ 时,仍按 $z/b = 0.25$ 取值。

(2)根据侧面土的承载力特征值 f_k 确定底面宽度 b'。

$$f_k \geq 200\text{kPa}, \quad b' = b + (0 \sim 0.36)z \tag{2-6}$$

$$120\text{kPa} \leq f_k < 200\text{kPa}, \quad b' = b + (0.6 \sim 1.0)z \tag{2-7}$$

$$f_k < 120\text{kPa}, \quad b' = b + (1.6 \sim 2.0)z \tag{2-8}$$

3. 垫层承载力

垫层的承载力宜通过现场试验确定。如直接用静荷载试验确定或用取图分析法、标准贯入、动力触探等多种测试方法综合确定。一般对于不太重要的、小型的、轻型的或对沉降要求不高的工程,可根据表2-9确定垫层承载力。

各种垫层的承载力 表2-9

施工方法	换填材料类别	压实系数 λ_c	承载力特征值 f_k(kPa)
碾压、振密或夯实	碎石、卵石	≥0.97	200~300
	砂夹石(其中碎石、卵石占全重的30%~50%)		200~250
	土夹石(其中碎石、卵石占全重的30%~50%)		150~200
	中砂、粗砂、砾砂、角砂、圆砾、石屑		150~200
	粉质黏性土	≥0.97	130~180
	灰土	≥0.95	200~250
	粉煤灰	≥0.95	120~150

注:1. 压实系数小的垫层,承载力标准值取低值,反之取高值。

2. 压实系数 λ_c 为土的控制干密度 ρ_d 与最大干密度 ρ_{dmax} 的比值,土的最大干密度宜采用击实试验确定,碎石或卵石的最大干密度可取 $2.1 \sim 2.2\text{t/m}^3$。

3. 表中压实系数 λ_c 是使用轻型击实试验测定土的最大干密度 ρ_{dmax} 时给出的压实控制标准,采用重型击实试验时,对粉质黏土、灰土、粉煤灰及其他材料压实标准应为压实系数 $\lambda_c \geq 0.94$。

4. 沉降量

对于比较重要的结构物或垫层下存在软弱下卧层的建筑,还应进行地基变形计算。对于超出原地面标高的垫层或换填材料的密度高于天然土层密度的垫层,宜尽早换填并考虑其附加的荷载对建筑物以及邻近建筑物的影响。

结构物基础沉降量 S 等于垫层自身的变形量和软弱下卧层的变形量之和：

$$S = S_c + S_p \tag{2-9}$$

式中：S_c——垫层自身变形量（mm）；

S_p——压缩层厚度范围内（自下卧层顶面即垫层底面算起）各土层压缩变形之和（mm）。

砂垫层自身的沉降仅考虑其压缩变形，垫层的压缩模量应由荷载试验确定，当无试验资料时，可选用 24～30MPa。下卧土层的变形值可由分层总和法求得。

5. 垫层设计算例

某楼房为四层砖混结构，其承重墙传至设计面 ±0.00 的荷载 $F = 200\text{kN/m}^3$，地表是 1.2m 厚的杂填土，重度 $\gamma = 17.2\text{kN/m}^3$，其下层为厚约 8m 的淤泥质土，重度 $\gamma = 17.8\text{kN/m}^3$，承载力特征值 $f_k = 65\text{kPa}$。地下水位深度为 1.2m。试设计墙基的砂垫层。

解：

（1）砂垫层材料选用粗砂，查表 2-9，取垫层承载力特征值 $f_k = 150\text{kPa}$。基础埋深定为 $h = 1.0\text{m}$。

（2）垫层承载力修正。因基础埋深 $h = 1.0\text{m} > 0.5\text{m}$，砂垫层承载力需进行修正，根据《建筑地基处理技术规范》（JGJ 79—2012）有关规定，基础宽度的地基承载力修正系数为 $\eta_b = 0$，基础埋置深度的地基承载力修正系数 $\eta_d = 1.0$，则垫层承载力设计值为

$$f = f_k + \eta_d \gamma_0 (h - 0.5) = 150 + 1.0 \times 17.2 \times (1.0 - 0.5) = 158.6(\text{kPa})$$

（3）确定基础宽度。

$$b \geqslant \frac{F}{f - \gamma_c h} = \frac{200}{158.6 - 20 \times 1.0} \approx 1.44(\text{m})$$

式中，$\gamma_c = 20\text{kN/m}^3$ 是基础与台阶上土的平均重度。

取基础宽度 $b = 1.5\text{m}$。

（4）确定垫层厚度，试取砂垫层厚度 $z = 2.0\text{m}$。

对垫层底下淤泥质土的承载力进行修正，查《建筑地基基础设计规范》（GB 50007—2011）有关表格得：$\eta_b = 0$，$\eta_d = 1.0$。

而软弱下卧层以上土的加权平衡重度为

$$\gamma_0 = \frac{17.2 \times 1.2 + (17.8 - 10) \times 1.8}{1.2 + 1.8} \approx 11.6(\text{kN/m}^3)$$

于是

$$f_z = f_k + \eta_d \gamma_0 (h + z - 0.5) = 65 + 1.0 \times 11.6 \times (1.0 + 2.0 - 0.5) = 94(\text{kPa})$$

$$P_{cz} = \gamma_0 (h + z) = 11.6 \times (1.0 + 2.0) = 34.8(\text{kPa})$$

基础底面处的压力为

$$p = \frac{F + 1.0 \times bh\gamma_c}{1.0 \times b} = \frac{200 + 1.0 \times 1.5 \times 1.0 \times 20}{1.0 \times 1.5} \approx 153.3(\text{kPa})$$

查表 2-8 得砂垫层压力扩散角 $\theta=30°$,故

$$p_z=\frac{b(p-\gamma_0 h)}{b+2z\tan\theta}=\frac{1.5\times(153.3-11.6\times1.0)}{1.5+2\times2.0\times\tan30°}\approx55.8(\text{kPa})$$

于是有

$$p_{cz}+p_z=34.8+55.8=90.6<f_z$$

即垫层厚度取 $z=2.0$m 满足要求。

(5)确定砂垫层宽度。

$$b'\geqslant b+2z\tan\theta=1.5+2\times2.0\times\tan30°\approx3.8(\text{m})$$

可取 $b'=4.0$m。

该建筑无须验算地基变形。

三、换填施工

1. 砂和砂石垫层

1)材料要求

砂石垫层材料,宜采用级配良好、质地坚硬的中砂、粗砂、砾砂、圆砂、卵石、碎石等,不含植物残体、垃圾等杂物,且含泥量不应超过 5%。若用粉细砂作为换填材料,不容易压实,而且强度也不高,应掺入 25% ~30% 的碎石或卵石,使其分布均匀,最大粒径不得超过 50mm。碾压能或夯、振动能较大时,碎石或卵石的最大粒径不得超过 80mm。对于湿陷性黄土地基的垫层,不得选用砂石等渗水材料作为换填材料。

2)施工要点

(1)砂石垫层首先选择振动碾和振动压实机,其压实效果、分层填铺厚度、压实次数、最优含水率等应根据具体的施工方法及施工机械现场试验确定。

(2)砂及砂石料可根据施工方法不同控制最优含水率,最优含水率由工地试验确定。对于矿渣应充分洒水湿透后进行夯实。

(3)铺筑前,应先验槽,浮土应清除,边坡须稳定,要防止塌土。基坑(槽)底部或两侧有孔洞、沟、古井、旧基础、墓穴等软硬不均的部位时,应在未做垫层前加以填实。

(4)开挖基坑铺设砂石垫层时,必须避免扰动垫层下卧的软弱土层的表面,防止其被践踏、浸泡或暴晒过久。在卵石或碎石垫层底部应设置厚度为 150 ~300mm 的砂层,防止下卧的淤泥和淤泥土层表面的局部破坏。如下卧的软弱土层不厚,在碾压荷载下抛石能挤入该土层底面时,可先在软弱土层面上堆填块石、片石等,然后将其压入以置换或挤出软土。

(5)垫层底面宜设在同一标高上,如深度不同,基底土层面应挖成阶梯形或斜坡搭接形。搭接处注意夯压密实,并按先深后浅的顺序进行垫层施工。

(6)人工级配的砂石垫层,应将砂石拌和均匀,再铺垫捣实。

2. 素土和灰土垫层

1) 材料要求

素土垫层的土料中有机质含量不得超过5%,亦不得含有冻土或膨胀土。当含有碎石时,其粒径不宜大于50mm。用于湿陷性黄土地基的素土垫层,土料中不得夹有砖、瓦和石块。

灰土垫层的灰土体积比宜为2∶8或3∶7,土料宜用黏性土及塑性指数大于4的粉土,土料中不得含有松软杂质,并应过筛,其粒径不得大于15mm,灰料宜用新鲜的消石灰,其粒径不得大于5mm。

2) 施工要点

(1)土层施工含水率应控制在最优含水率$\omega_{op}\pm2\%$范围内。最优含水率可通过击实试验确定,亦可按经验在现场直接判断。对灰土垫层料,当手握能成团,两指轻捏即碎时即接近最优含水率。

(2)灰土的虚铺厚度,可根据不同的施工方法按表2-10选用。每层夯打遍数,根据设计要求的干土重度通过现场试验确定。

灰土最大虚铺厚度 表2-10

夯实机具种类	夯具质量(t)	虚铺厚度(cm)	备注
石夯、木夯	0.04~0.08	20~25	人力送夯,落高40~50cm,一夯压半夯
轻型夯实机械	—	20~25	蛙式(柴油)打夯机
压路机	6~10	20~30	双轮

(3)在雨天或地下水位以下的基坑(槽)内施工时,应采取防雨和排水措施。夯实后的土层,三天内不得受水浸泡。如在此时间内土层受到雨淋或浸泡,应将积水和松软的土层除去,并补填夯实。因此,土垫层施工完毕,应及时修建基础和回填基坑(槽)。

3. 粉煤灰垫层

1) 材料要求

粉煤灰垫层可采用湿排灰、调湿灰和干排灰。不得含有有机物、垃圾、有机质等杂物。运输时粉煤灰含水率不宜过多或过少,过多会在运输过程中造成滴水,过少会造成扬尘,污染环境。洒水的水质不应含油质,pH在6~9之间。

2) 施工要点

(1)粉煤灰垫层的最大干密度和最优含水率因粉煤灰形态结构、地域煤质差异以及压实能量不同而不同,应由室内击实试验确定。分层摊铺粉煤灰时,分层厚度、压实遍数等施工参数应根据施工机具种类、功能大小、设计要求通过试验确定。

(2)粉煤灰垫层在地下水位以下施工时应采取排、降水措施,切勿在饱和状态或浸水状态下施工,更不要采取水沉法施工。

(3)在软土地基上填筑粉煤灰垫层时,应先铺约200mm厚的中、粗砂或高炉干渣,以免下卧软土层受到扰动,同时有利于下卧的软土层的排水固结,并可切断毛细水上升。

(4)其他施工要点可参照砂石垫层的相关内容。

四、质量检验

垫层质量检验必须分层进行。每压实一层,即应检验其平均压实度,达到设计要求后,方可继续铺上一层。对粉质黏性土、灰土、粉煤灰和砂石垫层的施工质量检验可采用环刀法、贯入仪、静力触探、轻型动力触探或标准贯入试验;对砂石、矿渣垫层可用重型动力触探检验。并均应通过现场试验以设计压实系数所对应的贯入度为标准检验垫层的施工质量。压实系数也可用环刀法、灌砂法、灌水法或其他方法检验。砂石垫层质量主要采用下述三种方法检验。

1.环刀取样法

用容积不小于200cm^3 的环刀压入垫层中的每层2/3 深度处取样,测其干密度,以不小于砂料在中密状态时的干密度为合格:中砂为不小于1.6g/cm^3,粗砂为1.7g/cm^3,碎石、卵石为2.1~2.2g/cm^3。

2.灌砂法

用粒径为0.30~0.60mm 或0.25~0.50mm 的清洁、干净的均匀砂,从一定高度自由下落到试验洞内,按其单位重不变的原理来测量试验洞的容积(即用标准砂来置换试验洞中的集料),并结合集料的含水率来推算试样实测干密度。

3.贯入测定法

先将垫层表面的砂刮掉30mm,再用贯入仪、钢筋或钢叉等贯入,测其贯入深度来定性地检验砂垫层的质量。在检验前应先根据砂石垫层的控制干密度进行相关性试验,以确定贯入度值。

钢筋贯入法:用直径为20mm、长1.25m 的平头光圆钢筋,垂直举离砂垫层表面70mm时自由下落,插入深度以不大于根据该砂的控制干密度测定的深度为合格。

当采用环刀法、贯入仪或钢筋检验垫层的施工质量时,检验点的间距应小于4m,当取土样检验时,对大基坑每50~100m^2 应不少于1 个检验点,对基槽每10~20m 应不少于1 个检验点,每个单独柱基应不少于1 个检验点。

思考题与习题

1.简述土的压实原理。何谓“最大干密度”“最优含水率”？它们与夯实功能有什么关系？

2.什么叫换土夯实法？简述其适用范围。

3.简述换土垫层的作用。

4.砂垫层设计主要有哪些内容？各设计指标如何确定？

5. 简述砂垫层、粉煤灰垫层、土(灰土)垫层的适用范围及其施工时的要求。

6. 由 ρ_d-ω 曲线可看出,当含水率 $\omega < \omega_{op}$时,土的干密度 ρ_d 随含水率 ω 增大而增大;当含水率 $\omega > \omega_{op}$时,土的干密度 ρ_d 随含水率 ω 增大而减小。这个结论是否正确?

7. 某工地土料原含水率为10%,今加水采用8t压路机往返试碾压各3次,测得最大干密度为1.63g/cm^{3}时的最优含水率为17%,则每1000kg土料需加多少水?

8. 某四层砖混结构住宅,承重墙下为条形基础,宽1.2m,埋深为1.0m,上部建筑物作用于基础的地表上荷载为120kN/m^3,基础及基础上土的平均重度为20.0kN/m^3。场地土质条件:第一层为粉质黏性土,层厚1.0m,重度为17.5kN/m^3;第二层为淤泥质黏性土,层厚15.0m,重度为17.8kN/m^3,含水率为65%,承载力特征值为45kPa;第三层为密实砂砾石层,地下水距地表1.0m。试设计垫层的厚度和宽度。

第三章

强 夯 法

第一节 概述

强夯法是法国梅那(Menard)技术公司于1969年首创的一种地基加固方法,亦称动力压实法(dynamic compaction method)或动力固结法(dynamic consolidation method),已被国内外广泛采用。该法是反复将夯锤提高到高处使其自由落下,对土体进行强力夯实,以提高其强度、降低其压缩性,从而改善地基性能。近年来,强夯法在机场地基处理中得到广泛应用,如在攀枝花机场、龙洞堡机场、九黄机场、昆明长水机场、吕梁机场、延安南泥湾机场、陇南成州机场等的地基处理中应用,都取得了较为理想的效果。

强夯法最初仅用于加固砂土、碎石类土地基,经过几十年的发展,现已适用于处理碎石土、砂土、低饱和度的粉土与黏性土、湿陷性黄土、素填土、杂填土等各类地基。这主要归因于施工方法的改进和排水条件的改善。强夯法不仅能提高地基的承载力,还能改善地基抵抗振动液化的能力,消除湿陷性黄土的湿陷性。为处理软土地基,业界还发展了预设袋装砂井或塑料板排水的强夯法、夯扩桩加填渣强夯法、强夯填渣挤淤法、碎石桩强夯法等。

强夯法具有设备简单、原理直观、施工速度快、不添加特殊材料、造价低、适用范围广等特点,特别是对非饱和土加固效果显著。对饱和土加固地基的效果,关键在于排水,如饱和砂土地基渗透性好,超孔隙水压力容易消散,夯后固结快。对于饱和的黏性土或淤泥质土,由于其渗透性差,土体内的水排出困难,加固效果就比较差,必须慎重对待。目前,对这类地基,采用砂井排水与强夯结合,加固效果比较好。

强夯法最适宜的施工条件：

(1)处理深度最好不超过15m(特殊情况除外)。

(2)对饱和软土、地表面应铺一层较厚的砂石、砂土等优质填料。

(3)地下水位离地表面2～3m为宜,也可采用降水强夯。

(4)施工现场与既有建筑物有足够的安全距离(一般大于10m),否则不宜施工。

(5)夯击对象最好为粗颗粒土。

对饱和度较高的黏性土,用一般方法强夯处理效果不太显著,尤其是用以加固淤泥和淤泥质土地基,处理效果更差,使用时应慎重对待。但近年来,对高饱和度的粉土和黏性土地基也有强夯成功的工程实例。此外,有人采用在夯坑内回填块石、碎石或其他粗颗粒材料,强行夯入并排开软土,最终形成砂石桩与软土的复合地基,这种操作称为强夯置换(或动力置换、强夯挤淤)。

强夯置换法(dynamic replacement method)是20世纪80年代后期开发的方法。该法是将夯锤提到高处使其自由落下形成夯坑,并不断夯击坑内回填的砂石等粗颗粒材料,使其形成连续的、密实的强夯置换墩,与周围混有砂石的夯间土形成复合地基。经强夯置换法处理的地基,既提高了承载力,减小了沉降,又改善了排水条件,有利于软土的固结。

强夯置换法常用来加固碎石土、砂土、低饱和度的黏性土、素填土、杂填土、湿陷性黄土等地基。对于饱和度较高的黏性土等地基,如有工程经验或试验证明采用强夯置换法有加固效果,也可采用。通常认为强夯置换法只适用于塑性指数$I_p \leqslant 10$的土。对于设置有竖向排水系统的软黏性土地基,是否适用强夯置换法处理,目前看法不一。淤泥与淤泥质土地基不能采用强夯置换法加固。

第二节 加固机理

强夯法主要是利用夯锤自由落下产生的冲击波使地基密实。假定地基为弹性半空间体,起重机将夯锤提升到预定高度后夯锤做自由落体运动,夯锤势能转化为动能,夯锤夯击地面时,大部分动能使得土地产生自由振动,小部分以声波形式向四周传播,还有小部分因夯锤与土体摩擦转化为热能。输入土体的能量以波的形式传播,包括压缩波(纵波、P波)、剪切波(横波、S波)和瑞利波(表面波、R波)的联合波体系在地基内传播,如图3-1所示。三种波占总输入能力的百分比分别为:P波占6.9%,S波占25.8%,R波占67.3%。

强夯法加固地基有三种不同的加固机理:动力密实(dynamic compaction)、动力固结(dynamic consolidation)和动力置换(dynamic replacement)。具体取决于地基土的类别和强夯施工工艺。

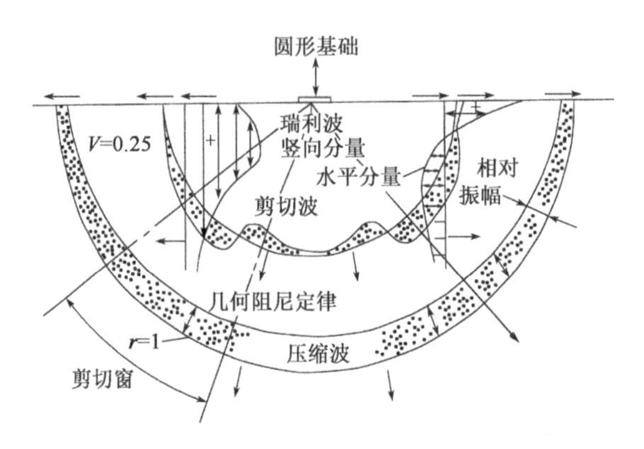

图 3-1　重锤夯击在弹性半空间地基中产生的波场

一、动力密实

采用强夯法加固多孔隙、粗颗粒、非饱和土是基于动力密实的机理。在冲击力的作用下，土体被破坏，土颗粒相互靠拢，排出孔隙中的气体，颗粒重新排列，土在动荷载作用下被挤密压实，强度提高，压缩性降低。土体在漫长的形成过程中，由于受到各种复杂的风化作用，土颗粒表面通常包裹着矿物、有机物或胶体，使土颗粒形成一定大小的团体，这种团体具有相对的水稳定性和一定的强度。而土颗粒周围的孔隙被空气和水充满，即土体由固相、液相和气相三部分组成。在压缩波能量的作用下，土颗粒相互靠拢，由于气相的压缩性比固相和液相的压缩性大得多，所以气体部分首先被排出，颗粒重新进行排列，由天然的紊乱状态变为稳定状态，孔隙大为减小。当然，在波动能量作用下，土颗粒和其间的液体也可能因受力而变形，但这些变形相对颗粒间的移动、孔隙减小来说是较小的。因此，非饱和土的夯实变形过程，就是土颗粒重新排列而将气相挤出的过程。

在冲击动能作用下，地面会立即产生沉陷，一般夯击一遍后，其夯坑深度可达 0.6 ~ 1.0m，夯坑底部会形成一层超压密硬壳层，承载力可比夯前提高 2 ~ 3 倍。非饱和土在中等夯击能量为 1000 ~ 2000kN · m 的作用下，主要产生冲切变形，在加固深度范围内气相体积大大减小，最大可减小 60%。

《民用机场岩土工程设计规范》(MH/T 5027—2013)规定，对岩溶漏斗、岩溶洼地和地面塌陷，可根据所处场地分区和充填物厚度，采用相应能级填石强夯处理或换填处理。对顶板厚度较大的溶洞，当洞体未充填或半充填时，可采用灌注充填与强夯相结合处理，灌注材料可根据情况选择水泥砂浆、低标号混凝土等；当洞体填充或顶板破碎时，可采用强夯处理。

二、动力固结

用强夯法处理细颗粒饱和土时，则是借助动力固结，即巨大的冲击能量在土中产生很大的应力波，破坏了土体原有的结构，使土体局部发生液化并产生许多裂隙，增加了排水通道,使孔隙水顺利排出,待超孔隙水压力消散后,土体固结。由于软土具有触变性,其强度得到提高。梅纳根据强夯法的实践,首次对传统的固结理论提出了不同看法,认为饱和土是可以压缩的,如图 3-2b)所示。

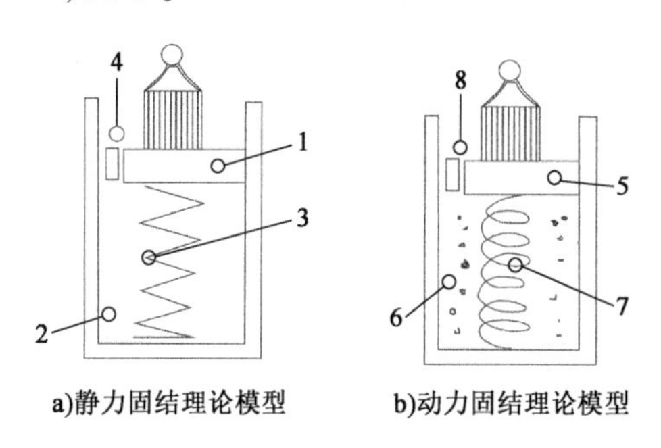

图 3-2　静力固结理论与动力固结理论的模型比较

1-无摩擦的活塞;2-不可压缩的液体;3-均质弹簧;4-固定直径的孔眼,受压液体排出通道;5-有摩擦的活塞;6-有气泡的可压缩液体;7-非均质弹簧;8-固定直径的孔眼,受压液体排出通道

根据梅纳提出的模型,饱和土强夯加固的机理可概述为:

1. 可压缩性

对于理论上的二相饱和土,由于水的压缩系数很小,土颗粒本身的压缩系数更小,因此当土中的水未排出时,可以认为饱和土是不可压缩的。但对于含有微量气体的水则不然,含气量为 1% 的水的压缩系数比无气水的压缩系数要增大 200 倍左右,即水的压缩性要增大 200 倍。因此含少量气体的饱和土是具有一定的可压缩性的。土体在强夯的作用下,气体先压缩,部分封闭气泡被排出,孔隙水压增大,随后气体有所膨胀,孔隙水排出,超孔隙水压力减小。在此过程中,土中的固相体积是不变的,这样每夯一遍液相体积就减小,气相体积也减小,也就是说,在重锤的夯击作用下会瞬时发生有效的压缩变形。

2. 渗透性变化

强夯作用使得土体有效应力发生很大变化,主要为垂直应力的变化,由于垂直向总应力保持不变,超孔隙水压力逐渐增长且不能迅速消散,则有效应力减小,因此在强夯饱和土地基中产生很大的拉应力。水平向拉应力使土体产生一系列的竖向裂缝,使孔隙水从裂缝中排出,土体的渗透系数增大,加速饱和土体的固结,当土中的超孔隙水压力很快消散,水平向拉应力小于周围压力时,这些裂缝又闭合,土体的渗透性又减小。

此外,饱和土中仍含有 1% ~4% 的封闭气体和溶解在液相中的气体,当落锤反复夯击土层表面时,在地基中产生极大冲击能,形成很大的动应力,同时夯锤在下落过程中会和夯坑土壁发生摩擦,土颗粒在移动过程中也会摩擦生热,即部分冲击能转化成热能。这些热量传入饱和土中后,就会使封闭气泡移动,从而加速可溶性气体从土中释放。由于饱和土中的气相体积增加,并吸收夯击动能后具有较大的活性,这些气体就能从土面溢出,使土体积进一步减小,并且可减小孔隙水移动时的阻力,增大土体的渗透性能,加速土体固结。

3. 土体液化

在夯锤反复作用下,饱和土中将产生很大的超孔隙水压力,使得土中有效应力减小,当土中某点的超孔隙水压力等于上覆的土压力(对于饱和粉细沙)或等于上覆土压力加上土的黏聚力(对于粉土、粉质黏性土)时,土中的有效应力完全消失,土的抗剪强度将为零,土颗粒处于悬浮状态,局部产生液化。当液化度达到100%时,土体的结构破坏,渗透系数大大增加,在水力梯度作用下,孔隙水迅速排出,加速了饱和土体的固结。

4. 触变恢复

从试验中可知,在夯实过程中土的抗剪强度明显降低,当土体液化或接近液化时,抗剪强度为零或最小,吸附水变成自由水。当孔隙水压力消散时,土的抗剪强度和变形模量大幅度增长,土体颗粒间的接触更加紧密,新的吸附水层逐渐固定,这是因为自由水重新被土颗粒吸附变成了吸附水。这就是具有触变性的土的特性。触变性与土质种类有很大关系,有的恢复得快,有的恢复得非常慢。所以强夯效果的检验工作宜在夯后4~5周进行。

土在触变恢复过程中,对振动十分敏感。所以,在这之后的施工工艺和检测评价均应避免振动。

通过大量的试验实测资料,证实了梅纳提出的新的动力固结理论是正确的,强夯对饱和黏性土地基加固是有一定效果的,如果夯击参数选择合理,效果则更为显著。

三、动力置换

工程实践证明,强夯法用于加固碎石土、砂土、粉土、非饱和黏性土、湿陷性黄土和人工填土等地基,效果十分明显。但对于软塑、流塑状态的黏性土,以及饱和的淤泥、淤泥质土,由于土颗粒细,孔隙间饱和的水分不易排出,因而处理效果不明显,有时还适得其反。通过在强夯形成的深坑内填入块石、碎石、砂、钢渣、矿渣、建筑垃圾或其他硬质的碎颗粒材料,不断夯击和不断填料,可形成一个柱状的置换体。

强夯置换法加固地基的机理与强夯法截然不同,其加固机理是通过置换体和原地基土构成复合地基来共同承受荷载,如图3-3所示。地基的加固作用主要有三个方面:

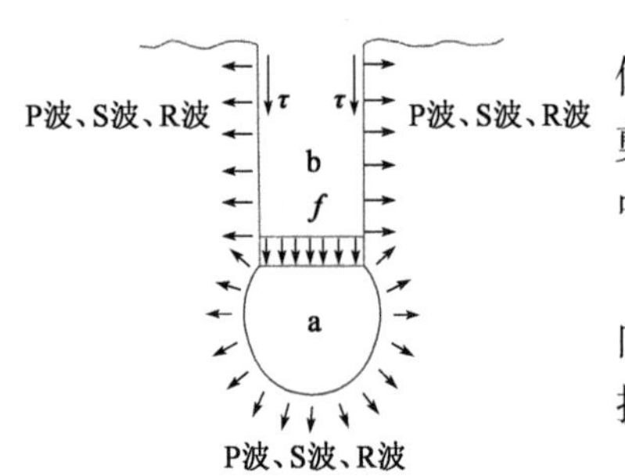

图3-3 强夯置换原理图

(1)夯锤自高空下落,直接作用于置换体,位于锤体侧边的土受到锤底边缘的巨大冲切力而发生竖向的剪切破坏,形成一个近似直壁的圆柱形深坑,如图3-3中的b区域。

(2)在巨大的冲击力作用下,置换体压缩并急速地向下移动,在夯坑地面以下形成一个压密体,密度大为提高,如图3-3中的a区域。

(3)锤体下落冲压和冲切土体形成夯坑的同时,还产生强烈振动,以三种振波(P波、S波、R波)的形式向土体深处传播,土体受到振动液化、排水固结和振动挤密等联合作用,使置换体周围的土体也得到加固。

置换地面的隆起量可以反映置换的效果和被置换土体的挤密情况。地面隆起量越大,说明原土体被挤密的程度越差,越接近单纯的挤密置换过程。图 3-3 所示置换体下方存在着很宽厚的冠形挤密区,表明置换对原土体有很好的挤密加固作用。当被置换土体为不易挤密的饱和软土或原土体已经达到不可再挤密的程度时,地面就会隆起。

第三节 设计计算

强夯法现已在工程中得到广泛的应用,国内外也针对强夯机理做了大量的研究,但至今未取得满意的成果。主要原因是土这种材料的特殊性,各类地基土的性质差别很大,很难建立适用于各类土的强夯加固机理。

目前强夯法和强夯置换法尚无成熟的设计计算方法,设计参数如有效加固深度及范围、夯击能、夯击次数、夯击遍数、间歇时间、夯击点布置、处理范围等都是根据地基土的类别和性质、飞行区的分区、要求处理深度等综合考虑的,其中有些设计参数还应通过试夯或试验性施工进行验证,并经必要的修改调整,最后确定适合现场土质条件的设计参数。

一、强夯法的主要设计参数

1. 有效加固深度及范围

有效加固深度既是选择地基处理方法的重要依据,又是反映处理效果的重要参数。有效加固深度按下式进行计算:

$$H = \alpha \sqrt{\frac{Mh}{10}} \tag{3-1}$$

式中:H——有效加固深度(m);

M——锤重(kN);

h——落距(m);

α——小于 1 的修正系数,其变化范围为 0.35 ~ 0.7(一般对黏性土取 0.5,对砂性土取 0.7,对黄土取 0.35 ~ 0.5)。

影响有效加固深度的因素很多,除了锤重和落距外,地基土的性质,不同土层的厚度和埋藏顺序,地下水位以及其他强夯设计参数等也与有效加固深度有着密切的关系。

鉴于有效加固深度问题的复杂性,以及目前尚无适用的计算方法,强夯的有效加固深度应根据现场试夯或当地经验确定。在缺少经验和试验资料时，可按表3-1预估。

强夯有效加固深度　　表3-1

单击夯击能(kN·m)	碎石土、砂土等(m)	粉土、黏性土、湿陷性黄土等细颗粒土(m)
1000	5.0~6.0	4.0~5.0
2000	6.0~7.0	5.0~6.0
3000	7.0~8.0	6.0~7.0
4000	8.0~9.0	7.0~8.0
5000	9.0~9.5	8.0~8.5
6000	9.5~10.0	8.5~9.5

注：强夯的有效加固深度应从起夯面算起。

强夯法处理深度相对较大，一般受地下水和填土含水率影响较小，在不停航施工工程、施工场地周边或地下有建(构)筑物使用时，需考虑强夯机械高度、强夯施工引起振动和侧向挤压等因素的影响。强夯处理范围应大于需使用飞行场区的范围，每边超出工程场地外缘的宽度宜为设计处理深度的1/2~2/3，且不宜小于5m。对于高填方工程，道槽及影响区原地基强夯处理范围应向道肩两侧各外延1~3m，填方区在外延线处以1:0.75向道肩外侧斜投影至原地面。边坡坡脚及影响区，当放坡高度小于10m时，强夯处理范围为自坡脚外3m向内10m区域；当放坡高度为10~30m时，强夯处理范围为坡脚向外10m、向内1.25H(H为放坡高度)的区域；当放坡高度大于30m时，强夯处理范围为坡脚向外20m、向内1.25H(H为放坡高度)的区域。

另外，对隐伏溶洞采取强夯处理的目的是预施加作用力破坏稳定性较差的顶板，同时加固覆盖土层，是防治结合的措施。确定强夯处理范围的影响因素较多，具体工程可根据实际情况确定。昆明长水机场强夯处理的范围按$D+2H$考虑(D为洞体直径，H为顶板厚度)，是按坍塌的扩散角估算的。

2. 夯击能

夯击能可分为单击夯击能、最佳夯击能、平均夯击能。

1) 单击夯击能

单击夯击能主要由夯锤重M与落距h确定。单击夯击能一般应根据加固土层的厚度、地基状况和土质成分由下式确定：

$$E = Mgh \tag{3-2}$$

$$E = \left(\frac{H}{\alpha}\right) \times 2g \tag{3-3}$$

式中：E——单击夯击能(kN·m)；

M——锤重(kN)；

g——重力加速度(9.8m/s^2)；

h——落距(m)；

H——加固深度(m);

α——小于1的修正系数,其变化范围为0.35~0.7,(一般黏性土、粉土取0.5,砂类土取0.7,黄土取0.35~0.5)。

锤重和落距越大,加固效果越好。整个加固场地的总夯击能(锤重×落距×总夯击数)除以加固面积为单位夯击能。强夯的单位夯击能应根据地基类别、结构类型、荷载大小和要求处理的深度等综合考虑,并通过试验确定。一般情况下,对粗颗粒土可取1000~3000kN·m/m^2,对细颗粒土可取1500~4000kN·m/m^2。夯锤的形状一般有圆形、方形等,其中有气孔式和封闭式两种。实践证明,圆形和带有气孔的锤较好,它可克服方形锤因上下两次夯击着地并不完全重合而造成夯击能量损失和着地时倾斜的缺点。夯锤宜设置若干个上下贯通的气孔,孔径可取250~300mm,这样可减小起吊夯锤时的吸力,还可减少能量的损失。锤底面积对加固效果有直接的影响,对同样的锤重,当锤底面积较小时,夯锤着地压力过大,会形成很深的夯坑,既增加了继续起锤的阻力,又不能提高夯击的效果。锤底宜按土的性质确定,锤底静压力值可取25~40kPa,对细颗粒土锤底静压力宜取较小值。国外资料提出,对砂性土锤底面积一般为3~4m^2,对黏性土不宜小于6m^2。有的文献也提出,夯坑深度不宜超过锤宽度的一半,否则将有一部分能量损失在土中。由此可见,对于细颗粒土,在强夯时预计会产生较深的夯坑,因而事先要求加大锤底面积。

国内外的夯锤,大多数采用以钢板为壳和内灌混凝土的锤,还有铸钢(铁)锤,为运输方便还有组合锤。

夯锤确定后,根据要求的单击夯击能,就能确定夯锤的落距。国内通常采用的落距为8~25m,对相同的夯击能,常选用大落距的施工方案。这是因为增大落距可获得较大的接地速度,能将大部分能量有效地传到地下更深处,增加深层夯实效果,减小消耗在地表土层塑性变形的能量。

2)最佳夯击能

使地基中出现的孔隙水压力达到土的上覆自重压力时的夯击能称为最佳夯击能。

对于黏性土地基,由于孔隙水压力消散慢,随着夯击能增加,孔隙水压力可以叠加,因而可根据有效加固深度孔隙对压力的叠加值来选定最佳夯击能。对于砂性土地基,由于孔隙水压力的增加和消散过程很快,孔隙水压力不能随夯击能增加而叠加,当孔隙水压力增量随夯击次数的增加而趋于稳定时,可认为砂土能够接受的能量已达到饱和状态。为此,可用孔隙水压力增量与夯击次数的关系曲线或有效压缩率与夯击能的关系曲线来确定最佳夯击能。见图3-4和图3-5。

图3-5中曲线1、2、3、4分别为不同锤重和落距组合时所测得的有效压缩率与夯击能的关系曲线。显然,曲线1最好,曲线最低处的有效压缩率最高,此时的夯击能即为最佳夯击能,超过最低点,曲线回升,说明地基土侧向变形增大,土体开始破坏。最佳夯击能和单击夯击能的比值即可作为控制夯击次数。

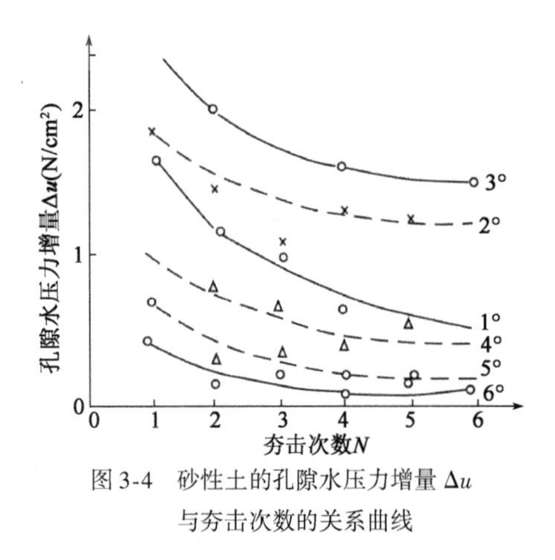

图 3-4 砂性土的孔隙水压力增量 Δu 与夯击次数的关系曲线

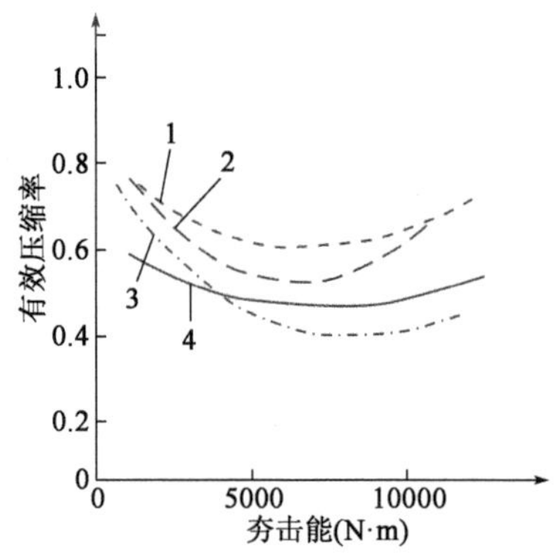

图 3-5 有效压缩率与夯击能的关系曲线

3)平均夯击能

平均夯击能也称单位面积夯击能,单位面积夯击能的大小与地基的类别有关。单位面积夯击能过小,难以达到预期的加固效果;单位面积夯击能过大,不仅浪费能源,而且对饱和黏性土来说,强度反而会降低。

强夯加固地基有一个加固深度和密实度的极限值,Leonards 认为其值相当于静力触探比贯入阻力 $p_s = 15\text{MPa}$ 或标贯值 $N = 30 \sim 40$。达到这一极限再增多夯击能只能使场地隆起,而无加固效果。这一极限对细颗粒土可定为加固至土壤含强结合水(或稍高)时土的饱和含水率及其相应的密实度。因为此时孔隙水已不能排出,无法再加密。在黄土中,极限值相当于干密度 18kg/m^3 或孔隙比 $e = 0.5$;对粗颗粒土,可认为此极限值相当于相对密实度达到 0.8 ~ 0.9。

对饱和土需要分遍夯击,这样每一遍也存在一极限夯击能,根据梅纳饱和土夯击时液化,孔隙水压力升高的观点,从理论上讲,每遍极限夯击能为地基中孔隙水压力达到土的自重应力时的夯击能,此时土已液化,称之为每遍最佳夯击能。但在实际工程中,实测的孔隙水压力值多数达不到上覆土的自重应力。其最大值与被测土的类型、孔压测量仪表位置、夯点数量、夯击顺序等有关,因此在工程实践中,应根据以下三原则之一通过试夯确定:

(1)坑底土不隆起,包括不向夯坑内挤出,或每击隆起量小于每击夯沉量,说明土仍可被挤密。

(2)夯坑不得过深,以免造成提锤困难。为增大加固深度,必要时可在夯击坑内填加粗颗粒料,形成土塞,以增加锤击数。

(3)每击夯沉量不宜过小,过小无加固作用。

3. 夯击次数和遍数

1)夯击次数

夯击次数是强夯法设计中的一个重要参数。夯击次数一般通过试夯确定,以夯坑的压缩量最大、夯坑周围隆起量最小为原则。常通过现场试夯得到的夯击次数与夯沉量的关系曲线确定。

对于碎石土、砂土、低饱和度的湿陷性黄土、填土等地基,夯击时夯坑周围往往没有隆起或虽有隆起但隆起量很小,在这种情况下,应尽量增加夯击次数,以减少夯击遍数。而对于饱和度较高的黏性土地基,随着夯击次数的增加,土的孔隙体积因压缩而逐渐减小,但因这类土的渗透性较差,所以孔隙水压力将逐渐增加,并促使夯坑下的地基土产生较大的侧向挤出,从而引起夯坑周围地面的明显隆起,此时如继续夯击,并不能使地基土得到有效的夯实。

目前,国内外每夯击点一般夯击 5 ~ 20 击,根据土的性质和土层的厚薄不同,夯击次数也不同。对于非饱和土或填土,常以最后两击的下沉量平均值不大于 40mm 来控制每点的夯击次数。而对于饱和黏性土,应以孔隙水压力上升到最大值且等于土体自重,或出现液化现象来控制夯击次数。

夯点的夯击次数,除了按现场试夯的夯击次数和夯沉量的关系曲线确定外,还应满足下列条件:

(1)最后两击的平均夯沉量不宜大于下列数值:当单击夯击能小于 4000kN · m 时为 50mm,当单击夯击能为 4000 ~ 6000kN · m 时为 100mm,当单击夯击能大于 6000kN · m 时为 150mm。

(2)夯坑周围地面不应产生过大的隆起。

(3)不因夯坑过深而发生提锤困难。

2)夯击遍数

夯击遍数应根据地基土的性质、密实度的要求确定。对于砂土、碎石土等粗粒土可采用 2 ~ 3 遍;对于渗透性较差的细颗粒土,必要时夯击遍数可适当增加到 3 ~ 5 遍。若点夯达不到停夯标准,同一夯点可分 2 ~ 3 次施加。最后以低能量满夯 2 遍,满夯可采用轻锤或低落距锤多次夯击,锤印搭接。满夯也可以用冲击碾压代替。

强夯的加固顺序是先深后浅,即先加固深层土,再加固中层土,最后加固表层土。强夯施工的前 2 ~ 3 遍点夯是分别加固深层土和中层土,最后采用低能量满夯加固表层土。当点夯完成后,常用推土机将夯坑回填推平,因此夯坑底面标高以上的填土比较疏松,加上强夯产生的强大振动,周围表层土可能有一定程度的振松,所以应通过满夯或冲击碾压将表层土夯实。

4. 夯击点布置及间距

夯击点平面布置与夯实效果和施工费用有直接关系。夯击点常采用等边三角形或正方形布置。

夯击点间距宜根据飞行区分区、加固土层厚度、土质条件等通过试夯确定,对细颗粒土来说,为便于超静孔隙水压力的消散,夯击点间距不宜过小。当加固深度要求较大时,第一遍的夯击点间距更不宜过小,以免夯击时在浅层形成密实层而影响夯击能往下传递。

若夯击点间距太小,夯击时上部土体易向侧向已夯成的夯坑内挤出,从而造成坑壁坍塌,夯锤歪斜或倾倒而影响夯实效果。反之,如夯击点间距过大,也会影响夯实效果。

间隔夯击比连夯好。间隔夯击对深层加固有利,原因是间隔夯击便于能量在土中被吸收,有利于夯击能向深层传递,孔隙水容易向低压区排出,可先固结一部分地基土。再夯第二遍时,可使充满孔隙水的另一部分土体得到能量,克服土颗粒对水的吸附力,将土体孔隙水挤出而使土体得到加固,提高土体强度。连夯则使整个土体产生超孔隙水压,而没有低压区,孔隙水处于相对平衡,反而不容易排出。夯击点过密,相邻夯击点的加固效果将在浅层,叠加形成硬层,影响波的传播,造成能量损失。又因浅层受面波的运动做功而松动,为了使地基表层受到加固,必须满夯一遍。

实践证明,我国目前机场工程中第一遍夯击点间距可取夯锤直径的2.5~3.5倍,第二遍夯击点位于第一遍夯击点之间。以后各遍夯击点间距可取夯锤直径的1.5~2.5倍。对处理深度较大或单击夯击能较大的工程,第一遍夯击点间距宜取处理深度的60%~80%。

5. 夯击间歇时间

两遍夯击之间应有一定的间歇时间,以利于强夯时土中超静孔隙水压力消散,间歇时间取决于超静孔隙水压力消散时间。土中超静孔隙水压力的消散速率与土的类别、夯点间距等因素有关。对于砂性土,其渗透系数大,土中超静孔隙水压力一般在数分钟或2~3h即可消散完。但对于渗透性差的黏性土,土中超静孔隙水压力一般需要数周才能消散完。夯点间距对土中超静孔隙水压力消散速率也有很大的影响。夯点间距小,土中超静孔隙水压力消散慢;反之,夯点间距大,土中超静孔隙水压力消散很快。所以,间歇时间应随孔隙水压力消散时间而定。另外,孔隙水压力的消散还与周围排水条件有关。可根据地基土的渗透性确定间歇时间,渗透性较差的黏性土地基的间歇时间,一般不少于3~4周,渗透性较好的黏性土一般为1~2周,对渗透性好的地基可连续夯击。

二、强夯置换法的设计要点

(1)强夯置换墩的深度由土质条件决定,一般深度不宜超过7m。对淤泥、泥炭等黏性软弱土层,置换墩应穿透软土层,着底在较好土层上,以免产生较多下沉。对深厚饱和粉土、粉砂,墩身可不穿透该层,因墩下土在施工中密度较大,强度提高有保证。

(2)强夯置换法的单击夯击能应根据现场试验确定。

(3)墩体材料可采用级配良好的块石、碎石、矿渣、建筑垃圾等坚硬粗颗粒材料,粒径大于300mm的颗粒含量不宜超过30%。因为墩体材料级配不良或块石过多、过大,均易在墩中留下大孔隙,在后续墩施工或机场使用过程中使墩间土挤入孔隙,增加下沉。

(4)墩体布置宜采取等边三角形或正方形。

(5)墩间距应根据荷载大小和原状土的承载力选定,当满堂布置时,可取夯锤直径的2~3倍。

(6)墩顶应铺设一层厚度不小于500mm的压实垫层,垫层材料宜与墩体材料相同,粒径不宜大于100mm。

(7)强夯置换设计时,应预估地面抬高值,并在试夯时校正。因为强夯置换时地面不可避免要抬高,特别在饱和黏性土中,隆起的体积是很可观的,应在试夯时仔细记录,作出合理的估计。

(8)根据初步确定的强夯置换参数,提出强夯置换试验方案,进行现场试夯,并根据不同土质条件待试夯结束一至数周后,对试夯场地进行检测。检测项目除进行现场载荷试验检测承载力和变形模量外,还应采用超重型或重型动力触探等方法检查置换墩着底情况及承载力与密度随深度的变化。

(9)确定软黏性土中强夯置换墩地基承载力特征值时,可只考虑墩体,不考虑墩间土的作用,其承载力应通过现场单墩载荷试验确定,对饱和粉土地基可按复合地基考虑,其承载力可通过现场单墩复合地基载荷试验确定。

三、夯前试夯

由于强夯法的许多设计参数还是经验性的,影响因素又很复杂,到目前为止还不能做精确的理论计算和设计,因此,设计时常采用工程类比法和经验法。为验证设计参数并使其符合预定目标,常在正式施工前作强夯的试验即试夯,以校正各设计、施工参数,考核施工机具能力,为正式施工提供依据。

1.试夯的目的

根据工程需要,确定加固后的地基承载力、变形模量、有效加固深度,特别是消除黄土的湿陷性或地基的地震液化深度,以此根据土的类型、特征,选定单点夯击能、单位面积夯击能、夯击次数、夯击遍数、夯点间距、间歇时间等,确定是否需要加设垫层及填料并确定其厚度。

试夯的目的就是根据试夯后的检验结果,适当调整设计、施工参数,使其达到预想的处理效果。

2.试夯的步骤

(1)根据地质资料、机场的具体情况,在拟建场地选取一个或几个有代表性的区段作为试夯区。

(2)在试夯区内进行详细的原位测试,采用原状土样进行室内试验,有条件时,可做室内动力固结分析,测定土的动力性能指标。

(3)试夯应有单点及小片试区,必要时应有不同单击夯击能的对比,以提供合理的选择。单点夯击应布置测试地表位移(包括竖直、水平位移),记录每击夯沉量,测定夯坑深度及口径、体积,测定孔隙水压力增长消散值与时间的关系,振动影响值及范围,测定夯坑填料厚度。对于小片试区,其面积应根据布点要求确定,以使试夯区内部的检验有代表性。应记录并计算各遍的填料量及各遍的场地下沉量,以便正式施工时,预留下沉量并校核加固效果。测试应包括夯点及夯间距，最好能每遍夯后均匀进行，以便调整夯击遍数。

(4)夯击结束一周至数周后(即孔隙水压力消散后)，对试夯场地进行测试，测试项目与夯前应相同。如取土试验(抗剪强度指标 c、φ，压缩模量 E_S，密度 ρ，含水率 ω，孔隙比 e，渗透系数 k 等)，十字板剪切试验，动力触探试验，标准贯入试验，静力触探试验，旁压试验，波速试验，载荷试验等。试验孔布置应包括坑心、坑侧，坑侧一般应在距坑心 2.5 ~ 3.5D(D 为夯锤直径)内布 3 ~4 个点，以测定加固范围，确定合理的夯点间距。

(5)根据夯前、夯后的测试资料，进行对比分析，若试夯效果符合要求，则可确定强夯施工参数，否则应修改试夯方案进行补夯或调整夯击参数后重新试验。

(6)根据试夯结果，在初步施工方案的基础上，编制正式施工方案，并以此指导施工。

第四节 质量检验

为了对强夯法和强夯置换法处理过的场地作出加固效果评价，检验其是否满足设计的预期效果，强夯后的质量检验是必须进行的项目。

一、强夯法质量检验

1.检验数量

强夯地基检验的数量应根据场地的复杂程度和建筑物重要性来决定。对于简单场地的一般建筑物，每个建筑物的地基检验点不少于 3 处。对复杂场地，应根据场地变化类型，每个类型不少于 3 处。强夯面积超出 1000m^2 应增加 1 处检验点。

2.检验时间

经强夯处理的地基，其强度是随着时间增长而逐步恢复和提高的。因此，在强夯施工结束后，应间隔一定时间方能对地基质量进行检验。间隔时间应根据土质的不同而异，时间越长，强度增长越高。一般对于碎石和砂土地基，其间隔时间可取 1 ~2 周，对于低饱和度的粉土和黏性土地基可取 2 ~ 4 周。对于其他高饱和度的土，间隔时间还应适当延长。

3.检验方法

强夯地基的质量检验方法，应根据土质选用原位测试和室内土工试验方法。常用的原位测试方法有现场十字板、动力触探、静力触探、标准贯入、旁压、波速试验等，可选择两种或两种以上测试方法综合确定，对于重要工程应增加检验项目，也可做现场大压板载荷试验。

查强夯施工过程中的各种测试数据和施工记录以及施工后的质量检验报告，不符合设计要求的应布夯或采取其他有效措施。

二、强夯置换法质量检验

强夯置换法质量检验除了了解墩间土的性状外，还需了解复合地基的性状。强夯置换法处理后的复合地基承载力可采用复合地基载荷试验确定。

采用强夯置换法，需要了解强夯置换形成的碎石墩的直径和深度，可采用雷达检测、斜钻检测来检查碎石墩的形状。

思考题与习题

1. 什么是强夯法？采用强夯法加固液化土的设计要点有哪些？
2. 强夯法的试夯要确定哪些参数？强夯法应怎样进行施工？
3. 试述强夯法加固黏性土和非黏性土的机理。
4. 某地基软土厚12m，用强夯加固，如何初选锤重及落距？拟进行现场试验，试说明现场试验的内容和方法。

第四章 排水固结法

第一节 概述

排水固结法也称为预压法，是对地下水位以下的天然地基或设置有砂井（袋装砂井或塑料排水带）等竖向排水体的地基，通过加载系统在地基土中产生水头差，使土体中的孔隙水排出，逐渐固结，地基发生沉降，同时强度逐渐提高的方法。此法常用于处理淤泥质土、淤泥、冲填土等饱和黏性土地基。

排水固结法的实际效果，取决于土层固结特性、厚度、预压荷载和预压时间。厚度小于5m的浅土层，或固结系数较大（$1\times10^{-2}cm^2/s$以上）的土层，进行较短时间预压即可。

工程实践表明，为了缩短预压时间，加设砂井竖向排水通道或铺设砂垫层，加固效果甚好。因此排水固结法主要由加压系统和排水系统两个部分组成。

加压系统对地基施行预压的荷载，使地基土层因产生附加压力而发生排水固结。排水系统是为了改善地基原有的天然排水系统的边界条件，增加孔隙水排出路径，缩短排水距离，从而加速地基土的排水固结进程。

排水系统是一种手段，如没有加压系统，孔隙中的水没有压力差就不会自然排出，地基也就得不到加固。如果只增加固结压力，不缩短土层的排水距离，则不能在预压期间尽快地完成设计所要求的沉降量，地基强度不能及时提高，加载也不能顺利进行。因此，加压系统和排水系统是相互配合、相互影响的。

根据加压系统和排水系统的不同，派生出多种排水固结加固地基的方法，如图4-1所示。

排水固结法用于解决软黏土地基的沉降和稳定问题，工程应用广泛。其中，砂井法特别适用于存在连续薄砂层的地基。但砂井只能加速主固结而不能减少次固结，对有机质土和泥炭等次固结土，不宜只采用砂井法。克服次固结可利用超载的方法。真空预压法适用于能在加固区形成（包括采取措施后形成）稳定负压边界条件的软土地基。降低地下水位法、真空预压法和电渗法由于不增加剪应力，地基不会产生剪切破坏，所以适用于很软弱的黏性土地基。

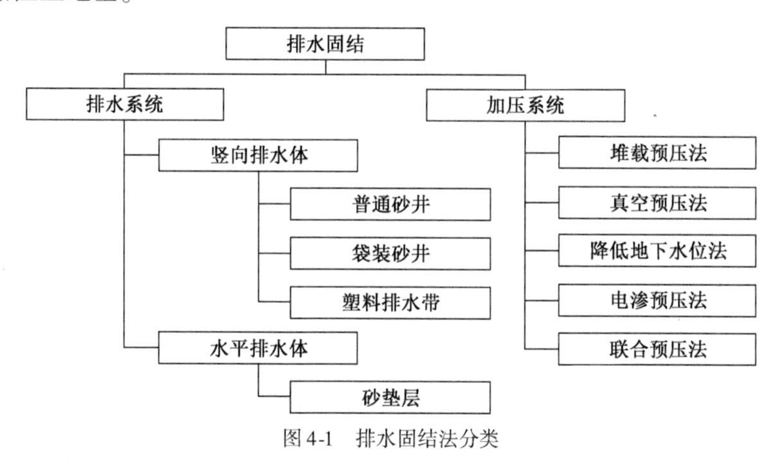

图 4-1 排水固结法分类

第二节 加固机理

在饱和软土地基中施加荷载后，孔隙水被缓慢排出，孔隙体积随之逐渐减小，地基发生固结变形。同时，随着超静水压力逐渐消散，有效应力逐渐提高，地基土强度逐渐增加。排水固结法增大地基土强度的基本原理可以用图 4-2 来说明。

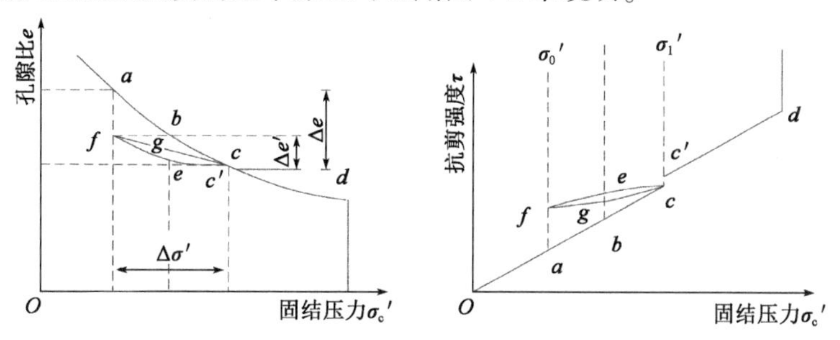

图 4-2 排水固结法增大地基土强度的原理

在 e-σ_c'曲线中，当土样的天然固结压力为 σ_0 时，其孔隙比为 e_0，如图 4-2 中的 a 点；当压力增加 $\Delta\sigma'$，固结终了时为 c 点，孔隙比减小 Δe。与此同时，抗剪强度与固结压力成比例地由 a 点提高到 c 点。如从 c 点卸除压力 $\Delta\sigma'$，则土样发生膨胀，曲线由 c 点返回 f 点。然后又从 f 点加压 $\Delta\sigma'$至完全固结，土样再压缩沿虚线至 c'点，相应的强度也从 f 点增大至 c'点。

由此可看出,土体在受压固结时,一方面孔隙比减小,土体被压缩,抗剪强度也相应提高;另一方面,卸载再压缩时,固结压力同样从 σ_0'增加 $\Delta\sigma'$,而孔隙比仅减小 $\Delta e'$,因为土体已变为超固结状态,所以 $\Delta e'$比 Δe 小得多。这说明,经预压处理后,建筑物新引起的沉降即可大大减小。如果预压荷载大于建筑物荷载,即所谓超载预压,则效果更好。因为经过超载预压,土层的固结压力大于使用荷载下的固结压力,原来的正常固结黏性土层将处于超固结状态,而使土层在使用荷载下的变形大为减小。

一、堆载预压加固机理

堆载预压法是用填土等外加荷载对地基进行预压,是通过增加总应力 σ,并使孔隙水压力 u 消散来增加有效应力 σ'的方法。堆载预压是在地基中形成超静水压力的条件下排水固结,称为正压固结。

当地基需要施加很大荷载时,应分级加荷,并控制加荷速率,使加荷速率与地基的强度增长相适应。每一级加荷,尤其是预压加荷的后期更应严格控制加荷速率。对堆载预压工程,预压荷载应分级逐渐施加,确保每级荷载下地基的稳定性。

地基土层的排水固结效果与它的排水边界有关。根据太沙基一维固结理论,$t = (T_v/C_v) \times H^2$,即黏性土达到一定固结度所需时间与其最大排水距离的平方成正比。随土层厚度增大,固结所需时间迅速增加。设置竖向排水体(袋装砂井或塑料排水带)可以增加排水路径、缩短排水距离,是加速地基排水固结行之有效的方法,如图 4-3 所示。软土层越厚,一维固结所需的时间越长。如果淤泥质土层厚度为 10 ~ 20m,要达到较大的固结度(U > 80%),所需的时间为几年甚至十几年之久。为了加速固结,可在天然地基中设置排水体,如图 4-3b)所示。这时,土层中的孔隙水主要通过砂井从平向排出,部分从竖向排出。所以砂井(袋装砂井或塑料排水带)的作用就是增加排水路径,缩短排水距离,加速地基土的固结、抗剪强度的增长和沉降的发展。由此,缩短了预压工程的预压期,可在短期内达到较好的固结效果,使沉降提前完成;加速地基土的强度增长,使地基承载力提高的速率始终大于施工荷载增长的速率,以保证地基的稳定性,这一点从理论和实践上都得到了证实。

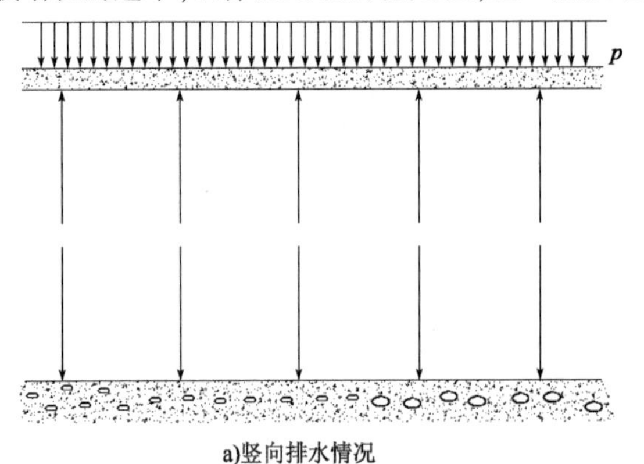

a)竖向排水情况

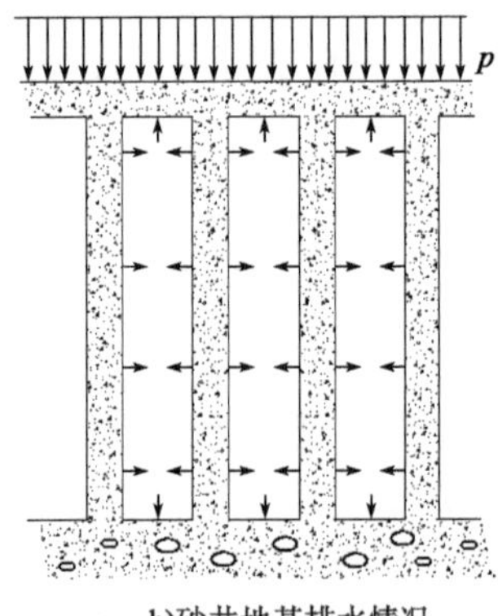

b)砂井地基排水情况

图 4-3 排水固结法原理

二、真空预压加固机理

真空预压法是1952年由瑞典皇家地质学院的研究人员提出的，施工时在需要加固的软土地基表面先铺设砂垫层，然后埋设垂直排水管道，再用不透气的封闭膜使其与大气隔绝，薄膜四周埋入土中，通过砂垫层内埋设的吸水管道，用真空装置进行抽气，使其形成真空，增加地基的有效应力，即在总应力不变的情况下，通过减小孔隙水压力来增加有效应力的方法，称为负压固结。

真空预压的原理主要反映在以下几个方面：

(1)薄膜上面承受等于薄膜内外压差的荷载。

(2)地下水位降低，相应增加附加应力。

(3)封闭气泡排出，土的渗透性加大。

真空预压法和堆载预压法相比具有如下优点：

(1)不需要堆载材料，节省运输费用与造价。

(2)可在很软的地基上采用。

(3)无须分期加荷，工期短。

(4)场地清洁，噪声小。

理论上，当地基达到完全真空时，可产生1个大气压即100kPa的预压荷载。但在实际工程中，受限于目前的技术水平，真空预压的膜下真空度一般保持在85～90kPa。

第三节 设计计算

排水固结法的设计，实质上就是设计排水系统和加压系统，使地基在受压过程中排水固结，强度相应增加，以满足逐渐加荷条件下地基稳定性的要求，并加速地基的固结沉降，缩短预压的时间。

一、排水固结设计

排水固结设计前，应通过勘察查明土层在水平方向和竖直方向的分布变化，透水层的位置及水源补给条件等。应通过土工试验确定土的固结系数、孔隙比和固结压力的关系、三轴试验抗剪强度以及原位十字板抗剪强度等。对重要的工程，应在现场先进行预压试验，测定竖向变形、侧向位移、孔隙水压力等数据。

排水固结法的设计，本质上在于根据上部结构荷载的大小、地基土的性质及工期要求，合理安排加压系统和排水系统，确定竖向排水体的直径、间距、深度和排列方式，确定预压荷载的大小和预压时间，使地基在受压过程中快速排水固结，从而满足工程对地基沉降和承载力的要求。

(一)堆载预压法设计

1.加压系统设计

堆载一般用填土、砂石等散粒材料,预压荷载的大小,应根据设计要求确定,对于沉降要求较高的道槽区,宜采用超载预压法处理,并宜使预压荷载下受压土层各点的有效竖向应力大于道面结构层自重和飞机荷载引起的相应点的附加应力。预压荷载顶面的范围应大于或等于道槽外缘所包围的范围。

加载速率应根据地基土的强度增长量确定。当天然地基土的强度满足预压荷载下地基的稳定性要求时,可一次性加载,否则应分级逐渐加载,待前期预压荷载下地基土的强度增长满足下一级荷载下地基的稳定性要求时,方可继续加载,具体的设计步骤如下:

(1)利用地基的天然地基土抗剪强度计算第一级容许施加的荷载 p_1。一般可根据斯开普顿极限荷载的半径经验公式作初步估算。

(2)计算第一级荷载下地基强度增长值,在 p_1 荷载作用下,经过一段时间预压,地基强度会提高,提高以后的地基强度为 c_{u1}:

$$c_{u1} = \eta(c_{u0} + \Delta c_u') \tag{4-1}$$

式中:c_{u0}——地基的天然抗剪强度;

$\Delta c_u'$——p_1 作用下地基因固结而增长的强度,它与土层的固结度有关,一般可先假定一固结度,通常可假定为70%,然后求出强度增量 $\Delta c_u'$;

η——考虑剪切蠕动的强度折减系数。

(3)计算 p_1 作用下达到所确定固结度所需要的时间。其目的在于确定第一级荷载停歇时间,亦即第二级荷载开始施加的时间。

(4)根据第(2)步得到的地基强度 c_{u1} 计算第二级所能施加的荷载 p_2。p_2 可近似地按下式估算:

$$p_2 = \frac{5.52c_{u1}}{K} \tag{4-2}$$

式中:K——安全系数。

(5)按以上步骤确定的加荷计划进行每一级荷载下地基的稳定性验算。如稳定性不满足要求,则调整加荷计划。

(6)计算预压荷载下地基的最终沉降量和预压期间的沉降量,从而确定预压荷载卸载时间。

2.排水系统设计

排水系统包括水平排水体(砂垫层)和竖向排水体(砂井、袋装砂井和塑料排水带)两部分。

1)水平排水体设计

水平排水体即砂垫层,其作用是保证地基固结过程中排出的水能够顺利地通过砂垫层后迅速排出,使受压土层的固结能够正常进行,以提高地基处理效果,缩短固结时间。

(1)垫层材料。宜采用透水性好的中粗砂,含泥量应小于5%,砂料中可混有少量粒径小于50mm的石粒。砂垫层的干密度应大于$1.5t/m^3$。若无理想的砂料来源,亦可选用符合排水要求的其他材料,还可采用连通砂井的砂沟来代替整片砂垫层。砂沟可按纵横交错的网格状布置,使砂井位于砂沟的交叉点上。

(2)垫层厚度。排水砂垫层的厚度首先应满足地基对其排水能力的要求;其次,当地基表面承载力很低时,砂垫层还应具备持力层的功能,以承担施工机械荷载。满足排水要求的砂垫层厚度以大于400mm为宜。为满足一定的承载力要求,可用厚的砂垫层或用砂与其他粒料形成的混合料作为持力层,具体厚度按承载力大小或有关规定确定。

在预压区内宜设置与砂垫层相连的排水盲沟,并把地基中排出的水引出预压场地。

2)竖向排水体设计

竖向排水体可采用普通砂井、袋装砂井和塑料排水带三种。

(1)竖向排水体深度设计。

竖向排水体的深度应根据地基的稳定性、变形要求和工期确定。当受压软土层厚度不大(小于或等于10m)时,竖向排水体宜穿过受压土层。当受压软土层厚度很大(大于10m)时,对于以地基整体滑动稳定性控制的工程,竖向排水体深度宜超过最危险滑动面2m;对于以地基变形控制的工程,竖向排水体深度应根据在限定的预压时间内应消除的变形量确定。

(2)竖向排水体平面布置设计。

竖向排水体的直径主要取决于土的固结性和施工期限的要求,其间距可根据地基土的固结特性和预定时间内所要求达到的固结度来确定。

普通砂井直径d_w可取250~500mm,井径比n($n = d_e/d_w$,d_e为砂井的有效排水圆柱体直径)常采用6~8;袋装砂井直径一般为70~100mm,砂井间距可按$l = 15 \sim 20$mm选用。

塑料排水带常用当量直径D_p:

$$D_p = \alpha \frac{2(b+\delta)}{\pi} \tag{4-3}$$

式中:α——换算系数,无试验资料时可取$\alpha = 0.75 \sim 1.00$,一般取1.0;

b——塑料排水带宽度(mm);

δ——塑料排水带厚度(mm)。

塑料排水带间距一般可取$n = 15 \sim 30$。

竖向排水体的平面布置可采用等边三角形或正方形排列。一个砂井的有效排水圆柱体的直径 d_e 和砂井间距 l 的关系如下：

等边三角形布置时，$d_e = 1.05l$。

正方形布置时，$d_e = 1.13l$。

（二）真空预压法设计

真空预压法是在需要加固的软土地基表面先铺设砂垫层，然后埋设竖向排水体，竖向排水体常采用袋装砂井或塑料排水带。再用不透气的封闭膜使其与大气隔绝，薄膜四周埋入土中，通过砂垫层埋设的吸水管道，用真空装置进行抽气，使其形成真空，使土中水排出，增加地基的有效应力，如图4-4所示。

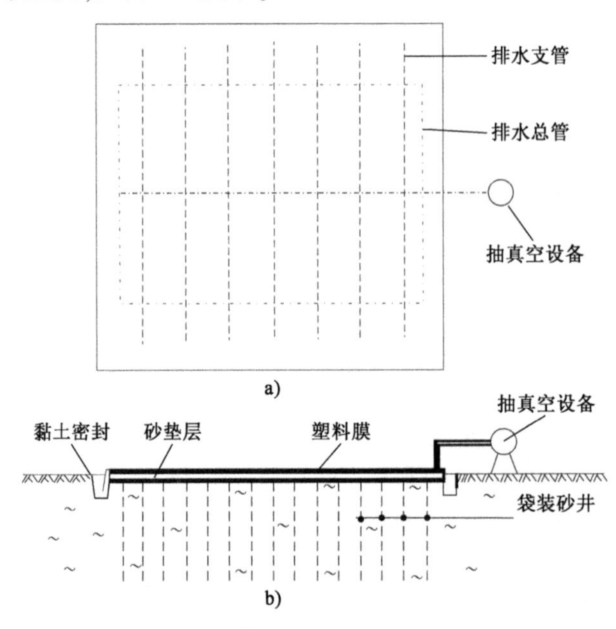

图4-4　真空预压加固地基示意图

当抽真空时，先后在地表砂垫层及竖向排水体内逐步形成负压，使土体内部与竖向排水体、垫层之间形成压差。在此压差作用下，土体中的孔隙水不断由排水管道排出，使土体固结。

真空预压的设计内容除排水系统外，还需考虑如下因素。

1.预压区面积和施工分块大小

采用真空预压处理地基时，真空预压的总面积不得小于建筑物基础外缘所包围的面积，每块预压面积宜尽可能大且相互连接。两个预压区的间隔不宜过大，需根据工程要求和土质决定，一般以2～6m为宜。

2.膜下真空度

真空预压效果与密封膜下所能达到的真空度大小关系极大。当采用合理的施工工艺和设备时，真空预压的膜下真空度应保持在600mmHg左右，相当于80kPa的真空压力。

此值可作为最小膜下设计真空度。

3. 平均固结度

加固区压缩土层的平均固结度应大于80%。如工期许可,也可采用更大一些的固结度作为设计要求达到的固结度。

4. 竖向排水体

一般采用袋装砂井或塑料排水带。真空预压处理地基时,必须设置竖向排水体,由于砂井(袋装砂井或塑料排水带)能将真空度从砂垫层中传至土体,并将土体中的水抽至砂垫层然后排出,若不设置砂井就起不到上述的作用,达不到加固的目的。

抽真空的时间与土质条件和竖向排水体的间距密切相关。达到相同的固结度,间距越小,则所需的时间越短,见表4-1。

袋装砂井间距与抽真空所需时间的关系 表4-1

袋装砂井间距(m)	固结度(%)	所需时间(d)
1.3	80	40~50
	90	60~70
1.5	80	60~70
	90	85~100
1.8	80	90~105
	90	120~130

5. 沉降量计算

先计算加固前建筑物荷载下天然地基的沉降量,然后计算真空预压期间所完成的沉降量,两者之差即为预压后在建筑物荷载下可能发生的沉降。预压期间的沉降量可根据设计要求达到固结度推算加固区所增加的平均有效应力,再从 *e-p* 曲线上查出相应的孔隙比进行计算。

对承载力要求高、沉降量限制严的建筑物,可采用真空-堆载联合预压法。真空是负压,堆载是正压,二者是否能叠加,这是工程人员所关心的。通过实际工程测出的沉降量、承载力、变形模量和十字板强度的变化可以看出,其效果是可以叠加的。

真空预压的总面积不得小于基础外边缘所包围的面积,一般真空的边缘应超出建筑物基础外缘2~3m。另外,每块预压的面积尽可能大,根据加固要求,彼此间可搭接或有一定间距。加固面积越大,加固面积与周边长度之比也越大,气密性也越好,真空度就越高。

真空预压的关键在于要有良好的气密性,使预压区与大气层隔绝。当在加固区发现有透气层和透水层时,一般可采用在塑料薄膜周边另加水泥土搅拌桩的壁式密封措施。

二、排水固结法的理论计算

(一)地基固结度计算

地基固结度计算是砂井地基设计中的一项重要内容。通过固结度计算可推算地基强度增长的加荷计划。如果已知各级荷载下不同时间的固结度,就可推算各个时间的沉降量。固结度与井布置、排水边界条件、固结时间和地基系数有关,计算之前,要先确定有关参数。

砂井地基的固结理论都是假设荷载是瞬时施加的,所以首先介绍瞬间加荷条件下固结度的计算,然后根据实际加荷过程进行修正计算。

1. 瞬间加荷条件下砂井地基固结度的计算

如果软黏性土是单面排水,则每个砂井的渗透途径如图4-3b)所示。在一定压力作用下,土层中的固结渗流水沿径向和竖向流动,所以砂井地基排水固结属于三维固结问题。假定:①每个砂井的有效影响范围为一圆柱体;②砂井地基表面在连续均布荷载作用下,地基中的附加应力分布不随深度而变化,故地基土仅产生竖向的压密变形;③荷载是一次施加的,加荷开始时,外荷载全部由孔隙水压力负担;④在整个压密过程中,地基土的渗透系数保持不变;⑤井壁土面受砂井施工所引起的涂抹作用(可使渗透性发生变化)的影响不计。

若以圆柱坐标表示,设任意点(r、Z)处的孔隙水压力为u,则固结微分方程为

$$\frac{\partial u}{\partial t}=C_{v}\left(\frac{\partial^2 u}{\partial r^2}+\frac{1}{r}\cdot\frac{\partial u}{\partial r}+\frac{\partial^2 u}{\partial z^2}\right) \tag{4-4}$$

当径向渗透系数k_h和竖向渗透系数k_v不等时,则式(4-4)应为

$$\frac{\partial u}{\partial t}=C_{v}\cdot\frac{\partial^2 u}{\partial r^2}+C_{h}\left(\frac{1}{r}\cdot\frac{\partial u}{\partial r}+\frac{\partial^2 u}{\partial r^2}\right) \tag{4-5}$$

式中:t——时间;

C_v——竖向固结系数,$C_v=k_v(1+e)/(\alpha\cdot r_w)$。其中,$k_v$为土的竖向渗透系数,$e$为土的孔隙比,$\alpha$为土的压缩系数,$r_w$为水的重度,且$r_w=10\text{kN/m}^3$;

C_h——径向固结系数(或称水平固结系数),$C_h=k_h(1+e)/(\alpha\cdot r_w)$。其中$k_h$为土的径向渗透系数。

式(4-5)可用分离变量法求解为

$$\frac{\partial u_z}{\partial t}=C_{v}\frac{\partial^2 u_z}{\partial z^2} \tag{4-6}$$

$$\frac{\partial u_z}{\partial t}=C_{h}\left(\frac{\partial^2 u_r}{\partial r^2}+\frac{1}{r}\cdot\frac{\partial u_r}{\partial r}\right) \tag{4-7}$$

即式(4-5)可分为竖向固结和径向固结两个微分方程,从而根据起始条件和边界条件分别解得竖向排水的孔隙水压力分量u_z和径向排水固结的孔隙水压力分量u_r。根据

N. 卡里罗(Carrillo)理论证明:

任意一点的孔隙水压力 u 有如下关系:

$$\frac{u}{u_0}=\frac{u_r}{u_0}\cdot\frac{u_z}{u_0} \tag{4-8}$$

式中:u_0——初始孔隙水压力。

整个砂井影响范围内土桩体的平均孔隙水压力也有同样的关系:

$$\frac{\overline{u}}{u_0}=\frac{\overline{u}_r}{u_0}\cdot\frac{\overline{u}_z}{u_0} \tag{4-9}$$

或以固结度表达为

$$(1-\overline{U}_{rz})=(1-\overline{U}_r)(1-\overline{U}_z) \tag{4-10}$$

式中:$\overline{U}_{rz}$——每个砂井影响范围内圆柱的平均固结度;

$\overline{U}_r$——径向排水的平均固结度;

$\overline{U}_z$——竖向排水的平均固结度。

1)竖向排水平均固结度$\overline{U}_z$

根据一维固结理论,对于一次性骤然施加荷载,且孔隙水仅沿竖向渗透的地基,其竖向平均固结度可按下式计算:

$$\overline{U}_z=1-\frac{8}{\pi^2}\sum_{m=1,3,\cdots}^{m=\infty}\frac{1}{m^2}e^{-\frac{m^2\pi^2}{4}T_v} \tag{4-11}$$

$$T_v=\frac{C_v t}{H^2} \tag{4-12}$$

式中:m——正奇整数(1,3,5,…);

T_v——竖向固结时间因数;

C_v——土的竖向固结系数;

α——土的压缩系数;

r_w——水的重度,$r_w=10\text{kN/m}^3$;

t——固结时间,如果在逐渐增加,则从加荷历时一半起算;

H——土层的竖向排水距离(cm),单面排水时 H 为土层厚度,双面排水时 H 为土层厚度的一半。

当$\overline{U}_z>30\%$时,可采用下式计算:

$$\overline{U}_z=1-\frac{8}{\pi^2}e^{-\frac{\pi^2 T_v}{4}} \tag{4-13}$$

式中:$\overline{U}_z$——竖向排水平均固结度(%);

e——自然常数,可取 e=2.718。

2)径向排水平均固结度$\overline{U}_r$

巴伦(Barron)曾分别在自由应变和等应变条件下求得$\overline{U}_r$的解。但等应变求解比较简单,其结果如下:

$$\overline{U}_r = 1 - e^{-\frac{8T_h}{F}} \tag{4-14}$$

式中:T_h——径向固结的时间因数,$T_h = \frac{C_h \cdot t}{d_e^2}$;

d_e——每个砂井有效影响范围的直径;

F——与n有关的系数,$F = \frac{n^2}{n^2 - 1}\ln n - \frac{3n^2 - 1}{4n^2}$;

n——井径比,$n = d_e/d_w$,d_w为砂井直径;

C_h——土的径向固结系数。

工程中砂井平面布置多采用正三角形或正方形,如图4-5所示。假设在大面积荷载作用下每个砂井均为一独立排水系统。砂井按正三角形布置时,每一砂井影响范围为一正六边形,如图4-5a)中虚线;而砂井按正方形布置时,砂井影响范围亦为正方形,如图4-5b)中的虚线。在进行实际固结计算时,用上述多边形的边界条件求解困难时,Barron建议将每个砂井的影响范围简化为一个等面积的圆来求解,则等效圆的直径d_e与砂井间距l之间关系如下:

①正三角形排列:

$$d_e = \sqrt{\frac{2\sqrt{3}}{\pi}}l = 1.05l$$

②正方形排列:

$$d_e = \sqrt{\frac{4}{\pi}}l = 1.13l$$

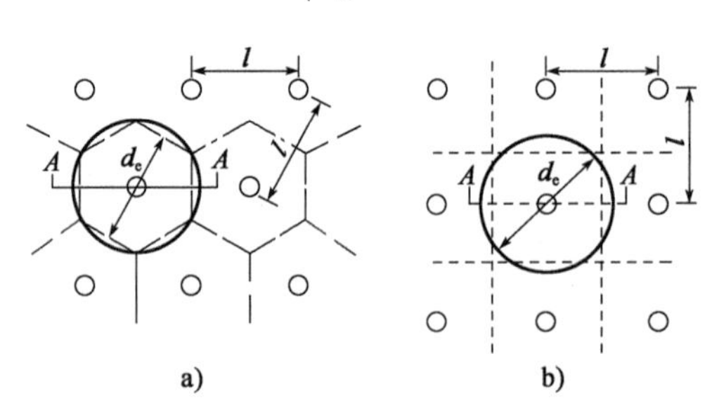

图4-5 砂井平面布置及影响范围土桩体剖面

3)总平均固结度$\overline{U}_{rz}$

将式(4-13)和式(4-14)代入式(4-10)后,则得$\overline{U}_{rz} > 30\%$时的砂井平均固结度$\overline{U}_{rz}$为

$$\overline{U}_{rz} = 1 - \frac{8}{\pi^2} \cdot e^{-\beta t} \tag{4-15}$$

式中

$$\beta = \frac{8C_h}{Fd_c^2} + \frac{\pi^2 C_v}{4H^2} \tag{4-16}$$

则

$$e^{-\beta t} = \frac{\pi^2(1-\overline{U}_{rz})}{8}$$

故

$$t = \frac{1}{\beta}\ln\frac{8}{\pi^2(1-\overline{U}_{rz})} \tag{4-17}$$

当砂井间距较小或软土层很厚或 $C_h > C_v$ 时，竖向平均固结度$\overline{U}_z$ 的影响很小，常可忽略不计，可只考虑将径向固结度计算结果作为砂井地基平均固结度。

随着砂井、袋装砂井及塑料排水带的广泛应用，人们逐渐意识到井阻和涂抹作用对固结效果的影响是不可忽视的。考虑井阻和涂抹作用时，地基平均固结度可按以下简化解进行计算：

$$\overline{U}_{rz} = 1 - \frac{8}{\pi^2}e^{-\beta_{rz}t} \tag{4-18}$$

$$\beta_{rz} = \frac{\pi^2 C_v}{4H^2} + \frac{8C_h}{(F+\pi G)d_e^2} \tag{4-19}$$

$$F = \ln\left(\frac{n}{s}\right) + \left(\frac{k_h}{k_s}\right)\ln s - \frac{3}{4} \tag{4-20}$$

式中：G——井阻因子，$G = \left(\frac{k_h}{k_w}\right)\left(\frac{H}{d_w}\right)^2$；

s——涂抹比，砂井涂抹后的直径 d_s 与砂井直径 d_w 之比；

n——井径比，$n = \frac{d_e}{d_w}$；

k_w、k_h、k_s——砂井、地基土径向和砂井涂抹区土体内的径向水平渗透系数；

H——砂井的长度。

当$\overline{U}_{rz} > 30\%$ 时，可直接用式(4-15)计算。当软土层厚度较大，或砂井间距较小时，竖向排水占的比例很低，可近似取$\overline{U}_{rz} \approx \overline{U}_r$。

2. 逐渐加荷条件下砂井地基固结度的计算

在上述固结度计算中，假设荷载是一次瞬间施加的，而实际上，为保证地基的稳定性，荷载是分级逐渐施加的。因此，需根据加荷进度对固结度进行修正，修正的方法有改进的太沙基法和改进的高木俊介法。

1）改进的太沙基法

对于分级加荷的情况，太沙基的修正方法是作如下假定：

（1）每一级荷载增量 p_i 所引起的固结过程是单独进行的，与上一级荷载增量所引起的固结度完全无关。

（2）总固结度等于各级荷载增量作用下固结度的叠加。

（3）每一级荷载增量 p_i 在等速加荷经过时间 t 的固结度与在 $t/2$ 时的瞬时加荷的固结度相同，即计算固结的时间为 $t/2$。

（4）停止加荷以后，在恒载作用期间的固结度，即时间 t 大于 T_i（此处 T_i 为 p_i 的加载期）时的固结度与在$\frac{T_i}{2}$时瞬时加荷 p_i 后经过时间 $\left(t-\frac{T_i}{2}\right)$的固结度相同。

（5）所算得的固结度仅是对本级荷载而言，对总荷载还要按荷载的比例进行修正。

对多级等速加荷，修正式如下：

$$\overline{U_t'}=\sum_{1}^{n}\overline{U}_{rz}\left(t-\frac{T_{n-1}+T_n}{2}\right)\cdot\frac{\Delta p_n}{\sum\Delta p} \tag{4-21}$$

式中：T_{n-1}、T_n——每级等速加荷的起点和终点时间（从时间 0 点起算）。当计算某一级荷载加荷期间 t 时刻的固结度时，则 T_n 改为 t；

Δp_n——第 n 级荷载增量；

$\overline{U}_{rz}\left(t-\frac{T_{n-1}+T_n}{2}\right)$——时间 $\left(t-\frac{T_{n-1}+T_n}{2}\right)$时的一次骤然加荷的总平均固结度，如果计算某一级荷载加荷期间 t 时刻的固结度，则 T_n 改为 t 。

2）改进的高木俊介法

该法是根据 Barron 理论，考虑变速加荷，推导出砂井地基在径向与竖向条件下的平均固结度，其特点是无须求取瞬时加荷条件下的地基固结度，而是直接计算出修正的平均固结度，适用于多种排水条件，具有通用性，修正后的平均固结度为：

$$\overline{U_t'}=\sum_{i=1}^{n}\frac{\dot{q}_i}{\sum\Delta p}\left[(T_i-T_{i-1})-\frac{\alpha}{\beta}e^{-\beta\cdot t}(e^{\beta\cdot T_i}-e^{\beta\cdot T_{i-1}})\right] \tag{4-22}$$

式中：$\overline{U_t'}$——t 时刻多级荷载等速加荷修正后的平均固结度（%）；

$\dot{q}_i$——第 i 级荷载的平均加荷速率（kPa/d）；

$\sum\Delta p$——各级荷载的累加值；

T_{i-1}、T_i——各级等速加荷的起点和终点时间（从时间 0 点起算），当计算某一级等速加荷过程中 t 时刻的固结度时，则 T_i 改为 t；

α、β——参数。对于不同排水固结条件，其含义不同，可查表选用。

3. 砂井未打穿受压软土层时固结度的计算

在实际工程中，往往软土层较厚，而砂井又没有穿过整个受压土层，如图 4-6 所示。在这种情况下，固结度计算可分两部分：

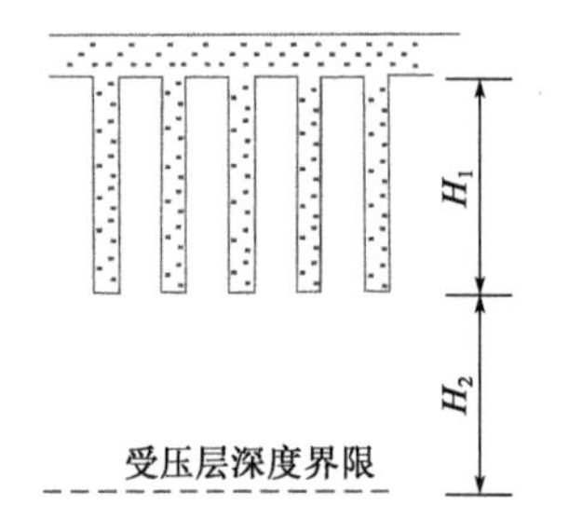

图 4-6　砂井未打穿整个受压土层的情况

砂井深度范围内（H_1）地基的平均固结度按式(4-15)计算，为简化起见，砂井以下部分的受压土层（H_2）的固结度可按竖向固结式(4-13)计算（假定砂井地面为一排水面），而整个受压土层的平均固结度 $\overline{U}$ 可按下式计算：

$$\overline{U}=Q\,\overline{U}_{rz}+(1-Q)\overline{U}_{z} \tag{4-23}$$

式中：$\overline{U}_{rz}$——砂井部分土层的平均固结度；

$\overline{U}_{z}$——砂井以下部分土层的平均固结度；

Q——砂井打入深度与整个受压层厚度之比，即 $Q=H_1/(H_1+H_2)$；

H_1、H_2——砂井长度及砂井以下受压土层的厚度。

（二）地基土抗剪强度增长的预估

在预压荷载作用下，随着排水固结的进行，地基的抗剪强度随着时间而增长，而且剪应力在某种条件（剪切蠕动）下，还可能导致强度的衰减。因此，适当地控制加荷速率，使由于固结而增长的地基强度与剪应力的增长相适应，则地基稳定；反之，如果加荷速率控制不当，使地基中剪应力的增长超过了由于固结而引起的强度增长，地基就会发生局部剪切破坏，甚至发展为整体破坏而滑动。

地基中某一点在某一时刻的抗剪强度 τ_f 可用下式表示：

$$\tau_f=\tau_{f0}+\Delta\tau_{fc}-\Delta\tau_{f\tau} \tag{4-24}$$

式中：τ_{f0}——地基中某点在加荷作用下的天然地基抗剪强度，用十字板或无侧限抗压强度试验、三轴不排水剪切试验测定；

$\Delta\tau_{fc}$——由于固结而增长的抗剪强度增量；

$\Delta\tau_{f\tau}$——由于剪切蠕动而引起的抗剪强度衰减量。

由于剪切蠕动所引起抗剪强度衰减部分 $\Delta\tau_{f\tau}$ 目前尚难提出合适的计算方法，故式（4-24）改写为

$$\tau_f=\eta(\tau_{f0}+\Delta\tau_{fc}) \tag{4-25}$$

式中：η——考虑剪切蠕变及其他因素对强度影响的一个综合性的折减系数，可取0.8～0.85，剪应力大，取低值，反之，则取高值，如判定地基土没有强度衰减可能性，则 $\eta=1.0$。

$$\Delta\tau_{fc}=\Delta\sigma\cdot U_t\tan\varphi' \tag{4-26}$$

式中：U_t——给定时间、给定点的固结度，可取土层的平均固结度。

（三）沉降量计算

沉降量计算的目的有以下两个：

（1）对于以稳定控制的工程，通过沉降量计算可预估施工期间由于基底沉降而需要增加的土方量，还可估计工程竣工后尚未完成的沉降量。

（2）对于以沉降控制的工程，沉降量计算的目的在于估算所需预压时间和各时期沉

降量的发展情况，以满足机场道面建筑的沉降量控制要求，如地基的不均匀沉降坡差应小于0.35%，才不会导致机场道面的开裂和破坏。

《民用机场岩土工程设计规范》(MH/T 5027—2013)规定，飞行区道面影响区和飞行区土面区，设计使用年限内的工后沉降和工后差异沉降不宜大于表4-2的规定。

工后沉降和工后差异沉降 表4-2

场地分区		工后沉降(m)	工后差异沉降(‰)
飞行区道面影响区	跑道	0.2~0.3	沿纵向1.0~1.5
	滑行道	0.3~0.4	沿纵向1.5~2.0
	机坪	0.3~0.4	沿排水方向1.5~2.0
飞行区土面区		应满足排水、管线和建筑等设施的使用要求	

注：1. 工后差异沉降的度量水平距离为50m。

2. 对于跑道和滑行道，当为软弱土地基时，可取表中高值；当为高填方地基时，填筑级配良好的碎石土可取表中低值，填筑细粒土或软弱土地基可取表中高值。

3. 对于机坪，当面积大于20000m^{2}时，可取表中低值；当面积小于或等于20000m^{2}时，可取表中高值。

地基土的总沉降量一般包括瞬时沉降、固结沉降和次固结沉降三部分。瞬时沉降是在施加荷载后瞬时发生的，在很短的时间内，孔隙中的水来不及排出，因此对于饱和的黏性土来说，沉降是在没有体积变形的条件下产生的，这种变形实质上是通过剪应变引起的侧向挤出，是形状变形。这部分变形是不可忽略的，这一点正逐渐被人们所认识。固结沉降是由孔隙水的排出而引起土体积减小造成的，是总沉降量的主要部分。而次固结沉降则是由于超静水压力消散后，在恒值有效应力作用下土骨架的徐变所致。次固结的大小与土的性质有关。泥炭土、有机质土或高塑性黏性土土层，次固结沉降占很可观的部分，而在其他土中次固结沉降所占比例不高。次固结沉降目前还不容易计算，若忽略次固结沉降，则最终沉降S_∞可按下式计算：

$$S_\infty = S_\mathrm{d} + S_\mathrm{c} \tag{4-27}$$

式中：S_d——瞬时沉降量；

S_c——固结沉降量。

固结沉降量S_c通常采用单向压缩分层总和法计算。

1. 单向压缩固结沉降量S_c的计算

$$S_\mathrm{c} = \sum_{i=1}^{n}\left(\frac{e_{0i} - e_{1i}}{1 + e_{0i}}\right)\Delta h_i \tag{4-28}$$

式中：e_{0i}——第i层的中点之土自重应力所对应的孔隙比，通过室内固结试验e-p曲线查得；

e_{1i}——第i层的中点之土自重应力和附加应力值所对应的孔隙比，通过室内固结试验e-p曲线查得；

Δh_i——第 i 层的厚度。

2. 瞬时沉降量 S_d 的计算

当软土地基厚度很大，作用于其上的圆形或矩形面积上的压力为均布时，S_d 可按下式计算：

$$S_d = C_d \cdot p \cdot b \cdot \left(\frac{1-\mu^2}{E}\right) \tag{4-29}$$

式中：C_d——考虑荷载面积形状和沉降计算点位置的系数；

p——均布荷载；

b——荷载面积的直径或宽度；

E、μ——土的弹性模量和泊松比。

3. 最终沉降量 S_∞ 的计算

计算 S_d 时，由于其中的弹性模量和泊松比不易准确地判定，因此影响计算结果的精度。根据国内外实测沉降资料的分析结果，可将式(4-27)改写为

$$S_\infty = \psi_s S_c \tag{4-30}$$

式中：ψ_s——沉降计算经验系数，与地基变形特性(弹性或弹塑性变形)、荷载条件、加荷速率等因素有关，通常 ψ_s 取 1.1 ~ 1.4，对荷载较大的砂井地基可取 1.3 ~ 1.4。

在荷载作用下地基的沉降随时间的发展可用下式计算：

$$S_t = S_d + \overline{U}_t S_c \tag{4-31}$$

式中：S_t——t 时刻地基的沉降量；

$\overline{U}_t$——t 时刻地基的平均固结度。

对于一次瞬间加荷或一次等速加荷结束后任何时间的地基沉降量，可将式(4-31)改写为

$$S_t = (\psi_s - 1 + \overline{U}_t) S_c \tag{4-32}$$

对于多级等速加荷情况，应对 S_d 作加荷修正，使其与修正的固结度 $\overline{U}_t$ 相适应，式(4-32)可写成：

$$S_t = \left[(\psi_s - 1)\frac{p_t}{\sum \Delta p} + \overline{U}_t\right] S_c \tag{4-33}$$

式中：p_t——t 时刻的累计荷载；

$\sum \Delta p$——总的累计荷载。

第四节 施工工艺

排水固结法施工工艺可归纳为三个主要方面:排水砂垫层施工、竖向排水体施工和施加预压荷载。

一、排水砂垫层施工

排水砂垫层的作用是在预压过程中,将从土体进入垫层的渗流水迅速排出,使土体固结能正常进行,因而垫层的质量将直接关系加固效果和预压时间。

1.垫层材料

垫层材料应采用渗水性好的砂料,其渗透系数一般不应低于 10^{-3}cm/s,同时能起到一定的反滤作用。通常采用级配良好的中粗砂,含泥量不大于3%,一般不宜采用粉、细砂。也可采用连通砂井的砂沟来代替整片砂垫层。

2.垫层厚度

排水砂垫层的厚度首先要满足从土层渗入垫层的渗流水能及时地排出,同时应起到持力层的作用。一般情况下,垫层厚度应为30~50cm。对新吹填不久的或无硬壳层的软黏性土及水下施工的特殊条件,应采用厚的或混合料排水垫层。

3.垫层施工

(1)若地基承载力较好,能承载一般建筑机械,可采用机械分堆摊铺法,即先堆成若干砂堆,然后用推土机或人工摊平。

(2)当硬壳层承载力不足时,可采用顺序推进铺筑法,避免机械进入未铺垫层的场地。

(3)若地基表面非常软,如新沉积或新吹填不久的超软地基,首先要改善地基表面的持力条件,可先在地基表面铺设筋网层,再铺砂垫层。筋网可采用土工聚合物、塑料编织网或竹筋网等材料。但应注意,对受水平力作用的地基,当筋网腐烂形成软弱夹层时,对地基稳定性会产生不利影响。

(4)尽管对超软地基表面采取了加强措施,但其持力条件仍然很差,不足以承载一般轻型机械,在这种情况下,通常采用人工或轻便机械顺序推进铺设。

应当指出,无论采用何种方法施工,在排水垫层的施工过程中都应避免过度扰动软土表面,以免造成砂土混合,影响垫层的排水效果。此外,在铺设砂层前,应将砂井表面的淤泥或其他杂物清除干净,以利于砂井排水。

二、竖向排水体施工

竖向排水体可采用直径 30 ~ 50cm 的普通砂井、直径 7 ~ 12cm 的袋装砂井、宽 10cm 的塑料排水带。

1. 普通砂井施工

普通砂井施工要求:①保证砂井连续和密实,并且不出现颈缩现象;②尽量减少对周围土的扰动;③砂井的长度、直径和间距应满足设计要求。

普通砂井施工一般先在地基中成孔,再在孔内灌砂。表 4-3 为砂井成孔和灌砂方法。应尽量选用对周围土扰动小且施工效率高的方法。

砂井成孔和灌砂方法　　表 4-3

类　型	成孔方法		灌砂方法	
使用套管	管端封闭	冲击打入 振动打入	用压缩空气	静力提拔套管 振动提拔套管
		静力压入	用饱和砂	
	管端敞口	射水排土 螺旋钻排土	浸水自然下沉	静力提拔套管
不使用套管	旋转、射水 冲击、射水		用饱和砂	

砂井成孔的典型方法有振动沉管法、射水法、螺旋钻法和爆破法。

1)振动沉管法

振动沉管法,是以振动锤为动力,将套管沉到预定深度,灌砂后振动、提管形成砂井。该法能保证砂井连续,同时砂被振密,砂井质量较好。但其振动作用对土的扰动较大。

2)射水法

射水法是利用高压水通过射水管形成的高速水流的冲击和环刀的机械切削,使土体破坏,并形成一定直径和深度的砂井孔,然后灌砂而成砂井。

射水成孔工艺,对土质较好且均匀的黏性土地基较适用;对土质很软的淤泥,因成孔和灌砂过程中容易缩孔,很难保证砂井的直径和连续性;对夹有粉砂薄层的软土地基,若压力控制不严,易在冲水成孔时出现串孔,对地基扰动较大。

射水成孔的设备比较简单,对土的扰动较小,但在泥浆排放、塌孔、缩颈、串孔、灌砂等方面都存在一定的问题。

3)螺旋钻法

螺旋钻法以螺旋钻具干钻成孔,然后在孔内灌砂形成砂井。此法适用于陆上工程,砂井长度在 10m 以内，土质较好，不会出现有缩颈和塌孔现象的软弱地基。该法所用设备简单而机动，成孔比较规整，但灌砂质量较难把控，对很软弱的地基也不适用。

4）爆破法

爆破法是先用直径 73mm 的螺纹钻钻成一个砂井所要求设计深度的孔，在孔中放置由传爆线和炸药组成的条药包，爆破后将孔扩大，然后往孔内灌砂形成砂井。这种方法施工简易，不需要复杂的机具，适用于深度为 6～7m 的浅砂井。

以上各种成孔方法，必须保证砂井的施工质量，以防出现缩颈、断颈或错位现象，如图 4-7所示。

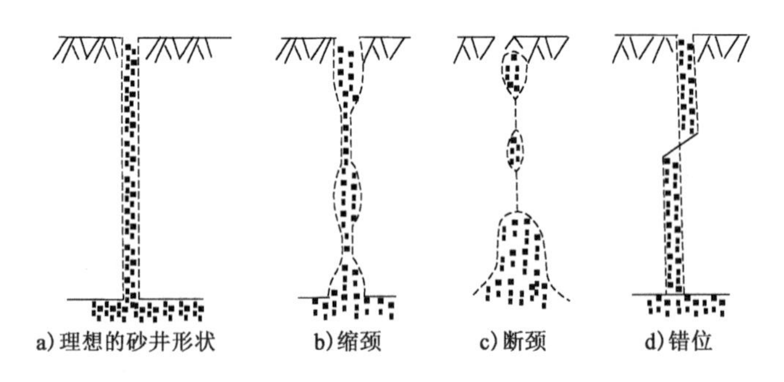

图 4-7　砂井的理想形状和可能出现的质量事故

2. 袋装砂井施工

袋装砂井是用具有一定伸缩性和很高抗拉强度的聚丙烯或聚乙烯编织袋装满砂子，它基本上解决了大直径砂井存在的问题，使砂井的设计和施工更加科学，从而保证砂井的连续性；打设设备实现了轻型化，比较适用于软土地基施工；用砂量大为减少；施工速度快、工程造价低，是一种比较理想的竖向排水体施工方法。

1）施工机具的选择

袋装砂井直径一般为 70～120mm，为了提高施工效率，减轻设备重量，国内外均开发了袋装砂井施工的专用设备，基本形式为导管式振动打设机。但在移位方式上则各有差异。国内几种典型打设机有履带臂架式、步履臂架式、轨道门架式、履带吊机架式等类型，其性能见表 4-4。

打设机性能表　　表 4-4

打设机型号	行进方式	打设动力	整机重（kN）	接地面积（m^2）	接地压力（kN/m^2）	打设深度（m）	打设效率（m/台班）
SSD20	履带臂架式	振动锤	345	35.0	10	20	1500
IJB-16	步履臂架式		150	3.0	50	10～15	1000
—	轨道门架式		180	8.0	23	10～15	1000
—	履带吊机架式		—	—	＞100	12	100

由于袋装砂井直径小、间距小，所以加固同样面积的土所需打设袋装砂井的根数要比普通砂井的根数多。如直径70mm袋装砂井按边长为1.2m正方形布置，则每1.44m^2需打设一根；而直径40mm的普通砂井，按边长为1.6m正方形布置，每2.56m^2需打设一根。所以前者打设的根数是后者的1.8倍。

2）砂袋材料的选择

砂袋材料必须透水、透气，并具有足够的强度、韧性和柔性，在水中能耐腐蚀并起到滤网的作用。

3）袋装砂井直径、长度和间距的选择

砂袋中的砂用洁净的中砂，砂井的直径、长度和间距，应根据工程对固结时间的要求、工程地质情况等通过固结理论计算确定。袋装砂井常用的直径为70mm。其长度主要取决于软土层的排水固结效果，而排水固结效果与固结压力的大小成正比。由于在地基中固结应力随着深度增加而逐渐减小，所以，袋装砂井有一个最佳有效长度，砂井不一定打穿整个压缩层。然而当软土层不太厚或软土层下面又有砂层，且施工机具又具备深层打入能力时，砂井应尽可能地打穿软土层，这对排水固结有利。

至于袋装砂井的间距，固结理论计算表明，缩短间距比增大井径对加速固结更为有效，即细而密的方案比粗而疏的方案效果好。当然，砂井亦不能过细、过密，否则难以施工，也会扰动周围的土体。当袋装砂井的直径为70mm时，井径比为15～25，效果都是比较理想的。

3. 塑料排水带施工

塑料排水带施工是用专门的插板机将塑料排水带插入地基，然后在地基表面加载预压（或采用真空预压），让土中水沿塑料排水带的通道溢出，从而使地基土得到加固的方法。

1）塑料排水带结构

塑料排水带由于所用材料不同，结构形式各异，如图4-8所示。

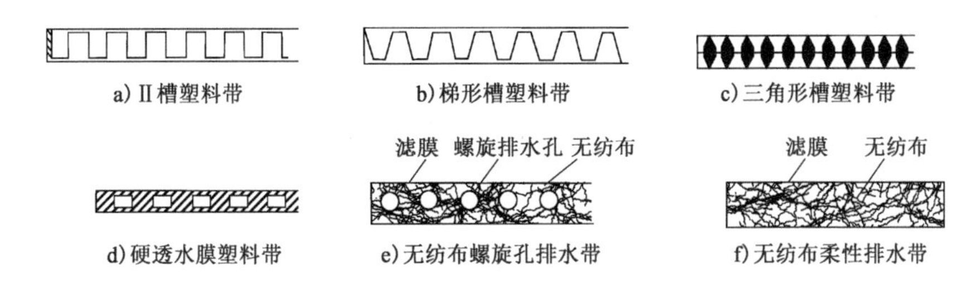

图4-8　塑料排水带的结构

2）塑料排水带性能

塑料排水带是由不同凹凸截面形状、具有连续排水槽的合成材料芯材，外包或外黏无纺土工织物构成的复合排水体,主要评价指标有复合体抗拉强度与延伸度、纵向通水量、滤膜渗透系数、湿样抗拉强度、干样抗拉强度等。目前普通排水带通常以处理软土厚度进行选材分类,主要分为A、B、C、D四种规格,其性能指标见表4-5。

塑料排水带性能指标 表4-5

项目			A型	B型	C型	D型
复合体	截面尺寸	宽度(mm)	100±2	100±2	100±2	100±2
		厚度(mm)	3.5	4.0	4.5	5.0
	纵向通水量(cm^3/s)		≥15	≥25	≥40	≥60
	抗拉强度(kN/10cm)		≥1.0	≥1.3	≥1.5	≥1.8
滤膜	抗拉强度(纵向干态)(N/cm)		≥15	≥25	≥30	≥35
	抗拉强度(横向湿态)(N/cm)		≥10	≥20	≥25	≥30
	渗透系数(cm/s)		$\geq 5 \times 10^{-3}$			
材料	芯板		聚丙烯、聚乙烯			
	滤膜		耐腐蚀的涤纶无纺布			

选择塑料排水带时,应使其具有良好的透水性和一定的强度,与黏性土接触后,其渗透系数不小于中粗砂,排水沟槽输水通畅。此外,塑料排水带排水沟槽断面面积不能因其受土压力作用而大幅度减小,从而保证塑料排水带在水平力作用下能保持正常的排水能力。整个排水带应反复对折五次不断裂才算合格。

3)施工机具

(1)插带机械。

用于插设塑料排水带的插带机,种类很多,性能不一。有由专门厂商生产的,也有自行设计和制造的,或用挖掘机、起重机、打桩机改装的。以机型分类,插带机有轨道式、轮胎式、链条式、履带式和步履式多种。

(2)塑料排水带导管靴与桩尖。

一般打设塑料排水带的导管靴有圆形和矩形两种。由于导管靴断面不同,所以桩尖各异,并且一般都与导管分离。桩尖的主要作用是在打设塑料排水带过程中防止淤泥进入导管,并且对塑料排水带起锚定作用,防止提管时将塑料排水带拔出。

①圆形桩尖应配圆形管靴,一般为混凝土制品,如图4-9所示。

②倒梯形绑孔连接桩尖,配矩形管靴,一般为塑料制品,薄金属板也可,如图4-10所示。

③倒梯形楔挤压连接桩尖。该桩尖固定塑料排水带比较简单,一般为塑料制品,也可用薄金属板,如图4-11所示。

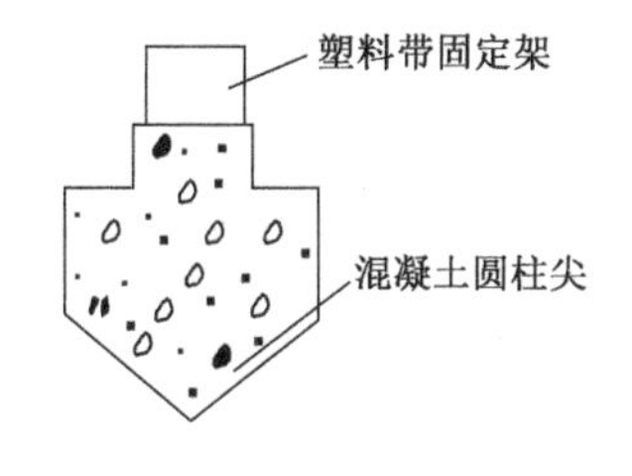

图 4-9　混凝土圆形桩尖示意图

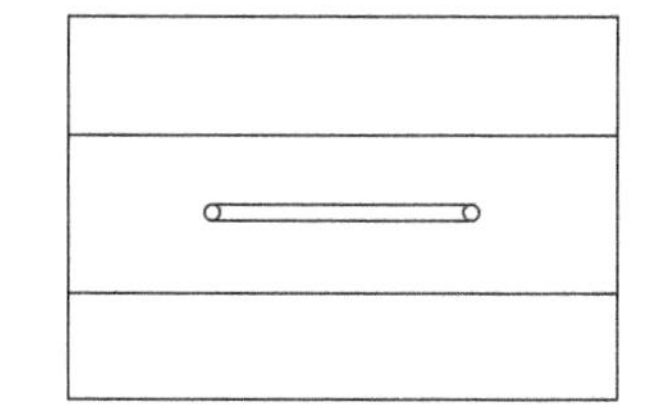

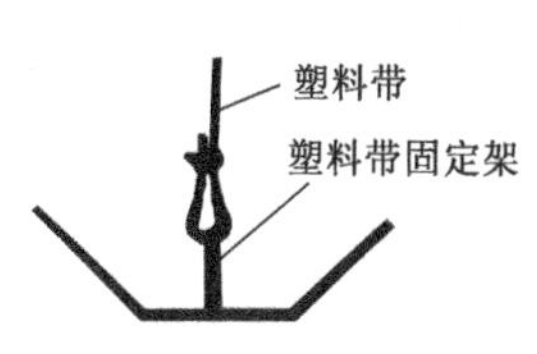

图 4-10　倒梯形桩尖示意图

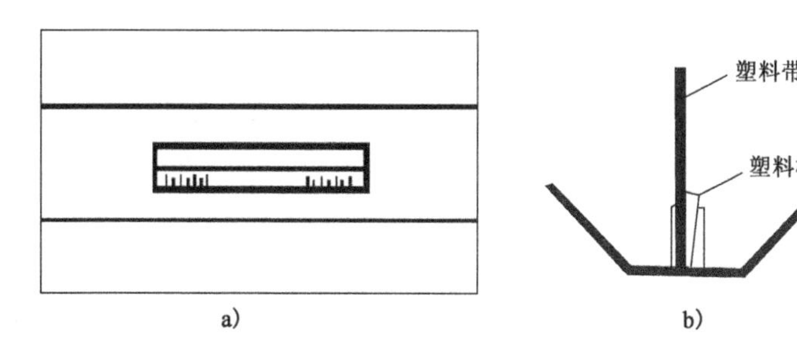

图 4-11　倒梯形楔固定桩尖示意图

(3)塑料排水带施工工艺。

塑料排水带打设顺序:定位→将塑料排水带通过导管从管靴穿出→将塑料排水带与桩尖连接贴近管靴并对准桩位→插入塑料排水带→拔管剪断塑料排水带等。

在施工中还应注意以下几点:

①塑料排水带滤水膜在转盘和打设过程中应避免损坏,防止淤泥进入带芯堵塞输水孔,影响塑料排水带的排水效果;

②塑料排水带与桩尖连接要牢固,避免拔管时脱开,将塑料排水带拔出;

③桩尖平端与导管靴配合适当,避免错缝,防止淤泥在打设过程中进入导管,增大对塑料排水带的阻力,甚至将塑料排水带拔出;

④塑料排水带需接长时,为减小塑料排水带与导管阻力,应采用滤水膜内平搭接的连接方法,为保证输水畅通并有足够的搭接强度,搭接长度需在 200mm 以上。

三、施加预压荷载

产生固结压力的荷载一般可分为三类:一是利用建筑物自重加压;二是堆载预压(外加预压荷载);三是真空预压和降水预压(通过减小地基土的孔隙水压力而增加固结压力)。

1. 利用建筑物自重加压

利用建筑物自重对地基加压是一种经济而有效的方法。此法一般应用于以地基的稳定性为控制条件,能适应较大变形的建筑物,如路堤、土坝、储矿场、油罐、水池等。特别是对油罐和水池等建筑物,先进行充水加压,一方面可检验罐壁本身有无渗透现象,另一方面,可以利用分级逐渐充水预压,使地基土强度得以提高,满足稳定性要求。对于路堤、土坝等建筑物，由于其填土高、荷载大，地基的强度不能满足快速填筑的要求，工程上都采用严格控制加荷速率，逐层填筑的方法以确保地基的稳定性。

2. 堆载预压

堆载预压的材料一般以散料为主，如土、石料、砂、砖等。大面积施工时通常采用自卸汽车与推土机联合作业。对超软地基的堆载预压，第一级荷载宜用轻型机械或人工作业。堆载预压工艺简单，但处理不当，特别是加荷速率控制不好时，容易导致工程施工的失败。因此，施工时应注意以下几点：

(1)必须严格控制加荷速率。除严格执行设计中制订的加载计划外，还应通过施工过程中的现场观测掌握地基变形动态，以保证在各级荷载下地基的稳定性。当地基变形出现异常时，应及时调整加载计划。为此，加载过程中应每天进行竖向变形、边桩位移、孔隙水压力等项目的观测。基本控制标准：竖向变形每天不应超过10mm，边桩水平位移每天不应超过4mm。

(2)堆载面积要足够。堆载的顶面积应不小于建筑物底面积，堆载的底面积也应适当扩大，以保证建筑物范围内的地基得到均匀加固。

(3)要注意堆载过程中荷载的均匀分布，避免局部堆载过高导致地基局部失稳破坏。

不论是利用建筑物自身荷载加压还是堆载加压，最为危险的是急于求成，不认真进行设计，忽视对加荷速率的控制，施加超过地基承载力的荷载。从沉降角度来分析，地基的沉降不仅仅是固结沉降，侧向变形也产生一部分沉降，特别是当地基承受的荷载过大时，如果不注意控制加荷速率，地基内会产生局部塑性区并因侧向变形引起沉降，从而增大总沉降量。

3. 真空预压

1)埋设水平向分布滤水管

滤水管的主要作用是使真空度在整个加固区域内均匀分布。滤水管在预压过程中应能适应地基的变形，特别是差异变形。滤水管可用钢管或塑料管，其外侧宜缠绕铅丝，外包尼龙砂网或土工织物作为滤水层。滤水管在加固区内的分布形式可采用条状、梳子状或羽毛状等，如图4-12和图4-13所示。滤水管一半埋设在排水砂垫层中间，其上应有100～200mm厚的砂层覆盖。对滤水管设置量的基本要求是分布适当，以利于真空度的均匀分布，其滤水层渗透系数应与砂相当，一般要求不小于3×10^3m/a。

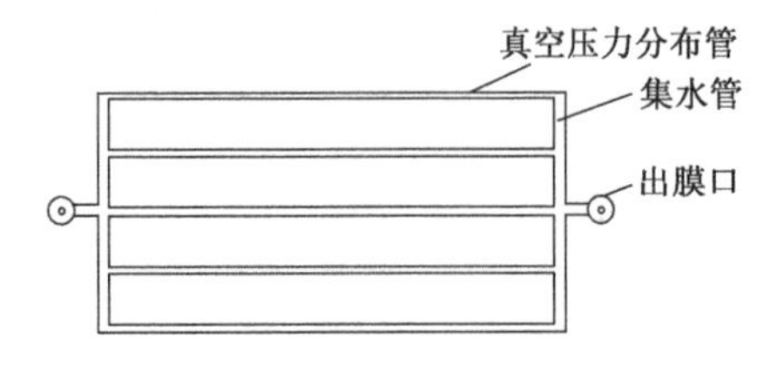

图4-12 真空滤水管条状排列示意图

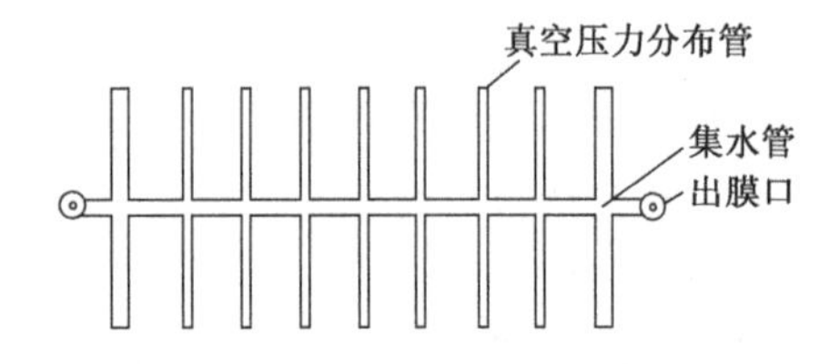

图4-13 真空滤水管梳子状排列示意图

2）铺设密封膜

密封膜铺设质量好坏是真空预压加固法成败的关键。密封膜应选用抗老化性能好、韧性大、抗穿刺能力强的不透气材料。普通聚氯乙烯薄膜虽可使用，但性能不如线性聚乙烯等专用膜好。密封膜热合时宜用双热合线平搭接，搭接长度应大于15mm。密封膜宜铺设三层，以确保自身密封性能。膜周边可采用挖沟折铺、平铺并用黏性土压边，围捻沟内覆水，膜上全面覆水等方法进行密封。当处理区内有充足水源补给的透水层时，应采用封闭式板桩墙、封闭式板桩墙加沟内覆水或其他密封措施隔断透水层。

3）设置抽气设备

抽气设备宜采用射流式真空泵。真空泵的设置数量应根据预压面积、真空泵性能指标以及施工经验确定，每块预压区至少设置两台真空泵。对真空泵性能的一般要求是，抽真空效率高，能适应连续运转，工作可靠等。

膜上管道的一端与出膜装置相连，另一端连接真空设备。主管与薄膜连接处必须妥善处理，以保证气密性。

在真空预压法的施工过程中，实测资料表明：

（1）在大面积软地基加固过程中，每块预压区面积要尽可能大，因为这样可加快施工进度，并消除更多的沉降量。目前最大的预压区面积可达30000m^2。

（2）两个预压区的间隔不宜过大，一般以2～6m为好。

（3）膜下管道在不降低真空度的条件下尽可能地少，为减少费用，可取消主管，全部采用滤水管，由鱼骨状排列改为环状排列。

（4）砂井间距应根据土质情况和工期要求来定。当砂井间距从1.3m增至1.8m时，达到相同固结度所需的时间增率与堆载预压法相同。

（5）当冬季的气温降至－17℃及以下时，对薄膜、管道、水泵、阀门及真空表等采取常规保温措施后，可照常作业。

（6）直径7cm的袋装砂井和塑料排水带都具有较好的透水性能。在同等条件下，两者达到相同固结度所需的时间接近，采用何种排水通道，主要由材料价格和施工条件而定。

为保证质量，真空预压法施工过程中真空滤水管的距离要适当，滤水管渗透系数应不小于10^{-2}cm/s，泵及膜内真空度应达到73～96kPa，地表总沉降规律应符合一般堆载预压的沉降规律，如发现异常，应及时采取措施，以免影响加固效果。因此，必须做好真空度、地面沉降量、深层沉降、水平位移、孔隙水压力和地下水位的现场测试工作。

4. 降水预压

井点降水，一般是先用高压射水将外径为28～50mm、下端具有长约1.7m的滤水管的井管沉到所需深度，并将井管顶部用管路与真空泵相连，借真空泵的吸力使地下水位下降，形成漏斗状的水位线，如图4-14所示。

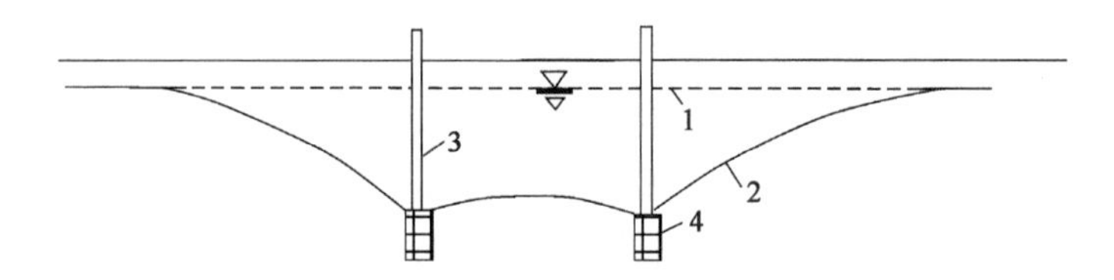

图4-14　井点降水

1-抽水前的地下水位线;2-抽水后的水位降落线;3-抽水井管;4-滤水管

井管间距视土质而定,一般为0.8~2.0m,井点可按实际情况进行布置。滤管长度一般取1~2m,滤孔面积应占滤管表面积的20%~25%,滤管外包两层滤网和棕皮,以防止滤管被堵塞。

降水5~6m时,降水预压荷载可达50~60kPa,相应于堆高3m左右的砂石料,而降水预压工程量小很多,如果采用轻型多层井点或喷射井点等其他降水方法,则效果将更加明显。天津等沿海城市曾成功采用射流喷射方法降低了地下水位,降水深度可达9m,而真空泵一般只能降5m。

降水预压法与堆载预压法相比,其另一个优点是:降水预压使土中孔隙水压力降低,所以不会发生土体破坏,因而不需控制加荷速率,可一次降至预定深度,从而减少固结时间。

第五节　现场观测与质量检验

排水预压地基处理施工中,通过现场原位动态观测,不仅可以分析地基在预压加固过程中和预压后的固结程度、强度增量和沉降的变化规律,评价处理效果,还可以完善设计和指导施工,并可避免工程事故的发生。

一、现场原位动态观测

现场原位动态观测项目包括沉降观测、水平位移观测、孔隙水压力观测;真空预压处理地基除进行以上项目外,还应进行真空度观测和地基土物理力学指标检测。

1.沉降观测

由于饱和软土地基在预压加荷过程中,容易发生加荷过快而引发地基剪切破坏,导致地基土侧向挤出,引起地面显著沉降等现象,所以利用现场沉降观测可及时掌握和控制加荷速率,从而避免地基发生破坏。

沉降观测包括地面沉降观测和深层沉降观测。其中,地面沉降可通过在预压场地内布置沉降标进行观测,深层沉降可采用磁环或分层沉降仪观测。

地面沉降观测点可沿堆载面积纵横轴线布置,以观测荷载作用范围内地面沉降、荷载作用范围外地面沉降或隆起,观测基准点一般不应少于3个,测点间距不宜大于30m。利用沉降观测资料可以估算地基平均固结度,也可推算在荷载作用下地基最终沉降量。在加荷过程中,如果地基沉降速率突然增大,说明地基中可能产生了较大的塑性变形区。若塑性变形区持续发展,可能发生地基整体破坏。一般情况下,沉降速率应控制在10~20mm/d。

深层沉降观测点一般布置在堆载轴线下地基的不同土层中,一个深层沉降观测点只能测一点的竖向位移。若采用分层沉降标,测点宜布置在地基土的分层面上,可连续得到一竖直线上各点竖向位移情况。通过深层沉降观测可以了解各层土的固结情况,以利于更好地控制加荷速率。

2. 水平位移观测

水平位移观测项目包括地面水平位移观测和深层测向位移观测。

地面水平位移观测点布置在侧向变形较大的部位,一般布置在堆载的坡脚,并根据荷载情况,在堆载作用面外再布置2~3排观测点。通过水平位移观测限制加荷速率,监视地基的稳定性。当堆载接近地基极限荷载时,坡脚及外侧观测点水平位移会迅速增大。每天的水平位移值一般应控制不超过4mm。

深层侧向位移观测点宜布置在侧向变形较大的部位,一般布置在堆载坡脚或坡脚附近。通过测斜仪测量预先埋设于地基中的测斜管在不同深度的水平位移,得到地基土体的水平位移沿深度的变化情况。通过深层侧向位移观测可更有效地控制加荷速率,保证地基稳定。

3. 孔隙水压力观测

根据孔隙水压力观测资料,绘制孔隙水压力-荷载关系曲线,可判定施工期间土体中孔隙水压力的变化,计算地基土体强度增长,以便控制施工加荷的大小;绘制孔隙水压力-时间变化曲线,可控制加荷速率,并可反算土的固结系数,推算土体在加荷过程中不同时间的固结度。

现场常用孔隙水压力计观测土中孔隙水压力,孔隙水压力计的形式有三种:液压式、气压式和电感式。目前工程中常用的有封闭双管式和钢弦式。埋设方法分为钻孔埋设法、压入埋设法、填土埋设法,除此之外,还可利用旁压试验和静力触探试验同时测定土的孔隙水压力。

孔隙水压力观测点宜布置在压缩变形和剪切变形较大的部位,沿竖向深度布置2~3个。堆载预压工程中一般布置在堆载中心线和边线附近、堆载面以下地基不同深度处。

4. 真空度观测

真空度观测项目包括真空管内真空度、膜下真空度和真空装置的工作状态。膜下真空度测头应合理布置,每1000~2000m^{2}设置一个,泵及膜内真空度应保持在80kPa。膜下真空度观测初期每2h观测一次,稳定一周后每4h观测一次,真空卸载期间每2h观测一次，稳定一周后每4h观测一次。

5. 地基土物理力学指标检测

预压后地基应进行十字板抗剪强度试验、室内土工试验等，通过对比加固前后地基土物理力学指标来直观反映加固效果。

对于以抗滑稳定性控制的重要工程，应在预压区内选择有代表性的地点预留孔位，在加载不同阶段进行不同深度的十字板抗剪强度试验和取土样进行室内土工试验，以检验地基的抗滑稳定性及地基的处理效果。

二、加荷速率控制观测

对加载预压法，当观测结果出现下列情况时，应采取加强观测、控制加载速率、停止加载、卸载等措施防止地基破坏。

(1)天然地基竖向位移速率大于15mm/d。

(2)设置竖向排水体地基位移速率大于20mm/d。

(3)地基水平位移速率大于5mm/d。

(4)超静孔隙水压力增量超过预压荷载增量的60%。

思考题与习题

1. 排水固结系统主要由什么构成？

2. 试述排水固结法加固地基的作用。

3. 采用排水固结法进行地基处理有几种方法？

4. 简述真空预压的原理。

5. 试对比堆载预压法与真空预压法的原理。

6. 排水竖井的直径为200mm，采用间距为1.5m的等边三角形布置，计算竖井的有效排水直径。

7. 有一饱和软黏性土层，厚度$H=8\text{m}$，压缩模量$E_s=1.8\text{MPa}$，地下水位与饱和软黏性土层顶面相齐。先准备分层铺设1m砂垫层（重度为18kN/m^3），施工塑料排水带至饱和软黏性土层底面。然后采用80kPa大面积真空预压3个月，固结度达到80%。沉降修正系数取1.0，附加应力不随深度变化，试计算地基最终固结沉降量和软黏性土层的残余沉降量。

8. 地基土为淤泥质黏性土层，固结系数$C_v=1.1\times10^{-3}\text{cm}^2/\text{s}$，$C_h=8.5\times10^{-4}\text{cm}^2/\text{s}$，渗透系数$k_v=2.2\times10^{-7}\text{cm/s}$，$k_h=1.7\times10^{-7}\text{cm/s}$，受压土层厚度28m，采用塑料排水带（宽度$b=100\text{mm}$，厚度$\delta=4.5\text{mm}$）竖井，排水带为等边三角形布置，间距1.1m，竖井底部为不透水黏性土层，竖井穿过受压土层。采用真空结合堆载预压方案处理。真空预压的荷载相当于80kPa，堆载预压总加载量为120kPa，分两级等速加载。其加载过程为：

(1)真空预压加载80kPa，预压时间60d。

(2)第一级堆载60kPa,10d内匀速加载,之后预压时间30d。

(3)第二级堆载60kPa,10d内匀速加载,之后预压时间60d。

试计算在不考虑排水带的井阻和涂抹影响下真空预压所产生的总固结度。

9. 地基土为淤泥质黏性土层,固结系数 $C_v = C_h = 1.8 \times 10^{-3}\mathrm{cm^2/s}$,受压土层厚度20m,袋装砂井直径 $d_w = 70\mathrm{mm}$,为等边三角形布置,间距1.4m,深度为20m,砂井底部为不透水层,砂井打穿受压土层。预压荷载总压力为100kPa,分两级等速加载。其加载过程为:

(1)第一级堆载60kPa,10d内匀速加载,之后预压时间20d。

(2)第二级堆载40kPa,10d内匀速加载,之后预压时间80d。

试计算在不考虑袋装砂井的井阻和涂抹影响下受压土层的平均固结度。

10. 地基土为淤泥土层,固结系数 $C_v = C_h = 7.0 \times 10^{-4}\mathrm{cm^2/s}$,渗透系数 $k_v = k_h = 0.8 \times 10^{-4}\mathrm{cm/s}$,受压土层厚度25m,袋装砂井直径 $d_w = 100\mathrm{mm}$,正方形布井,井距1.3m,砂料渗透系数 $2.0 \times 10^{-2}\mathrm{cm/s}$,竖井纵向通水量 q_w(砂料渗透系数×砂井截面积) $= 1.57\mathrm{cm^3/s}$,竖井底部为不透水黏性土层,竖井穿过受压土层。涂抹区的水平向渗透系数 $k_s = 1/4k_h$,涂抹区直径 d_s 与竖井直径 d_w 的比值 $s = 2.5$。采用真空堆载预压地基,假定受压土层中任意点的附加竖向应力与预压加载总量140kPa相同,三轴固结不排水(CU)压缩试验求得的土的内摩擦角 $\varphi_{cu} = 4.5°$,预压80d后地基中10m深度处某点土的固结度 U_t 为0.8,试计算该点土的抗剪强度增量 $\Delta\tau_{ft}$。

第五章
复合地基处理技术

第一节 复合地基概述

一、定义和分类

当天然地基不能满足建(构)筑物对地基的要求时,需要进行地基处理,进而形成人工地基,以保证建(构)筑物的安全与正常使用。经过处理形成的人工地基通常有三种类型:均质地基、复合地基和桩基础。

均质地基是指在天然地基的处理过程中加固区土体性质得到全面改良,其物理力学性质基本上相同的地基。如图5-1a)所示,该类地基多出现在(高)填方机场中。

天然地基经处理形成的均质加固区,其厚度与荷载作用区域的长宽或者与持力层和压缩层厚度相比较小时,在荷载作用影响区内,由两层性质相差较大的土体组成的地基称为人工地基中的双层地基,如图5-1b)所示。采用换填法或表层压实法处理形成的人工地基,当处理范围比荷载作用面积大时,可归为人工地基中的双层地基。

复合地基是指地基处理过程中部分土体得到增强或被置换,或在天然地基中设置加筋材料,加固区由基体(天然地基土体或被改良的天然地基土体)和增强体两部分组成的人工地基。

复合地基根据地基中增强体的方向可分为水平向增强体复合地基、竖向增强体复合地基、斜向增强体复合地基和双向增强体复合地基,其中水平向增强体复合地基和竖向增强体复合地基见图5-1c)和图5-1d)。

水平向增强体复合地基主要指加筋土地基。随着土工合成材料的发展,加筋土地基的应用愈来愈广泛。加筋材料主要有土工织物、土工膜、土工格栅、土工格室等。竖向增强体习惯上称为桩,有时也称为柱。竖向增强体复合地基通常称为桩体复合地基或桩式复合地基。目前在工程中应用的竖向增强体有碎石桩、砂桩、水泥土桩、石灰桩、土桩、灰土桩、CFG 桩、混凝土桩等。

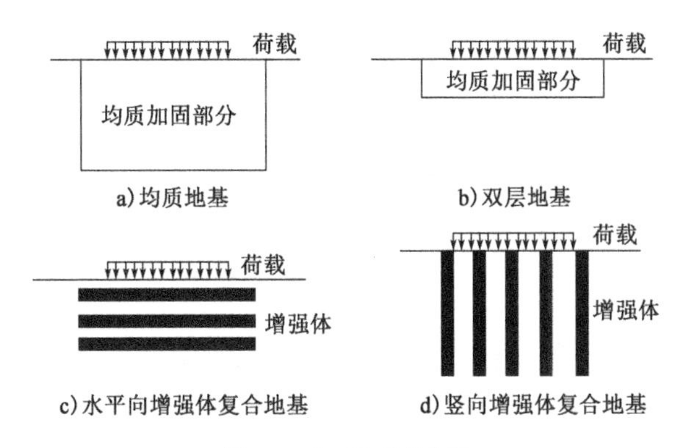

图 5-1　人工地基的分类

根据竖向增强体的性质,复合地基又可分为散体材料桩复合地基、黏结材料桩复合地基和多桩型复合地基。散体材料桩复合地基包括碎石桩复合地基和砂桩复合地基等。散体材料桩只有依靠桩间土体的围箍作用才能形成桩体。相对于散体材料桩,黏结材料桩又包括柔性桩和刚性桩,也称为半刚性桩和刚性桩。柔性桩复合地基包括灰(素)土桩复合地基和石灰桩复合地基等。刚性桩复合地基包括 CFG 桩复合地基和低强度混凝土桩复合地基等,其中水泥土搅拌桩与 CFG 桩、旋喷桩、夯实水泥土桩等复合地基略有不同,主要体现在单桩承载力特征值上。严格来讲,桩体的刚度不仅与材料性质有关,还与桩的长径比有关,所以采用桩土相对刚度来描述更为合理。

复合地基中增强体方向不同,复合地基性状不同。桩体复合地基中,桩体是由散体材料组成还是由黏结材料组成,以及黏结材料桩的刚度大小,都将影响复合地基荷载传递性状。

桩体复合地基均具有两个基本的特征:

(1)加固区由基体和增强体两部分组成,是非均质的和各向异性的。

(2)在荷载作用下,基体和增强体共同承担荷载的作用。

前一特征使复合地基区别于均质地基,后一特征使复合地基区别于桩基础。从某种意义上讲,复合地基介于均质地基和桩基础之间。形成复合地基的条件是基体与增强体在荷载作用下,通过两者的变形协调,共同承担荷载。

二、作用机理

不论何种复合地基,都具备以下一种或多种作用。

1. 桩体作用

由于复合地基中桩体的刚度比周围土体大,在刚性基础下产生等量变形时,地基中应力将按材料模量进行分布。因此,桩体产生应力集中现象,大部分荷载由桩体承受,桩间土应力相应减小。这样就使得复合地基承载力较原地基有所提高,沉降量有所减少。随着桩体刚度的增加,其桩体作用发挥得更加明显。

2. 垫层作用

由于桩与桩间土复合形成的复合地基性能优于原天然地基,可起到类似换土垫层、均匀地基应力和增大应力扩散角等作用。在桩体没有贯穿整个软土层的地基中,垫层作用尤其明显。各类复合地基都有垫层作用,水平向增强体复合地基和散体材料桩复合地基垫层作用更加明显。

3. 加速固结作用

除碎石桩、砂桩具有良好的透水特性,可加速地基的固结外,水泥土类和混凝土类桩在某种程度上也可加速地基固结。地基固结不但与地基土的排水性能有关,而且与地基土变形特性有关。从固结系数 C_v 的计算式[$C_v = k_v(1 + e_0)/(\alpha \cdot \gamma_w)$]来看,虽然水泥土类桩会降低地基土的渗透系数 k,但它同样会减小地基土的压缩系数 α,而且通常后者的减小幅度要比前者大。由此使得加固后水泥土的固结系数 C_v 大于加固前原地基土的固结系数,同样可起到加速固结的作用。

4. 挤密作用

砂桩、土桩、砂石桩等在施工过程中由于振动、挤压、排土等原因,可对桩间土起到一定的密实作用。另外,粉体喷射搅拌桩中的生石灰、水泥粉具有吸水、放热、膨胀等作用,对桩间土起到挤密作用。

5. 加筋作用

各种桩土复合地基除了可提高地基的承载力外,还可提高土体的抗剪强度,增加土坡的抗滑能力,这主要是利用了复合地基中桩体的加筋作用。目前,深层搅拌桩、水泥搅拌桩、砂石桩等在我国已广泛用在公路、机场、房建等工程的地基加固中,并取得了很好的应用效果。

三、承载力估算和测定

复合地基承载力应通过复合地基静载荷试验或采用增强体静载荷试验结果和其周边土的承载力特征值结合经验确定。本书仅涉及单桩型复合地基,多桩型复合地基参见《复合地基技术规范》(GB/T 50783—2012)和《建筑地基处理技术规范》(JGJ 79—2012)。

1. 复合地基承载力估算

初步设计单桩型复合地基承载力时,可按下列公式估算:

(1)对于散体材料增强体复合地基,其承载力应按下式计算:

$$f_{spk} = [1 + m(n - 1)]f_{sk} \tag{5-1}$$

式中：f_{spk}——复合地基承载力特征值（kPa）；

f_{sk}——处理后桩间土承载力特征值（kPa），可按地区经验确定。无试验资料时，除灵敏度较高的土外，可取天然地基承载力特征值；

n——复合地基桩土应力比，按地区经验确定；

m——复合地基面积置换率，$m = d^2/d_e^2$。其中，d 为桩身平均直径（m），d_e 为一根桩分担的处理地基面积的等效圆直径（m）。等边三角形布桩 $d_e = 1.05s$，正方形布桩 $d_e = 1.13s$，矩形布桩 $d_e = 1.13\sqrt{s_1 s_2}$，s、s_1、s_2分别为桩间距、纵向桩间距和横向桩间距。

（2）对于有黏结强度的增强体复合地基，其承载力应按下式计算：

$$f_{spk} = \lambda m \frac{R_a}{A_p} + \beta(1 - m)f_{sk} \tag{5-2}$$

式中：λ——单桩承载力发挥系数，可按地区经验取值；

R_a——单桩竖向承载力特征值（kN）；

A_p——桩的截面积（m^2）；

β——桩间土承载力发挥系数，可按地区经验取值。

（3）单桩承载力可采用单桩静载荷试验资料，将竖向极限承载力除以 2 作为单桩承载力特征值，如无载荷试验资料，可按下式计算：

$$R_a = u_p \sum_{i=1}^{n} q_{si} l_{pi} + \alpha_p q_p A_p \tag{5-3}$$

式中：u_p——桩的周长（m）；

q_{si}——桩周第 i 层土的侧阻力特征值（kPa），应按地区经验确定；

l_{pi}——桩长范围内第 2 层土的厚度（m）；

α_p——桩端端阻力发挥系数，应按地区经验确定；

q_p——桩端端阻力特征值（kPa），对于水泥搅拌桩、旋喷桩应取未经修正的桩端地基土承载力特征值。

（4）有黏结强度的复合地基增强体桩身强度应满足式（5-4）的要求。当对复合地基承载力进行基础埋深的修正时，增强体桩身强度应满足式（5-5）的要求。

$$f_{cu} \geqslant 4 \frac{\lambda R_a}{A_P} \tag{5-4}$$

$$f_{cu} \geqslant 4 \frac{\lambda R_a}{A_P}\left[1 + \frac{\gamma_m(d - 0.5)}{f_{spa}}\right] \tag{5-5}$$

式中：f_{cu}——桩体试块（边长 150mm 立方体）标准养护 28d 的立方体抗压强度平均值（kPa）；

γ_m——基础底面以上土的加权平均重度（kN/m^3），地下水位以下取浮重度；

d——基础埋置深度（m）；

f_{spa}——深度修正后的复合地基承载力特征值（kPa），其值计算参见下式：

$$f_{spa} = f_{spk} + \eta_d \gamma_m (d - 0.5) \tag{5-6}$$

经处理后的地基，当按地基承载力确定基础底面积及埋深，需要对式(5-6)确定的地基承载力特征值进行修正时，应符合下列规定：

(1)大面积压实填土地基，基础宽度的地基承载力修正系数应取零；基础埋深的地基承载力修正系数，对于压实度大于0.95，黏粒含量$\rho_c > 10\%$的粉土，可取1.5，对于干密度大于2.1t/m^{3}的级配砂石可取2.0。

(2)其他处理地基，基础宽度的地基承载力修正系数应取零，基础埋深的地基承载力修正系数应取1.0。

按式(5-3)估算单桩承载力时，桩端端阻力发挥系数α_p可取1.0；桩身强度应满足式(5-4)和式(5-5)的规定。需要强调一点，单桩承载力特征值取式(5-3)～式(5-5)的最小值，遵循保守性原则。

2.复合地基承载力测定

复合地基静载荷试验用于测定承压板下应力主要影响范围内复合土层的承载力。复合地基静载荷试验承压板应具有足够刚度。单桩复合地基静载荷试验的承压板可用圆形或方形，面积为一根桩承担的处理面积(多桩复合地基静载荷试验的承压板可用方形，其尺寸根据实际桩数所承担的处理面积确定)。单桩复合地基静载荷试验桩的中心(或形心)应与承压板中心保持一致，并与荷载作用点相重合。

复合地基静载荷试验应在桩顶设计标高。承压板底面以下宜铺设粗砂或中砂垫层，垫层厚度可取100～150mm。如采用设计的垫层厚度进行试验，试验承压板的宽度对独立基础和条形基础应采用基础的设计宽度，当进行大型基础试验有困难时应考虑承压板尺寸和垫层厚度对试验结果的影响。垫层施工的夯填度(夯实后的垫层厚度与虚铺厚度的比值)应满足设计要求。

试验标高处的试坑宽度和长度不应小于承压板尺寸的3倍。基准梁及加载平台支点(或锚桩)宜设在试坑以外，且与承压板边的净距不应小于2m。试验前应采取防水和排水措施，防止试验场地地基土含水率变化或地基土扰动，影响试验结果。

1)复合地基静载荷试验要点

加载分级不应小于8级，每级加载量宜为预估极限荷载的1/10～1/8。试验前为校核试验系统整体工作性能，预压载荷不得大于总加载量的5%。最大加载压力不应小于设计要求承载力特征值的2倍。每级加载后，按间隔10min、10min、10min、15min、15min测读一次沉降量，以后为每隔30min测读一次沉降量。当在连续2h内，每小时的沉降量小于0.1mm时，则认为沉降已趋于稳定，可加下一级载荷。当出现下列现象之一时可终止试验：

(1)沉降量急剧增大，土被挤出或承压板周围出现明显的隆起。

(2)沉降急剧增大，压力-沉降曲线出现陡降段。

(3)在某一级荷载下，24h内沉降速率不能达到稳定标准。

(4)承压板的累计沉降量已大于其宽度或直径的6%。

卸载级数可为加载级数的一半,等量进行,卸载后隔15min测读一次,测读两次后,隔30min再测读一次,即可卸下一级荷载,全部卸载后,隔3h再测读一次。

通过静载荷试验获得的复合地基承载力特征值应符合下列规定:

(1)当压力-沉降曲线上有比例界限时,取该比例界限所对应的荷载值。

(2)当极限荷载小于对应比例界限的荷载值的2倍时,取极限荷载的一半。

(3)当压力-沉降曲线是平缓的光滑曲线时,可按相对变形值确定,并应符合下列规定:

①对于沉管砂石桩、振冲碎石桩和柱锤冲扩桩复合地基,可取 $s/b=0.01$ 或 $s/d=0.01$所对应的压力。

②对于灰土挤密桩、土挤密桩复合地基,可取 $s/b=0.008$ 或 $s/d=0.008$ 所对应的压力。

③对于水泥粉煤灰碎石桩或夯实水泥土桩复合地基,以及以卵石、圆砾、密实粗中砂为主的地基,可取 $s/b=0.008$ 或 $s/d=0.008$ 所对应的压力;对于以黏性土、粉土为主的地基,可取 $s/b=0.01$ 或 $s/d=0.01$ 所对应的压力。

④对于水泥土搅拌桩或旋喷桩复合地基,可取 s/b 或 s/d 为 0.006~0.008 所对应的压力,桩身强度大于1.0MPa且桩身质量均匀时可取高值。

⑤有经验的地区,可按当地经验确定相对变形值,但原地基土为高压缩性土层时,相对变形值最大不应大于0.015。

⑥当采用边长或直径大于2m的承压板进行复合地基荷载试验时,b 或 d 按2m计。

⑦按相对变形值确定的承载力特征值不应大于最大加载压力的一半。

以上规定中,s 为静载荷试验承压板的沉降量,b 和 d 分别为承压板宽度和直径。

试验点的数量不应少于3点,当满足其极差不超过平均值的30%时,可取其平均值为复合地基承载力特征值;当极差超过平均值的30%时,应分析离差过大的原因,需要时应增加试验点数量,并结合工程具体情况确定复合地基承载力特征值。

2)复合地基增强体单桩竖向抗压静载荷试验要点

试验应采用慢速维持荷载法。试验提供的反力装置可采用锚桩法或堆载法。当采用堆载法加载时应符合下列规定:

(1)堆载支点施加于地基的压应力不宜超过地基承载力特征值。

(2)堆载的支墩位置以不对试桩和基准桩的测试产生较大影响为原则进行确定,无法避开时应采取有效措施。

(3)堆载量大时,可利用工程桩作为堆载支点。

(4)试验反力装置的承重能力应满足试验加载要求。

堆载支点以及试桩、锚桩、基准桩之间的中心距离应符合《建筑地基基础设计规范》(GB 50007—2011)的规定。试压前应对桩头进行加固处理,水泥粉煤灰碎石桩等强度高的桩,桩顶宜设置带水平钢筋网片的混凝土桩帽或采用钢护筒桩帽,用于桩帽的混凝土宜提高强度等级和添加早强剂。桩帽高度不宜小于2倍桩的直径。

桩帽下复合地基增强体单桩的桩顶标高及地基土标高应与设计标高一致，加固桩头前应凿成平面。百分表宜架设在桩顶标高位置。开始试验的时间、加载分级、测读沉降量的时间、稳定标准及堆载观测等应符合《建筑地基基础设计规范》(GB 50007—2011)的有关规定。

(1)当出现下列现象之一时，可终止试验。

①载荷-沉降(Q-s)曲线上有可判定极限承载力的陡降段，且桩顶总沉降量超过40mm；

②$\frac{\Delta s_{n+1}}{\Delta s_n}\geqslant 2$，且经24h沉降尚未稳定；

③桩身破坏，桩顶变形急剧增大；

④当桩长超过25m，Q-s曲线呈缓变形时，桩顶总沉降量大于60～80mm；

⑤验收检验时，最大加载量不应小于设计单桩承载力特征值的2倍。

注：Δs_n为第n级载荷的沉降增量，Δs_{n+1}为第$n+1$级载荷的沉降增量。

(2)单桩竖向抗压极限承载力的确定应符合下列规定。

①作载荷-沉降(Q-s)曲线和其他辅助分析所需的曲线。

②曲线陡降段明显时，取相应于陡降段起点的载荷值。

③当出现$\frac{\Delta s_{n+1}}{\Delta s_n}\geqslant 2$，且经24h沉降尚未稳定的情况时，取前一级载荷值。

④Q-s曲线呈缓变形时，取桩顶总沉降量$s=40$mm所对应的载荷值。

⑤按上述方法判断有困难时，可结合其他辅助分析方法综合判定。

⑥参加统计的试桩，当满足其极差不超过平均值的30%时，可取其平均值作为单桩极限承载力；极差超过平均值的30%时，应分析离差过大的原因，结合工程具体情况确定单桩极限承载力；需要时应增加试桩数量。

(3)将单桩极限承载力除以安全系数2，为单桩承载力特征值。

四、沉降量计算

复合地基的基础应根据其上部有无建筑物或填方工程进行区分。当复合地基上部有建筑物时，复合地基沉降变形应符合《建筑地基基础设计规范》(GB 50007—2011)的有关规定；当复合地基上部为新增填方地基时，对于大面积施工而言，宜按弹性理论以及经验法进行沉降变形计算。

1.建筑物自重作用下复合地基沉降变形计算

1)复合地基变形量计算

复合地基变形量计算遵循基于应力面积法的分层总和法。计算地基变形量时，地基内的应力分布可采用各向同性均质线性变形体理论。其最终变形量可按下式计算：

$$s = \psi_s s' = \psi_s \sum_{i=1}^{n} \frac{p_0}{E_{si}} (z_i \overline{\alpha}_i - z_{i-1} \overline{\alpha}_{i-1}) \tag{5-7}$$

式中：s——地基最终变形量(mm)；

s'——按分层总和法计算出的地基变形量(mm)；

ψ_s——沉降计算经验系数，根据地区沉降观测资料及经验确定，无地区经验时可采用表5-1的数值；

n——地基变形计算深度范围内所划分的土层数(图5-2)；

p_0——对应作用的准永久组合时基础底面处的附加压力(kPa)；

E_{si}——基础底面下第 i 层土的压缩模量(MPa)，应取土的自重应力至土的自重应力与附加应力之和的压力段计算；

z_i、z_{i-1}——基础底面至第 i 层土、第 $i-1$ 层土底面的距离(m)；

$\overline{\alpha}_i$、$\overline{\alpha}_{i-1}$——基础底面计算点至第 i 层土、第 $i-1$ 层土底面范围内平均附加应力系数，可按《建筑地基基础设计规范》(GB 50007—2011)附录K采用。

沉降计算经验系数 ψ_s 表5-1

基底附加压力	$\overline{E}_s$(MPa)				
	2.5	4.0	7.0	15.0	20.0
$p_0 \geq f_{ak}$	1.4	1.3	1.0	0.4	0.2
$p_0 \leq 0.75f_{ak}$	1.1	1.0	0.7	0.4	0.2

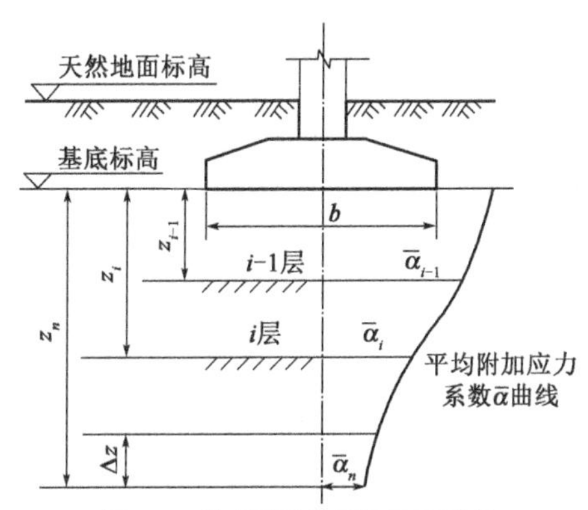

图5-2 基础沉降计算的分层示意

变形计算深度范围内压缩模量的当量值($\overline{E}_s$)，应按下式计算：

$$\overline{E}_s = \frac{\sum A_i}{\sum \frac{A_i}{E_{si}}} \tag{5-8}$$

式中：A_i——第 i 层土附加应力系数沿土层厚度的积分值。

2)复合地基变形计算深度

复合地基变形计算深度 z_n(图5-2)应符合式(5-9)的规定。当计算深度下部仍有较软土层时，应继续计算。

$$\Delta s'_n \leqslant 0.025 \sum_{i=1}^{n} \Delta s'_i \tag{5-9}$$

式中：$\Delta s'_n$——在计算深度范围内，第 i 层土的计算变形值(mm)；

$\Delta s'_i$——由计算深度向上取厚度为 Δz 的土层计算变形值(mm)，Δz 值见表 5-2 并按表 5-2确定。

Δz 值 表 5-2

b(m)	$b \leqslant 2$	$2 < b \leqslant 4$	$4 < b \leqslant 8$	$b > 8$
Δz(m)	0.3	0.6	0.8	1.0

当无相邻荷载影响，基础宽度在 1～30m 范围内时，基础中点的地基变形计算深度也可按简化公式(5-10)进行计算。在计算深度范围内存在基岩时，z_n 可取至基岩表面；当存在较厚的坚硬黏性土层，其孔隙比小于 0.5、压缩模量大于 50MPa，或存在较厚的密实砂卵石层，其压缩模量大于 80MPa 时，z_n 可取至该层土表面。此时，地基土附加压力分布应考虑相对硬层存在的影响，按式(5-11)计算地基最终变形量。

$$z_n = b(2.5 - 0.4\ln b) \tag{5-10}$$

式中：b——基础宽度(m)。

$$s_{gz} = \beta_{gz} s_z \tag{5-11}$$

式中：s_{gz}——具有刚性下卧层时，地基土的变形计算值(mm)；

β_{gz}——刚性下卧层对上覆土层的变形增大系数，按表 5-3 采用；

s_z——变形计算深度相当于实际土层厚度按式(5-7)计算确定的地基最终变形计算值(mm)。

具有刚性下卧层时地基变形增大系数 β_{gz} 表 5-3

h/b	0.5	1.0	1.5	2.0	2.5
β_{gz}	1.26	1.17	1.12	1.09	1.00

注：h-基底下的土层厚度；b-基础底面宽度。

当建筑物附近有堆载或相邻建筑物时，要计算它们的影响叠加附加应力，以力求符合实际受力情况。

3）复合地基最终变形量计算

复合地基最终变形量可按下式计算：

$$s = \psi_{sp} s' \tag{5-12}$$

式中：s——复合地基最终变形量(mm)；

ψ_{sp}——复合地基沉降计算经验系数，根据地区沉降观测资料经验确定，无地区经验时可根据变形计算深度范围内压缩模量的当量值$\overline{E}_s$ 按表 5-4 取值；

s'——复合地基计算变形量(mm)，可按式(5-7)计算；加固土层的压缩模量可取复合土层的压缩模量，按式(5-14)确定；地基变形计算深度应大于加固土层的厚度，并应符合式(5-9)的规定。

复合地基沉降计算经验系数 ψ_{sp} 表 5-4

$\overline{E}_s$(MPa)	4.0	7.0	15.0	20.0	35.0
ψ_{sp}	1.0	0.7	0.4	0.25	0.2

变形计算深度范围内压缩模量的当量值($\overline{E}_s$),应按下式计算。

$$\overline{E}_s = \frac{\sum_{i=1}^{n} A_i + \sum_{j=1}^{m} A_j}{\sum_{i=1}^{n} \frac{A_i}{E_{spi}} + \sum_{j=1}^{m} \frac{A_j}{E_{sj}}} \tag{5-13}$$

式中:A_i——加固土层第 i 层土附加应力系数沿土层厚度的积分值;

A_j——加固土层第 j 层土附加应力系数沿土层厚度的积分值;

E_{spi}——第 i 层复合土层的压缩模量(MPa)。

复合地基变形计算时,复合土层的压缩模量可按下列公式计算:

$$E_{spi} = \xi E_{si} \tag{5-14}$$

$$\xi = \frac{f_{spk}}{f_{ak}} \tag{5-15}$$

式中:ξ——复合土层的压缩模量提高系数;

f_{spk}——复合地基承载力特征值(kPa);

f_{ak}——基础底面下天然地基承载力特征值(kPa)。

2. 大面积填土作用下复合地基沉降变形计算

1)计算条件

按照飞行区大面积荷载考虑基础尺寸,即按照一维变形进行计算。计算假定如下:

(1)假定填方体不发生沉降,沉降仅由天然地基土沉降构成。

(2)假定填筑体一次性加载,不考虑填筑期间的时间效应。

(3)不计飞机等动荷载。

(4)不计挖方区回弹变形。

(5)不考虑应力历史对沉降变形的影响。

2)计算方法

为评价处理区内天然地基和复合地基沉降随时间的变化情况,采用分层总和法计算地基最终沉降量。

根据现行《民用机场岩土工程设计规范》(MH/T 5027—2013)所推荐的沉降公式计算:

$$s = \psi_S s' \tag{5-16}$$

$$s' = \psi_S \sum_{i=1}^{n} \frac{e_{1i} - e_{2i}}{1 + e_{1i}} H_i \tag{5-17}$$

或

$$s' = \psi_S \sum_{i=1}^{n} \frac{\Delta p}{E_i} H_i \tag{5-18}$$

式中：s——地基最终总沉降量（mm）；

s'——按分层总和法计算得到的地基沉降量（mm）；

ψ_S——修正系数，应根据沉降观测资料或当地经验确定；当无观测资料或当地经验时，可根据地基土的特点分析确定；

n——计算深度范围内所划分的土层数；

H_i——第 i 分层土的厚度（mm）；

e_{1i}——第 i 分层土压缩曲线上对应于该层上下层面自重应力平均值的孔隙比；

e_{2i}——第 i 分层土压缩曲线上对应于该层上下层面自重应力与附加应力之和平均值的孔隙比；

E_i——第 i 分层土压缩模量（MPa）；复合地基范围内的压缩模量可通过室内试验或者现场试验测试得到；

Δp——附加应力增量（kPa），包括上覆道面荷载以及填土荷载。

3）地基均匀性评价参考标准

飞行区道面影响区和飞行区土面区，设计使用年限内的工后沉降和工后差异沉降不宜大于表5-5的规定。

沉降要求 表5-5

场地分区		工后沉降（m）	工后差异沉降（‰）
飞行区道面影响区	跑道	0.2	沿纵向1.5
	滑行道	0.35	沿纵向1.75
	停机坪	0.35	沿排水方向1.75
飞行区土面区		应满足排水、管线和建筑等设施使用要求	

4）荷载

上覆永久荷载包括填筑体及道面混凝土结构层自重荷载。取道面影响区填筑体施工后的天然重度 $20kN/m^3$，则填筑体荷载只需用其厚度乘以填筑体重度即可。道面混凝土以及水稳结构层重度 $25kN/m^3$，假定结构层总计厚度为68cm，则用于计算沉降变形的道面永久荷载为17kPa。

5）计算深度

复合地基下部如果是埋深不超过40m的坚硬土层或者岩石层，则取计算深度截止坚硬土层或岩石层。如果复合地基处理后还有可压缩土层，根据《民用机场岩土工程设计规范》（MH/T 5027—2013）5.2.4条文规定，计算深度不超过40m，尚应包括复合地基下部不超过40m的土层。根据以上假定条件，结合岩土勘察报告中的跑道典型地质剖面，通过对跑道典型断面钻孔进行沉降计算分析。

第二节 振冲碎石桩与沉管砂石桩复合地基

一、概述

利用振动和水冲加固土体的方法叫作振冲法。振冲法最早是用来振密松砂地基的，由德国人斯图门（Steuerman）在1936年提出。20世纪60年代初用碎石填料来加固黏性土地基，在黏性土中制造以石块、砂砾等散粒材料组成的桩体，这些桩与原地基土一起构成复合地基，使承载力提高，减少沉降。为此，有人把这一方法称为"碎石桩法"或"散粒桩法"。用桩体构成复合地基的加固方法是振冲法应用的一种创新。复合地基的加固机理和振冲加密砂地基的机理完全不同。简单来说，前者用振冲法在地基中以紧密的桩体材料置换一部分地基土，后者用振冲法使松砂变密。因此振冲法演变为两大分支：一支适用于砂基的振冲密实，另一支主要适用于黏性土地基的振冲置换。我国于1977年引进振冲法，用以提高地基承载力，减少地基沉降和差异沉降，提高抗地震液化能力，均取得令人满意的效果。

砂石桩最早于1835年由法国工程师设计，用于在海湾沉积软土上建造兵工厂的地基工程。当时，设计桩长为2m，直径只有0.2m，每根桩承受荷载10kN。成桩的方法是在土中打入铁钎、拔出铁钎，然后在形成的孔中填入块状石灰石。此后，在很长时间内由于缺乏先进的施工工艺和施工设备，没有较实用的设计计算方法，此技术发展缓慢。20世纪50年代后期，出现了振动式和锤击式施工方法。1958年，日本开始采用振动重复压拔管挤密砂桩施工方法。这一方法的采用，使砂石桩地基处理技术发展到一个新的水平，施工质量、施工效率和处理深度都有显著提高。我国在1959年首次引入砂桩法处理地基，之后该技术在国内也得到广泛应用。20世纪80年代开始，产生多种施工工艺，如锤击法、干振法、沉管法、振动气冲法、袋装碎石法、强夯碎石桩置换法等，它们的施工工艺不同于振冲法，均沿用碎石桩或砂石桩的名称。

碎（砂）石桩复合地基的增强体为散体材料，要依靠桩间的约束力来传递垂直荷载，其受力机理和破坏机理不同于具有黏结强度的增强体。它与上一章的排水砂井相比，形式类似，但作用不同。砂井的作用是排水固结，井径较小而间距较大；碎（砂）石桩的作用是将地基土挤密，井径较大，而间距宜小。砂井适用于过湿软土层，而碎（砂）石桩适用于处理松砂、杂填土和黏粒含量不大的普通黏性土，亦可有效地防止砂底的振动液化。

碎（砂）石桩施工方法在工程上应用较多的是振冲碎石桩法和沉管砂石桩法，两种工艺施工的碎（砂）石桩加固原理、受力和破坏机理、承载力计算等类似或相同，因此，可将振冲碎石桩和沉管砂石桩合为一类。

振冲碎石桩是以起重机吊起振冲器、电动振冲器产生高频振动，水泵喷射高压水流，在振动和高压水的联合作用下，振冲器沉入土中预定深度，经过清孔，用循环水带出孔中稠泥浆，向孔中逐段添加砂、砾石、碎石等材料，予以振动挤密，形成较大直径的、由碎石构成的密实桩体的地基处理方法。沉管砂石桩是采用振动或锤击沉管等方式在软弱地基中成孔后，再将砂、碎石或砂石混合料通过桩管挤入已成的孔中，在成桩过程中逐层挤密、振密，形成大直径的、由砂石体所构成的密实桩体的地基处理方法。

二、适用范围

振冲碎石桩、沉管砂石桩复合地基处理适用于挤密处理松散砂土、粉土、粉质黏性土、素填土、杂填土等地基，以及用于处理可液化地基。饱和软土地基，如对变形控制不严格，也可采用砂石桩置换处理。

国内外也有较多振冲碎石桩和沉管砂石桩用于处理软土地基的工程实例。但由于软黏性土含水率高、透水性差，碎(砂)石桩很难发挥挤密效果，其主要作用是通过置换与黏土形成复合地基，同时形成排水通道以加速软土的排水固结。由于软黏性土抗剪强度低，且在成桩过程中桩周土体产生的超孔隙水压力不能迅速消散，天然结构受到扰动将导致其抗剪强度进一步降低，造成桩周土对碎(砂)石桩产生的侧限压力较小，碎(砂)石桩的单桩承载力较低，如置换率不高，则其提高承载力的幅度将较小，很难获得可靠的处理效果。

此外，如不经过预压，处理后地基仍将发生较大的沉降，难以满足建(构)筑物的沉降允许值。所以，用碎(砂)石桩处理饱和软黏性土地基，应按建筑结构的具体条件区别对待，宜通过现场试验后再确定是否采用。另外，在饱和黏性土地基上对变形控制要求不严的工程才可采用砂石桩置换处理。对于塑性指数较高的硬黏性土、密实砂土，不宜采用碎(砂)石桩复合地基处理。

对大型的、重要的或场地地层复杂的工程，以及不排水抗剪强度不小于20kPa的饱和黏性土及饱和黄土地基，在正式施工前通过现场试验确定其适用性是必要的。

不加填料振冲挤密法适用于处理黏粒含量不大于10%的中砂、粗砂地基，在初步设计阶段宜进行现场工艺试验，确定不加填料振密的可行性，确定孔距、振密电流值、振冲水压力、振后砂层的物理力学指标等施工参数；30kW振冲器振密深度不宜超过7m，75kW振冲器振密深度不宜超过15m。不加填料振冲挤密处理砂土地基的方法应进行现场试验，确定其适用性。

选择采用振冲碎石桩、沉管砂石桩，还需考虑下列因素：

(1)挤土效应问题。

若选择碎(砂)石桩施工为挤土工艺，需考虑对邻近建筑物、地下管线、道路等周边环境产生的不利影响。

(2)振动、噪声及泥浆污染问题。

随着社会不断进步，对文明施工的要求越来越高，当在城区或居民区施工时，振动、噪声及泥浆污染会对施工现场周围居民正常生活产生不良影响，故许多地区规定不能在居民区采用振动沉管打桩机施工。

(3)难以穿透较厚砂层问题。

在设计桩长范围内,若存在较厚的砂层,采用振动沉管桩机施工会造成难以穿透砂层,达不到设计桩长的问题。设计时需考虑砂层厚度对施工产生的不利影响。

(4)原土承载力和承载力提高幅度问题。

碎(砂)石桩加固效果与原土承载力密切相关,工程上对碎(砂)石桩有“松土振密,密土振松”的说法。当原土结构松散、挤密效果好时承载力提高幅度较大,处理效果较明显;当原土承载力已经很高,就不适合采用碎(砂)石桩进行处理,因为处理后承载力提高幅度很小甚至没有提高。

三、加固机理

1.振冲法

对于不同的土质,振冲法作用机理不同。对于可挤密的土,如砂土、粉土,挤密作用大于置换作用,采用振冲法加固砂土、粉土的方法称为振冲密实法。对于挤密效果不显著的黏性土,置换作用大于挤密作用,在黏性土中采用振冲法称为振冲置换法。

1)振冲密实法加固砂土地基

振冲密实法加固砂土地基的机理,简单来说就是:一方面,依靠振冲器的强力振动使饱和砂层发生液化,砂颗粒重新排列,孔隙减小;另一方面,依靠振冲器的水平振动力,在施工过程中通过填料使砂层挤压加密。砂层经填料造桩挤密后,桩间土的承载能力有很大的提高,密实的桩体承载能力要比桩间砂层大,桩和桩间砂层构成复合地基,使地基承载力提高,变形减少,并可消除松散砂层的液化。

在振冲器的重复水平振动和侧向挤压作用下,砂土的结构逐渐被破坏,孔隙水压力迅速增大。由于原有结构被破坏,土粒有可能向低势能位置转移,这样就使得土体由松变密。可是当孔隙水压力达到大主应力数值时,土体开始变为流体。土在流体状态时,土颗粒之间不时连接,这种连接又不时被破坏,因此土体变密的可能性将大大减小。研究指出,振动加速度达0.5g时,砂土结构开始破坏;振动加速度为1.0g~1.5g时,土体变为流体状态;振动加速度超过3.0g时,砂体发生剪胀,此时砂体不但不变密,反而由密变松。

实测数据表明,振动加速度随与振冲器距离的增大呈指数函数衰减。从振冲器向外根据加速度大小可以顺次划分为紧靠侧壁的流态区、过渡区和挤密区,挤密区外是无挤密效果的弹性区(图5-3)。只有过渡区和挤密区才有显著的挤密效果。过渡区和挤密区的范围不仅取决于砂土的性质(诸如起始相对密实度,颗粒大小、形状和级配,土粒比重,地应力,渗透系数等),还取决于振冲器的性能(诸如振动力、振动频率、振幅、振动历时等)。例如,砂土的起始相对密实度越低,必然抗剪强度越小,则使砂土结构破坏所需的振动加速度越小,这样挤密区的范围就越大。由于饱和能降低砂土的抗剪强度,可见水冲不仅有助于振冲器在砂层中贯入,还能扩大挤密区。

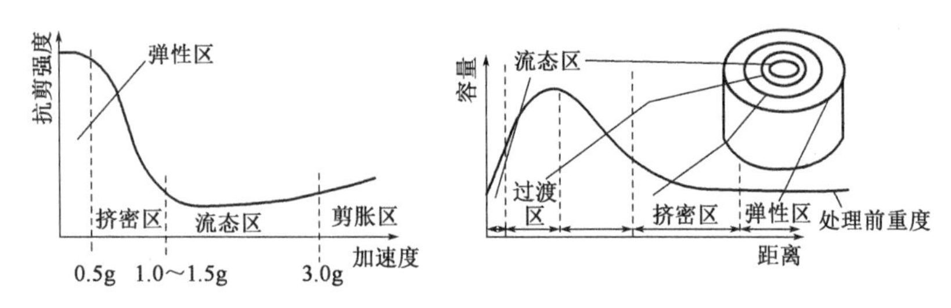

图 5-3　砂土对振动的理想化反应

一般说来,振动力越大,影响距离就越大。但是过大的振动力,扩大的多半是流态区而不是挤密区,因此挤密效果不一定成比例增加。在振冲器常用的频率范围内,频率越高,产生的流态区越大。所以高频振冲器虽然容易在砂层中贯入,但挤密效果并不理想。

砂体颗粒越细,越容易产生宽广的流态区。由此可见,对粉土或含粉粒较多的粉质砂,振冲挤密的效果很差。缩小流态区的有效措施是向流态区灌入粗砂、砾、碎石等粗粒料。因此,对粉土或粉质砂地基不能用振冲密实法处理,但可用砂桩或碎石桩法处理。

砂体的渗透系数对挤密效果和贯入速率有影响。若渗透系数小于 10^{-3}cm/s,不宜用振冲密实法;若渗透系数大于 1cm/s,施工时会发生大量跑水,导致贯入速率十分缓慢。

振冲器的侧壁都装有一对翅片,翅片的作用是防止振冲器在土体中工作时发生转动。实践表明,在振动时翅片能强烈地冲击过渡区的侧面,从而可以增强挤密效果。当然,增加翅片数量,挤密效果不会成比例地增加,它只能起到扩大振冲器直径的作用。

2)振冲置换法加固黏性土地基

振冲置换法加固黏性土地基的机理,简单说来,就是利用振冲器边振边冲在软弱黏性土地基中成孔,再在孔内分批填入碎石等坚硬材料制成一根根桩体,由桩体和原来的黏性土构成复合地基。

按照一定间距和分布打设了许多桩体的土层叫作复合土层,由复合土层组成的地基叫作复合地基。如果软弱土层不太厚,桩体可以贯穿整个软弱土层,直达相对硬层。如果软弱土层比较厚,桩体也可以不贯穿整个软弱土层,这样,软弱土层只有部分转变为复合土层,其余部分仍处于天然状态。对桩体打到相对硬层(复合土层与相对硬层接触)的情况,复合土层中的桩体在荷载作用下主要起应力集中的作用。由于桩体的压缩模量远比软弱土大,故而通过基础传给复合地基的外加压力随着桩、土的等量变形会逐渐集中到桩上,从而使软土负担的压力相应减少。结果,与原地基相比,复合地基的承载力有所提高,压缩性也有所减少,这就是应力集中作用。就这点来说,如把复合地基比作钢筋混凝土,地基中的桩体就是钢筋混凝土中的钢筋。对桩体不打到相对硬层(复合土层与相对硬层不接触)的情况,复合土层主要起垫层的作用。垫层能将荷载引起的应力向周围横向扩散,使应力分布趋于均匀,从而可提高地基整体的承载力,减少沉降量。这就是垫层的应力扩散和均布的作用。

复合土层之所以能改善原地基土的力学性质,主要是因为在地基土中打设了众多的密实桩体。那么桩与桩之间的土的性质在制桩前后有无变化呢?过去有人担心在软黏性土中用振冲法制造桩体会使原土的强度降低。诚然,在制桩过程中由于振动、挤压、扰动等原因,地基土中会出现较大的附加孔隙水压力,从而使原土的强度降低。但在复合地基完成之后,一方面随着时间的推移,原地基土的结构强度有一定程度的恢复;另一方面孔隙水压力向桩体转移而消散,结果是有效应力增大,强度提高。

2. 沉管法

地基土的土类不同,对砂石桩的作用机理也不尽相同。

1)在松散砂土和粉土地基中的作用

(1)挤密作用。

无论采用锤击法还是振动法在砂土和粉土中沉入桩管,对其周围都会产生很大的横向挤压力,桩管将地基中等于桩管体积的砂挤向桩管周围的土层,使土层的孔隙比减小,密度增加。此即砂石桩法的挤密作用。

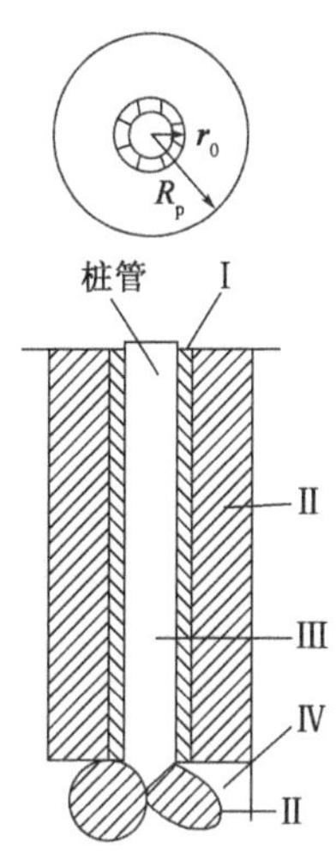

图 5-4 桩孔扩张和桩周土分区

根据圆柱形孔洞扩张理论,在土中沉管或沉桩时,桩管周围的土因受到挤压、扰动而发生变形和重塑,形成四个变形区域,如图 5-4所示。Ⅰ区:紧贴于桩管表面的压实土膜;Ⅱ区:桩管侧塑性变形区和桩端塑性变形区;Ⅲ区:弹性变形区;Ⅳ区:未受影响区(图上无阴影处)。

紧贴于桩管上的土膜(Ⅰ区),由于挤压,结构遭到完全破坏,牢固地粘贴在桩管表面并随桩管同时移动。施工拔管时,此层土膜有时会被桩管带出地面。桩管周围塑性变形区(Ⅱ区),由于受到挤压应力和孔隙水压力的共同作用,其强度显著降低。根据圆柱形孔洞扩张理论,桩管周围塑性变形区半径 R_P 为

$$R_P = r_0\sqrt{\frac{E_0}{2(1+\mu)S}} \tag{5-19}$$

式中:r_0——桩管半径;

E_0——土的变形模量;

μ——土的泊松比;

S——土的抗剪强度。

桩管周围最大径向挤压应力为

$$P_u = S\left\{1 + \ln\left[\frac{E_0}{2(1+\mu)S}\right]\right\} \tag{5-20}$$

由式(5-19)可知,塑性变形区域的大小与桩管半径 r_0、土的变形模量 E_0 成正比,与土的抗剪强度 S 成反比。由式(5-20)可知,挤压应力的大小与 r_0 无关,而与 E_0 和 S 有关。因此,从桩管表面到塑性变形区Ⅱ和弹性变形区Ⅲ,在挤压应力作用下,土体受到不同程

度的压密。受到严重扰动的塑性变形区,土的强度会随休止期的增长而渐渐恢复,砂石桩成桩后,随着超孔隙水压的消散,应力的调整将加速其强度的恢复。

(2)振密作用。

沉管挤密砂石桩在施工时,桩管振动能量以波的形式在地基土中传播,引起地基土振动,产生振密作用。沉管特别是采用垂直振动的激振力沉管时,桩管四周的土体受到挤压,同时,桩管的振动能量以波的形式在土体中传播,引起桩四周土体的振动,在挤压和振动作用下,土的结构逐渐破坏,孔隙水压力逐渐增大。由于土结构被破坏,土颗粒重新排列,向具较低势能的位置移动,从而使土由较松散状态变为密实状态。随着孔隙水压力的进一步增大,达到大主应力数值时,土体开始液化成流体状态,流体状态的土变密实的可能性较小,如果有排水通道(砂石桩),土体中的水此时就沿着排水通道排出,施工中可见喷水冒砂现象。随着孔隙水压力的消散,土粒重新排列、固结,形成新的结构。由于孔隙水排出,土体的孔隙比降低,密实度得到提高。

振密作用的大小不仅与砂土的性质(如起始密度、湿度、颗粒大小、应力状态)有关,还与振动成桩机械的性能(如振动力、振动频率、振动持续时间等)有关。例如,砂土的起始密度越低,抗剪强度越小,破坏其结构强度所需要的能量就少,因此,振密作用影响范围越大,振密作用越显著。

(3)抗液化作用。

在地震或振动作用下,饱和砂土、粉土的结构受到破坏,土中的孔隙水压力升高,从而使土的抗剪强度降低。当土的抗剪强度完全丧失,或土的抗剪强度降低,使土不再能抵抗它原来所能安全承受的剪应力时,土体就发生液化流动破坏,即砂土、粉土地基的振动液化破坏。砂土、粉土本身的特性使这种破坏宏观上表现为土体喷水冒砂、土体长距离滑流、土体中建(构)筑物上浮和地表建(构)筑物沉陷等现象。

砂石桩法形成的复合地基,其抗液化作用主要有以下几个方面:

①桩间可液化土层受到挤密和振密作用。

碎(砂)石桩在成孔和挤密桩体碎石过程中:一方面,桩周土在水平和垂直振动力作用下产生径向和竖向位移,使桩周土体密实度增加;另一方面,在反复振动作用下,土体产生液化,液化后的土颗粒在上覆土压力、重力和填料挤压力作用下重新排列、组合,达到更加密实的状态,从而提高了桩间土的抗剪强度和抗液化性能。

②抗震作用。

抗震作用反映在砂石桩体减振作用和桩间土的预振作用两个方面。

a. 砂石桩体减振作用。

一般情况下,由于砂石桩的桩体强度远大于桩间土的强度,在荷载作用下应力向桩体集中,尤其在地震剪应力作用下,应力集中于桩体,减小了桩间土中的剪应力。

b. 桩间土的预振作用。

桩间土的液化特性与其振动应变史、相对密度有关。在施工过程中,地基土在往复振动作用下局部可产生液化,起到了预振作用。

③砂石桩的排水通道作用。

可液化地基土的液化特性不仅与振动应变史有关，还和排水体有关。砂和碎石都是透水材料，砂石桩为良好的排水通道，可以使由于挤压和振动作用产生的超孔隙水压力加速消散，使孔隙水压力的增长和消散同时发生，降低孔隙水压力上升的幅度，从而提高地基土的抗液化能力。

2）在黏性土地基中的作用

砂石桩对黏性土地基的主要作用是置换而不是挤密，这是因为饱和黏性土、密度大的黏性土可挤密性较差。黏性土颗粒之间存在着复杂的作用力，有引力，也有斥力，使黏性土形成了蜂窝结构或絮状结构。这种结构的土，颗粒间存在大量微细孔隙，压缩性大、强度低、透水性弱，渗透系数一般小于 10^{-4}cm/s。又因土粒间联结较弱且不甚稳定，在受力作用下（如施工扰动影响），土粒接触点可能脱离，部分结构遭受破坏，土的强度会迅速降低。而且，土粒之间的联结力（结构强度）往往由于长期的压密作用和胶结作用而得到加强。对于非饱和黏性土和塑性指数较小且密度不大的粉质黏性土，地基沉管时能产生一定的挤密作用。但对于饱和黏性土地基，由于沉管成桩过程中的挤压和振动等强烈的扰动，黏性土颗粒之间的结合力以及黏性土颗粒、离子、水分子所组成的平衡体系受到破坏，孔隙水压力急剧升高，土的强度降低，压缩性增大。砂石桩施工结束以后，在上覆土压力作用下，通过砂石桩良好的排水作用，桩间黏性土发生排水固结，黏性土颗粒、离子、水分子之间形成新的稳定平衡体系，使土的结构强度得以恢复。因此，从砂石桩和土组成复合地基的角度来看，砂石桩处理饱和软黏性土地基，主要有以下两个作用。

（1）置换作用。

沉管砂石桩对黏性土地基的置换作用是将桩管位置处工程性能较差的土挤排至四周并换上性能较好的砂石，对桩间土的挤密作用弱。砂石在软黏性土中成桩以后，就形成了一定桩径、桩长和间距的桩体，与桩间土共同组成复合地基，由密实的砂石桩桩体取代了与其体积相同的软弱土，因为砂石桩的强度和抗变形性能等均优于其周围的土，所以形成的复合地基的承载力就比原来天然地基的承载力大，沉降量也比天然地基小，从而提高了地基的整体稳定性和抗破坏能力。在外来荷载作用下，由于复合地基中桩体的变形模量和强度较大，刚性基础传给地基的附加应力会随着桩和桩间土发生等量的变形而逐渐集中到桩体上，使桩承受较大部分的应力，而土所承受的应力则相对较少。其结果是，与天然地基相比，复合地基的承载力得到了提高，沉降量也有所减小。

对饱和的软黏性土，特别是灵敏度高的淤泥或淤泥质黏性土，在成桩过程中，由于振动力和侧向挤压力的作用，产生剧烈的扰动，发生触变。若上覆硬土层较薄，则形成砂石桩后，会使地面隆起，而且由于桩间土的侧限作用较小，桩体砂石不易密实。对此种地基，应在施工工艺和施工设备上做些调整，例如：采用较大直径的桩管，不宜用扩大直径的桩头，以减小扰动；采用隔行跳打的施工顺序，或者增设土工格室、袋装砂石等，增大桩间土的约束力，以利于成桩和孔隙水压力消散；砂石料用含水率较小的干料；等等。采取这些措施后仍然可以获得较好的效果。

对于淤泥质土,由于其强度很低,对桩的约束作用很差。工程实践表明,若桩间土密度不变,仅靠桩的置换作用,地基承载力提高的幅度一般为 20% ~60% ,并且处理后沉降仍然难以有效控制,对于沉降变形要求严格的工程应注意这一点。

(2)排水通道作用。

砂石桩体不仅置换了土层,还形成了良好的竖向排水通道。如果在选用砂石桩材料时考虑级配,砂石桩就能起到排水砂井的作用。由于砂石桩缩短了排水距离,因此可以加快地基的固结速率。水是影响黏性土性质的主要因素之一,黏性土地基性质的改善很大程度上取决于其含水率的减小。砂石的渗透系数比黏性土大 4 ~6 个数量级,能有效地加速荷载产生的超孔隙水压力的消散(可消散约 80% 孔隙水压力),缩短碎石桩复合地基承受荷载后的固结时间。因此,在饱和黏性土地基中,砂石桩体的排水通道作用是砂石桩法处理饱和软黏性土地基的主要作用之一,比之在砂土地基中的排水通道作用显著。

总之,在由砂石桩和黏性土组成的复合地基中,砂石桩起到了竖向增强体作用。一方面,砂石桩本身承受了部分荷载,将上部荷载通过桩体向地基深处传递;另一方面,砂石桩挤压并置换了部分软土,改善了软土排水条件,提高了软土本身的物理力学性能,使得桩间土与碎石桩能够有效地协同工作,从而提高了地基承载力和抗变形能力。

四、设计计算

1. 设计原则

1)加固范围

当地基上部有建筑物,利用振冲碎石桩、沉管砂石桩局部处理地基时,要超出基础一定宽度。另外,考虑基础下最外边的 2 ~3 排桩挤密效果较差,宜在基础外缘增加 1 ~3 排桩。对重要的建筑以及要求荷载较大的情况应加宽多些。振冲碎石桩、沉管砂石桩法用于处理液化地基时,原则上必须确保建筑物的安全,在基础外缘的扩大宽度不应小于基底下可液化土层厚度的 1/2,且不应小于 5m。

对于机场飞行区采用砂石桩大面积处理时,处理范围根据飞行区道面影响区、土面区以及填方边坡影响区等进行设置。具体可参考《民用机场高填方工程技术规范》(MH/T 5035—2017)以及《民用机场岩土工程设计规范》(MH/T 5027—2013)。

2)桩位布置

对于大面积满堂处理和局部处理,可采用三角形、正方形、矩形布置。

3)桩径

桩径可根据地基土质情况、成桩方式、成桩设备等因素确定,桩的平均直径可按每根桩所用填料量计算。对于采用振冲法成孔的碎石桩,桩径与振冲器的功率和地基土条件有关,一般情况下,当振冲器功率大、地基土松散时,成桩直径大。砂石桩直径可按每根桩所用填料量计算,宜为 800 ~1200mm。对于振动沉管法成桩,桩径的大小取决于施工设备桩管的大小和地基土的条件。对饱和黏性土,宜采用较大的桩径。目前,国内使用的碎石桩直径一般为300~800mm。

根据施工设备的桩管直径和地基土的情况来确定桩径。小直径桩的挤密效果均匀但施工效率较低,大直径桩则需要较大的机械设备,虽效率较高,但桩间土挤密不易均匀。对于黏性土地基,采用大直径桩可以提高置换率,并减小对地基土的扰动。成桩直径与桩管的直径比一般不宜大于1.5,以免因扩径较大而对地基土产生较大的扰动。

4)桩间距

(1)振冲碎石桩的间距应根据下部结构荷载大小和场地土层情况,并结合所采用的振冲器功率大小综合考虑。30kW振冲器布桩间距可采用1.3~2.0m,55kW振冲器布桩间距可采用1.4~2.5m,75kW振冲器布桩间距可采用1.5~3.0m。不加填料振冲挤密孔距可为2~3m。

(2)沉管砂石桩的间距应通过现场试验确定。根据经验,桩间距一般宜控制在3.0~4.5倍桩径以内。对于粉土和砂土地基,桩间距不宜大于砂石桩直径的4.5倍;对于黏性土地基,桩间距不宜大于砂石桩直径的3倍。对于松散粉土和砂土地基,初步设计时,应根据挤密后要求达到的孔隙比确定桩间距,按下列公式估算。

等边三角形布置:

$$s = 0.95\xi d\sqrt{\frac{1+e_0}{e_0-e_1}} \tag{5-21}$$

正方形布置:

$$s = 0.89\xi d\sqrt{\frac{1+e_0}{e_0-e_1}} \tag{5-22}$$

$$e_1 = e_{max} - D_{r1}(e_{max} - e_{min}) \tag{5-23}$$

式中:s——砂石桩间距(m);

d——砂石桩直径(m);

ξ——修正系数,当考虑振动下沉密实作用时,可取1.1~1.2;不考虑振动下沉密实作用时,可取1.0;

e_0——地基处理前砂土的孔隙比,可按原状土样试验确定,也可根据动力或静力触探等对比试验确定;

e_1——地基挤密后要求达到的孔隙比;

e_{max}、e_{min}——砂土的最大、最小孔隙比,可按《土工试验方法标准》(GB/T 50123—2019)的有关规定确定;

D_{r1}——地基挤密后要求砂土达到的相对密实度,可取0.7~0.85。

5)桩长

振冲碎石桩、沉管砂石桩的长度,主要取决于需加固的软土层厚度,并根据地基的稳定和变形要求通过计算确定,可液化地基还需考虑抗液化要求。

(1)根据软土层厚度或相对硬层埋深确定桩长。

当软土层厚度不大时,桩长宜超过整个软土层的厚度,使桩体达到相对硬土层,桩长可按相对硬土层埋深确定;当软土层厚度较大,相对硬土层埋深较大时,桩长应按建筑物地基变形允许值通过计算确定,同时,应验算软弱下卧层地基承载力,并满足设计要求。

(2)根据地基的稳定要求确定桩长。

对按稳定性控制的工程,桩长应不小于最危险滑动面以下2.0m的深度,其可通过复合地基稳定计算确定。

(3)根据可液化层厚度确定桩长。

对可液化的砂层,为保证处理效果,碎石桩桩长应穿透液化层,达到液化深度的下限,且加固后桩间土标准贯入锤击数不宜小于其液化判别标准贯入锤击数临界值,即采取完全消除地基液化沉陷措施。如可液化层过深,碎石桩桩长不穿透液化层,采取部分消除地基液化沉陷措施,桩长应按《建筑抗震设计规范(2016年版)》(GB 50011—2010)有关规定确定。

(4)有效桩长。

振冲碎石桩、沉管砂石桩桩体材料为散体,没有黏结强度,依靠桩周土的约束形成桩体,桩体传递竖向荷载的能力与桩周土的约束能力密切相关,桩周土的围压越大,桩体传递竖向荷载能力越强。从受力机理分析,碎(砂)石桩加载后首先在桩头部分产生侧向压胀变形,深度约4倍桩径。碎(砂)石桩的设计长度应大于主要受荷深度,碎(砂)石桩桩径一般小于1m,因此碎(砂)石桩长度不宜小于4m。

6)材料

振冲桩桩体材料可采用含泥量不大于5%的碎石、卵石、矿渣或其他性能稳定的硬质材料,不宜使用风化易碎的石料。对于30kW振冲器,填料粒径宜为20~80mm;对于55kW振冲器,填料粒径宜为30~100mm;对于75kW振冲器,填料粒径宜为40~150mm。振动沉管桩桩体材料可用碎石、卵石、角砾、圆砾、砾砂、粗砂、中砂或石屑等硬质材料,含泥量不得大于5%,最大粒径不宜大于50mm。

7)垫层

振冲碎石桩、沉管砂石桩桩身材料是没有黏结强度的散体材料,受施工影响,施工后的表层土需挖除或进行密实处理,然后铺设垫层,垫层与碎(砂)石桩桩顶贯通,起水平排水作用,有利于施工后土层的快速固结。垫层厚度为300~500mm,垫层材料宜选用中砂、粗砂、级配砂石和碎石等,最大粒径不宜大于30mm,垫层铺设后需压实,可分层进行,夯填度不得大于0.9。

2.设计方法

采用碎(砂)石桩复合地基主要是为了提高地基承载力,减少变形,消除或部分消除砂土液化,提高地基整体稳定性。

1)碎(砂)石桩复合地基承载力计算

承载力初步设计可按式(5-1)估算,处理后桩间土承载力特征值可按地区经验确定,如无经验值,对于一般黏性土地基,可取天然地基承载力特征值,对于松散的砂土、粉土,可取原天然地基承载力特征值的1.2~1.5倍。

(1)复合地基桩土应力比n。

碎(砂)石桩复合地基桩土应力比n,与原地基土强度、荷载水平、置换率以及桩间距、桩长、桩体密实度等一系列影响因素有关,宜采用实测值确定,如无实测资料,对于黏性土可取2.0~4.0,对于砂土、粉土可取1.5~3.0。对于桩土应力比的取值,砂土和粉土小于黏性土,这主要是因为砂土和粉土与黏性土相比,在碎(砂)石桩成桩后,桩间土挤密效果好,土体强度高,土体的排水固结快,土体承担的荷载大,桩土应力小。

桩土应力比与原土强度密切相关,桩周土的压缩模量和强度直接影响碎(砂)石桩的刚度和强度。当其他条件相同时,若桩周土体强度低,则桩土相对刚度较大,应力将向桩体集中,故桩土应力比较大;若桩周土强度高,则桩土相对刚度较小,桩的应力集中现象不明显,故桩土应力比较小。因此,在桩土应力比取值范围内,原土强度低取大值,原土强度高取小值。

(2)复合地基面积置换率m。

局部进行地基处理时,复合地基面积置换率可采用下式计算。

$$m = \frac{nA_e}{A} \tag{5-24}$$

式中:n——桩的数量;

A_e——单桩的截面面积(m^2);

A——地基处理的总面积(m^2)。

大面积满堂处理时,可根据复合地基的桩间距得到面积置换率。

$$m = \frac{d^2}{d_e^2} \tag{5-25}$$

式中:d——桩身平均直径(m);

d_e——一根桩分担的处理地基面积的等效圆直径(m)。等边三角形布桩,$d_e = 1.05S$;正方形布桩,$d_e = 1.13S$;矩形布桩,$d_e = 1.13\sqrt{s_1 s_2}$。其中,s、s_1、s_2分别是桩间距、纵向桩间距和横向桩间距。

碎(砂)石桩复合地基面积置换率m通常取10%~40%,置换率的确定除满足设计承载力计算要求外,还必须考虑施工可行性。当采用振冲法施工时,其成孔过程是在部分排土,成桩过程是在挤土;而振动沉管施工是挤土工艺。因此,当桩间距过小,设计的面积置换率过高时,成桩施工难度会加大,即使能成桩,但挤土效应造成桩径变小,面积置换率也达不到设计要求。

(3)处理后桩间土承载力特征值f_{sk}。

对砂土和粉土采用碎(砂)石桩复合地基,成桩过程中对桩间土的振密或挤密作用,使桩间土承载力比天然地基承载力有较大幅度的提高，为此可用桩间土承载力提高系数 α 来表示。国内对碎石桩44个工程桩间土承载力提高系数进行统计，统计结果见图5-5。从图5-5中可以看出，桩间土承载力提高系数在1.07～3.06之间，有2个工程小于1.2，且桩间土承载力提高系数与原土天然地基承载力相关，天然地基承载力低时桩间土承载力提高系数大。对于松散粉土、砂土，在初步设计估算复合地基承载力且没有当地经验时，桩间土承载力提高系数可取1.2～1.5，原土强度低取大值，原土强度高取小值。

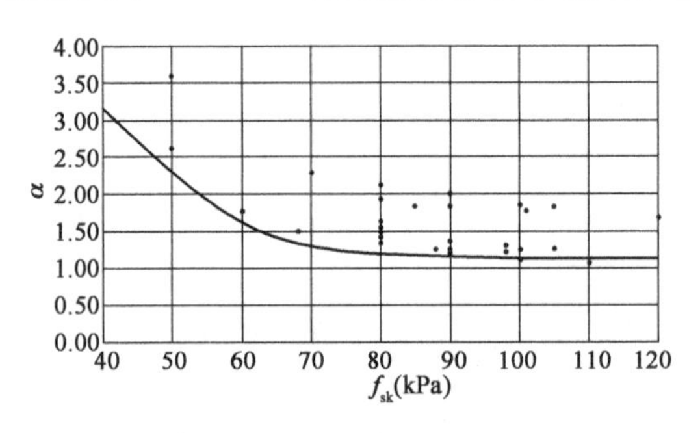

图5-5　桩间土承载力提高系数 α 与原土承载力特征值 f_{sk} 的关系统计图

2）碎（砂）石桩复合地基变形计算

碎（砂）石桩复合地基变形计算参见前文散体型复合地基计算方法，具体可依据式(5-7)～式(5-9)计算。

五、质量检验

由于振冲碎石桩、沉管砂石桩在制桩过程中其原状土的结构会受到不同程度的扰动，强度会有所降低，在桩周围一定范围内饱和土地基土的孔隙水压力也会上升。待休置一段时间后，孔隙水压力会消散，强度会逐渐恢复，恢复期的长短根据土的性质而定。原则上应待孔压消散后进行检验。黏性土孔隙水压力的消散需要较长时间，砂土则较快。根据实际工程经验，对粉质黏性土地基不宜少于21d，对粉土地基不宜少于14d，对砂土和杂填土地基不宜少于7d。

检验施工质量的过程中，对桩体可采用重型动力触探试验；对桩间土可采用标准贯入、静力触探、动力触探或其他原位测试等方法；对消除液化的地基检验应采用标准贯入试验。桩间土质量的检测位置应在等边三角形或正方形的中心。检验深度不应小于处理地基深度，检测数量不应少于桩孔总数的2%。

竣工验收时，地基承载力检验应采用复合地基静载荷试验，试验数量不应少于总桩数的1%，且每个单体建筑不应少于3个检测点。

需要特别说明的是，静载荷试验需考虑垫层厚度对试验结果的影响。碎石桩复合地基垫层厚度一般为300～500mm，但考虑载荷板尺寸的应力扩散影响，试验时垫层厚度应取100～150mm。

第三节 灰（素）土挤密桩复合地基

一、概述

灰土挤密桩、素土挤密桩是利用沉管、爆扩、冲击或钻孔夯扩等方法，在地基土中挤压出桩孔，迫使桩孔内土体侧（横）向挤出，从而使桩周土得到加密，随后向桩孔内分层填入灰土或素土等填料夯实成桩。用灰土或素土分层夯实的柔性桩体，作为竖向增强体，与挤密的桩间土一起组成复合地基，共同承受基础的上部荷载。

土桩挤密法由苏联教授阿别列夫于1934年首创，初期仅采用沉管法挤土成桩工艺，随后于1948年开始采用爆扩法挤土成桩工艺，自1963年开始广泛采用冲击法挤土成孔和成桩施工工艺。冲击法所用锥形冲击锤重0.6～3.7t，冲锤直径0.34～0.43m，冲击形成的桩孔直径约0.5～0.6m，用同一设备和冲击锤分层夯填素土，处理深度可达20m。

自20世纪50年代中后期开始，我国不少单位在西北黄土地区多次对土桩挤密法进行试验研究和试点应用，但受当时施工机械条件的限制，施工方法以沉管法居多，少数采用了爆扩法，而冲击法成孔仅在个别试验点被采用，这些方法在当时难以被推广应用。1965年，西安在土桩挤密法的基础上，成功试验了具有中国特色的灰土桩挤密法，并自1972年起逐步推广应用。半个多世纪以来，甘、陕、豫及华北等地区都先后开展了灰土桩和素土桩挤密地基的试验研究和推广应用，获得了丰富的试验资料和实践经验，同时取得了良好的经济和社会效益。

随着工程机械化的发展和各地区工程建设的需要，桩孔填料不仅采用素土或灰土，也有利用工业废料做成的二灰桩（石灰与粉煤灰）、灰渣桩（石灰与矿渣）等，上述桩体材料均具有一定的胶凝强度，与灰土性质相近，在挤密桩复合地基中，亦具有柔性桩的特征。在施工工艺方面，除以往常用的沉管法外，小型冲击成孔挤密法已成功应用于既有建筑地基的加固处理；预钻孔后用重锤冲击夯扩成桩，用于含水率偏高的黄土地基也较为有效，这种方法是冲击成孔与成桩法的发展，可简称为钻孔夯扩桩挤密法。有关桩间挤密效果的规律、合理的检测方法，挤密地基的作用机理与技术效果等问题的研究，也已取得较大进展。灰土桩挤密法已成功用于60m以上高层建筑黄土地基的处理，处理后的地基承载力可达400kPa，其应用范围得到更大的拓展。

二、适用范围

大量的试验研究资料和工程实践表明，灰土挤密桩、素土挤密桩复合地基可用于处理地下水位以上的粉土、黏性土、素填土、杂填土、湿陷性黄土等地基。以湿陷性黄土为例，挤密桩不论是消除土的湿陷性还是提高土的承载力都是有效的。当以消除地基土的湿陷性为主要目的时,桩孔填料可选用素土;当以提高地基土的承载力为主要目的时,桩孔填料宜采用灰土。

工程实践经验表明,当土的含水率大于24%且饱和度超过65%时,不仅桩间土的挤密效果差,桩孔也会因回浆缩径而难以成形,往往无法夯填成桩。在这种情况下,不宜选用土桩或灰土桩法,而应另选其他地基处理方案。缺乏经验的地区或重要的工程项目,在施工前应进行现场试验,确定合理、可行的设计及工艺参数,避免盲目性成桩。

当天然地基土的含水率低于12%时,宜进行预浸水增湿或通过现场试验确定其适用性,并对地基进行预钻孔注水,使其含水率接近最优含水率,方可达到最佳挤密效果。当地基土的含水率、饱和度超过某一定量时,能否采用灰土挤密桩、素土挤密桩复合地基处理,主要由能否成孔及工程要求而定,难以判断时应通过现场试验确定其适用性。

三、加固机理

桩周土的挤密过程可采用圆柱形孔扩张理论来描述。根据Vesic圆孔扩张理论,极限平衡状态时,圆孔外存在一塑性区,塑性区外保持弹性状态,如图5-6所示。图5-6中P_u为扩张应力,桩孔半径为R_u,塑性区半径为R_p。塑性区半径R_p表达式为

$$R_p = R_u \sqrt{\frac{E_0}{2(1+\mu)(c\cos\varphi + q\sin\varphi)}} \tag{5-26}$$

式中:c、φ——土体的抗剪强度指标,即土的黏聚力和内摩擦角;

E_0、μ——土体的弹性模量和泊松比;

q——地基中土的原始固结压力。

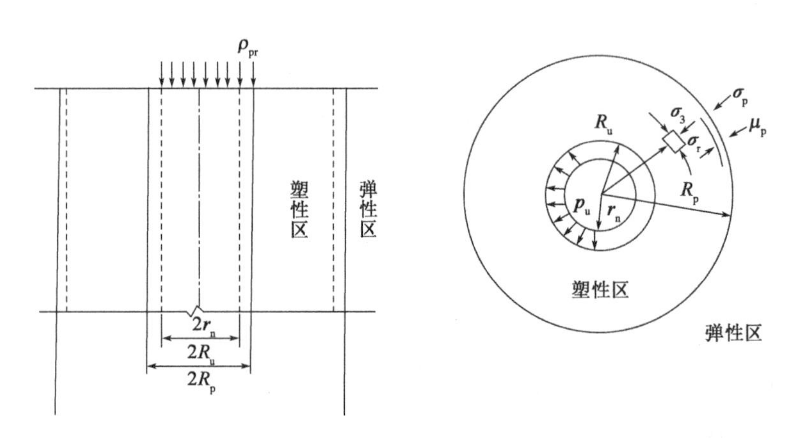

图5-6 圆柱形孔扩张

由式(5-26)可知,塑性区半径与桩孔半径成正比,并与土的弹性模量和抗剪强度有关。若代入黄土的有关参数,可得到$R_p=(1.43\sim1.90)d$,其中d为桩孔直径,得到的结

果与试验实测的挤密影响区的半径基本吻合。

单桩挤密的试验结果表明,在孔壁附近土的干密度 ρ_d 接近其最大干密度 ρ_{dmax},压实度 $\overline{\lambda}_c \approx 1.0$。由圆心依次向外,土的干密度逐渐减小,直至接近原始干密度 ρ_{d0}。对应于 $\rho_d = \rho_{d0}$ 的界限点即为挤密影响区半径,其值通常为 $1.5d \sim 2.0d$。为消除黄土的湿陷性,常以 $\rho_d \geqslant 1.5\mathrm{g/cm^3}$ 或压实度 $\lambda_c \geqslant 0.9$ 为界,确定满足使用要求的有效挤密区。单个桩孔有效挤密区半径通常为 $1.0d \sim 1.5d$。

四、设计计算

1. 地基处理范围

灰土桩、素土桩挤密地基处理范围的设计,包括处理平面的面积和基底以下处理土层的深度。

1)处理面积

当地基采用整片处理时,其面积应大于处理区域平面的面积,超出处理区域外缘的宽度,每边不宜小于处理土层厚度的1/2,且不应小于2m。整片处理的范围大,既可以保证应力扩散,又可防止水从侧向渗入未处理的下部土层引起湿陷,故整片处理兼有防渗隔水作用。当地基采用局部处理时,对非自重湿陷性黄土、素填土和杂填土等地基,每边不应小于处理区域底面宽度的1/4,且不应小于0.5 m;对自重湿陷性黄土地基,每边不应小于处理区域宽度的3/4,且不应小于1 m。

对于机场飞行区采土桩、灰土桩挤密大面积处理时,处理范围尚应根据飞行区道面影响区、土面区以及填方边坡影响区等进行设置。可参考《民用机场高填方工程技术规范》(MH/T 5035—2017)以及《民用机场岩土工程设计规范》(MH/T 5027—2013)关于地基处理范围的相关要求。

2)处理深度

地基处理深度宜为3~15m。对于基底下3m内的素填土、杂填土,通常采用土(或灰土)垫层或强夯等方法处理。当地基处理深度大于15m时,受成孔设备限制,一般采用其他方法处理。目前挤密桩设备最大长度仅有15m,限制了灰(素)土挤密桩法的使用,如果成孔设备长度能够加大,该方法会有更大的适用价值。

2. 桩孔和桩间距设计

桩孔宜按等边三角形布置,三角形的边长为桩的间距,三角形的高为桩的排距,按等边三角形布桩,可使桩间土挤密效果好且处理地基比较均匀。若基础平面范围有限,也可采用等腰三角形布桩。基础下桩孔排数不宜少于3。

挤密桩的桩孔直径宜为300~600mm。一方面,是考虑常用施工机具条件。另一方面,也考虑若桩径过小,桩的数量增多,施工会更加烦琐、费时;若桩径过大,不仅处理地基均匀性较差,还容易使桩周上层土因挤压上涌而变松,或使桩边土因过分挤压产生超孔隙水压力而形成橡皮土。由此可见，过度增大桩径会使桩间土的挤密效果与处理地基的技术效益变得不理想，这已为部分工程试验所证明。

桩孔之间的中心距离通常为桩孔直径的2.0～3.0倍，以保证对土体挤密和消除湿陷性的要求。桩孔之间的中心距离可按下式估算：

$$s = 0.95d\sqrt{\frac{\bar{\eta}_c\rho_{dmax}}{\bar{\eta}_c\rho_{dmax} - \bar{\rho}_d}} \tag{5-27}$$

式中：s——桩孔之间的中心距离(m)；

d——桩孔直径(m)；

ρ_{dmax}——桩间土的最大干密度(t/m^3)；

$\bar{\rho}_d$——地基处理前土的平均干密度(t/m^3)；

$\bar{\eta}_c$——桩间土经成孔挤密后的平均挤密系数，不宜小于0.93。

桩间土的平均挤密系数，应按下式计算：

$$\bar{\eta}_c = \frac{\bar{\rho}_{d1}}{\rho_{dmax}} \tag{5-28}$$

式中：$\bar{\rho}_{d1}$——在成孔挤密深度内，桩间土的平均干密度(t/m^3)，平均试样数不应少于6组。

处理湿陷性黄土与处理填土的方法有所不同，桩间土的质量用平均挤密系数$\bar{\eta}_c$衡量，而不用压实度衡量。平均挤密系数是在成孔挤密深度内，通过取土样测定桩间土的平均干密度与其最大干密度的比值获得，平均干密度的取样自桩顶向下0.5m起，每1m不应少于2点(1组)，即：桩孔外100mm处1点，桩孔之间的中心处(1/2处)1点。当桩长大于6m时，全部深度内取样点不应少于12点(6组)；当桩长小于6m时，全部深度内的取样点不应少于10点(5组)。

桩孔的数量可按下式估算：

$$n = \frac{A}{A_e} \tag{5-29}$$

式中：n——桩孔的数量；

A——拟处理地基的面积(m^2)；

A_e——单根桩或灰土挤密桩所承担的处理地基面积(m^2)。

$$A_e = \frac{\pi}{4}d_e^2 \tag{5-30}$$

式中：d_e——单根桩分担的处理地基面积的等效圆直径(m)。

3. 填料及其质量控制

桩孔内的灰土填料，其消石灰与土的体积配合比宜为2:8或3:7。土料宜选用粉质黏性土，土料中的有机质含量不应超过5%，且不得含有冻土，渣土垃圾粒径不应超过15mm。石灰可选用新鲜的消石灰或生石灰粉，粒径不应大于5mm。消石灰的质量应合格，有效CaO + MgO含量不得低于60%。

为防止填入桩孔内的灰土吸水后膨胀,不得使用生石灰与土拌和,而应用消解后的石灰与黄土或其他黏性土拌和,石灰富含钙离子,与土混合后产生离子交换作用,在较短时间内便能成为凝硬材料,因此拌和后的灰土放置时间不宜太长,并宜于当日使用完毕。

孔内填料应分层回填夯实,填料的平均压实度$\overline{\lambda}_c$不应低于0.97,其中压实度最小值不应低于0.93。由于桩体是用松散状态的素土(黏性土或黏质粉土)、灰土经夯实而成的,因此桩体的夯实质量可用土的干密度表示,土的干密度大,说明夯实质量好,反之,则差。桩体的夯实质量一般可通过测定全部深度内土的干密度确定,然后将其换算为平均压实度进行评定。桩体土的平均压实度$\overline{\lambda}_c$是桩孔全部深度内的平均干密度与通过室内击实试验求得填料(素土或灰土)在最优含水率状态下的最大干密度的比值,即

$$\overline{\lambda}_c = \frac{\overline{\rho}_{d0}}{\rho_{dmax}} \tag{5-31}$$

式中:$\overline{\rho}_{d0}$——桩孔全部深度内的填料(素土或灰土),经分层夯实的平均干密度(t/m^3);

ρ_{dmax}——桩孔内的填料(素土或灰土),通过击实试验求得最优含水率状态下的最大干密度(t/m^3)。

填料的平均压实度$\overline{\lambda}_c$均不应小于0.97,与《湿陷性黄土地区建筑标准》(GB 50025—2018)的要求一致。工程实践表明,只要填料的含水率和夯锤锤重合适,是完全可以达到这个要求的。

桩顶标高以上应设置300~600mm厚的褥垫层。褥垫层一方面可使桩顶和桩间土找平;另一方面可保证应力扩散,且调整桩上的应力比,对减小桩身应力集中也有良好作用。垫层材料可根据工程要求采用2:8或3:7的灰土、水泥土等。其压实度均不应低于0.95。

4. 地基承载力特征值和变形验算

灰土挤密桩、素土挤密桩复合地基承载力特征值应通过现场复合地基静载荷试验确定,或通过灰土桩或素土桩的静载荷试验结果和桩周土的承载力特征值根据经验确定。

初步设计时,复合地基承载力特征值可按式(5-1)进行估算。桩土应力比应按试验或地区经验确定。灰土挤密桩复合地基承载力特征值,不宜大于处理前天然地基承载力特征值的2倍,且不宜大于250kPa;素土挤密桩复合地基承载力特征值,不宜大于处理前天然地基承载力特征值的1.4倍,且不宜大于180kPa。通过复合地基静载荷试验获得承载力特征值的具体方法参见前文。

对挤密地基下卧土层的承载力进行验算时,应采用下卧土层修正后的承载力特征值,当下卧土层为黄土状土层时,按《湿陷性黄土地区建筑标准》(GB 50025—2018)的规定计算。对下卧土层顶面附加压力,应按实际处理平面范围换算的压力扩散角进行计算,但换算的压力扩散角,在土桩挤密地基下卧土层承载力的验算中不应大于23°,在灰土桩等挤密地基中不应大于28°。

当对挤密桩法处理后的地基按规定进行变形验算时,其变形计算和变形允许值,应符合《建筑地基基础设计规范》(GB 50007—2011)有关规定。挤密桩复合地基的变形计

算,包括对挤密桩处理的复合层及其下卧土层的变形计算。其中复合土层的压缩模量 E_s,可采用复合地基静载荷试验的变形模量 E_{sp} 代替;下卧土层的压缩模量仍按常规取值。变形计算宜参照当地同类工程沉降观测资料进行修正。

五、质量检验

桩孔质量检验应在成孔后及时进行,所有桩孔均需检验并作记录,检验合格或经处理后方可夯填施工。在施工过程中应抽样检验施工质量,对检验结果应进行综合分析或综合评价。

应随机抽样检测夯后桩长范围内灰土或素土填料的平均压实度 $\overline{\lambda}_c$。抽检的数量不应少于总桩数的 1% ,且不得少于 9 根。对灰土桩桩身强度有怀疑时,还应检验消石灰与土的体积配合比。

应抽样检验处理深度内桩间土的平均挤密系数 $\overline{\eta}_c$,检测探井数不应少于总桩数的 0.3% ,且每项单体工程不得少于 3 个。桩孔夯填质量检验,是灰土挤密桩、素土挤密桩复合地基质量检验的主要项目,宜采用开挖探井取样法检测。由于开挖探井取土样对桩体和桩间土均有一定程度的扰动及破坏,因此选点应具有代表性,并保证检验数据的可靠性。对灰土桩桩身强度有疑义时,可对灰土取样进行含灰比的检测。取样结束后,其探井应分层回填夯实,压实度不应小于 0.94。

对消除湿陷性的工程,除应检测上述内容外,还应进行现场浸水静载荷试验,试验方法应符合《湿陷性黄土地区建筑标准》(GB 50025—2018)的规定。

承载力检验应在成桩后 14 ~ 28d 进行,检测数量应不少于总桩数的 1% ,且每项单体工程复合地基静载荷试验的试验数量不应少于 3 点。检测灰土桩复合地基承载力静载荷试验的时间为成桩后 14 ~ 28d,这主要考虑了桩体强度的恢复与发展需要一定的时间。

竣工验收时,灰土挤密桩、素土挤密桩复合地基的承载力检验应采用复合地基静载荷试验。

第四节 水泥粉煤灰碎石桩复合地基

一、概述

水泥粉煤灰碎石桩[简称 CFG 桩(cement fly-ash gravel pile)]是由水泥、粉煤灰、碎石、石屑或砂加水拌和形成的高黏结强度桩。水泥粉煤灰碎石桩系高黏结强度桩,也系摩擦型刚性桩,需在基础和桩顶之间设置一定厚度的褥垫层,保证桩、土共同承受荷载而形成复合地基。

CFG 桩利用振动打桩机击沉直径为 300 ~ 400mm 的桩管,在管内边填料边振动,填满料后振动拔管,并分三次振动反插,直至拌合料表面出浆为止。这种处理方法通过在碎石桩体中添加以水泥为主的胶结材料,添加粉煤灰增强混合料的和易性并有低标号水泥的作用,同时添加适量的石屑以改善级配,使桩体获得胶结强度并从散体材料桩转化为具有某些柔性桩特点的高黏结强度桩。CFG 桩单桩承载力大,可大幅度地提高地基土承载力,CFG 桩复合地基具有变形小、适用范围广的特点。

二、适用范围

水泥粉煤灰碎石桩与素混凝土桩、预制桩的区别仅在于桩体材料的构成不同,其单桩受力和变形特性没有本质区别。近些年来,随着 CFG 桩的广泛应用,桩体材料组成和早期相比已有所变化,现在的桩体材料主要由水泥、碎石、砂、粉煤灰和水组成,其中粉煤灰为Ⅱ ~ Ⅲ级细灰,在桩体混合料中主要用于提高混合料的泵送性。

水泥粉煤灰碎石桩复合地基具有承载力提高幅度大、地基变形小等特点,并具有较大的适用范围。就土性而言,适用于处理黏性土、粉土、砂土和正常固结的素填土等地基。对淤泥质土应通过现场试验确定其适用性。

三、加固机理

CFG 桩是针对碎石桩承载特性的不足加以改进继而发展起来的。其加固机理:在碎石桩中掺加适量的石屑、粉煤灰和水泥,加水拌和形成一种黏结强度较高的桩体。一般情况下,CFG 桩不仅可以全桩长发挥桩的侧阻作用,当桩端落在物理力学性质较好的土层时也能很好地发挥端阻作用,从而表现出很强的刚性桩性状,使复合地基的承载力得到较大提高。

CFG 桩的主要材料为碎石,是粗集料。石屑为中等粒径集料,当桩体强度小于 5MPa 时,石屑的掺入可使桩体级配良好,对保证桩体强度起到重要作用。有关试验表明:在相同的碎石和水泥掺量条件下,桩体掺入石屑比不掺入石屑强度可增加 50% 左右。粉煤灰既是细集料,又有低标号水泥的作用,可使桩体具有明显的后期强度。水泥则为黏结剂,主要起胶结作用。

四、设计计算

设计 CFG 桩时,荷载应满足建筑物对复合地基承载力的要求,且变形也要满足相关规范对建筑物地基变形的要求。

1. 桩身材料及配合比设计

1)桩身材料

CFG 桩是由水泥、粉煤灰、碎石、石屑加水拌和形成的混合料灌注而成,它们各自的成分含量对混合料的强度、和易性都有很大的影响。CFG 桩的主要材料为碎石，是粗集料，石屑为中等粒径集料，在水泥掺量不高的混合料中，掺加石屑是配比试验中的重要环节。若不掺加中等粒径的石屑，粗集料碎石间多数为点接触，接触比表面积小，联结强度一旦达到极限，桩体就会被破坏。掺加石屑可用来填充碎石间的空隙，使桩体混合料级配良好，比表面积增大，桩体的抗剪、抗压强度均得到提高。

水泥一般采用 425 号普通硅酸盐水泥。一般不选用矿渣硅酸盐水泥和火山灰质硅酸盐水泥。

2）混合料的物理化学性能

粉煤灰是燃煤发电厂排出的一种工业废料，它是磨至一定细度的粉煤灰在粉炉中燃烧至 1000～15000℃后，由收尘器收集的细灰，亦称干灰。用湿法排灰所得粉煤灰称湿灰，由于部分活性组成先行水化，所以其活性也较干灰低。由于煤的种类、煤粉细度以及燃烧条件不同，粉煤灰的化学成分有较大的波动，其主要化学成分有 SiO_2、Al_2O_3、Fe_2O_3、CaO、MgO 等，见表 5-6。其中粉煤灰的活性取决于 Al_2O_3 和 SiO_2 的含量，CaO 的含量越高，对提高粉煤灰的活性也越有利。

全国粉煤灰的化学成分平均值（%） 表 5-6

项目	SiO_2	Al_2O_3	Fe_2O_3	CaO	MgO	SO_3	烧失量
全国电厂平均值	40～60	20～30	4～10	2.5～7	0.5～0.75	0.1～1.5	3～30

粉煤灰的粒度成分是影响粉煤灰质量的主要指标，其中各种粒度的相对比例由于原煤种类、煤粉细度以及燃烧条件不同，会产生较大的差异。球形颗粒在水泥浆中起润滑作用，如果粉煤灰中圆滑的球形颗粒占多数，那么粉煤灰就具有需水量少、活性高的特点。一般粉煤灰越细，球形颗粒越多，水化及接触界面增多越明显，也就越容易发挥粉煤灰的活性。

3）桩体配合比

（1）桩体配合比设计。

CFG 桩与素混凝土桩的不同之处在于前者桩体配合比更经济。在有条件的地方应尽量利用工业废料作为拌合料，但不同地域，石屑粒径的大小、颗粒的形状及含粉量不同，粉煤灰也容易因外界因素的不同而性能各易，所以很难给出一个统一的、精度很高的配合比。下面介绍的配合比方法曾在实际工程中使用，加固效果较好。

混合料中，石屑与碎石（一般粒径为 3～5cm）的组成比例用石屑率表示：

$$\lambda = \frac{G_1}{G_1 + G_2} \tag{5-32}$$

式中：λ——石屑率；

G_1——单方混合料中石屑用量（kg）；

G_2——单方混合料中碎石用量（kg）。

根据试验研究结果，λ 取 0.25～0.33 为合理石屑率。

混合料 28d 强度与水泥标号和灰水比有如下关系：

$$R_{28} = 0.366R_{c}^{b}\left(\frac{C}{W} - 0.071\right) \tag{5-33}$$

式中：R_{28}——混合料 28d 强度(kPa)；

R_{c}^{b}——水泥标号(kPa)；

C——单方水泥用量(kg)；

W——单方用水量(kg)。

混合料坍落度按 3cm 控制，水灰比 W/C 和粉煤灰水泥比 F/C(F 为单方粉煤灰用量)由如下关系确定。

$$\frac{W}{C} = 0.187 + 0.791\frac{F}{C} \tag{5-34}$$

混合料密度一般为 2.1 ~ 2.3t/m^3。

利用以上关系式，参考混凝土配合比的用水量并增加 2% ~5%，就可进行配合比设计。

下面通过控制坍落度为 3cm，混合料 28d 强度为 10MPa 的配合比，对配合比设计步骤加以说明。

①单方用水量 W。

参照混凝土控制坍落度 3cm 时，单方用水量 $W = 189$kg。

②单方水泥用量 C。

选用 $R_{c}^{b} = 42.5$MPa 的普通水泥，由式(5-33)计算单方水泥用量。

因

$$R_{28} = 0.366R_{c}^{b}\left(\frac{C}{W} - 0.071\right)$$

故

$$C = \left(\frac{R_{28}}{0.366R_{c}^{b}} + 0.071\right)W = \left(\frac{10}{0.366 \times 42.5} + 0.071\right) \times 189 \approx 134.9(\text{kg})$$

③单方粉煤灰用量 F。

根据式(5-34)，有

$$F = \left(\frac{W}{C} - 0.187\right) \times \frac{C}{0.791} = \left(\frac{189}{134.9} - 0.187\right) \times \frac{134.9}{0.791} \approx 207.0(\text{kg})$$

④单方石屑用量 G_1 和单方碎石用量 G_2。

混合料密度一般为 2.2kg/cm^3，则单方混合料中碎石和石屑总量为

$$G_1 + G_2 = 2200 - 134.9 - 207.0 - 189 = 1669.1(\text{kg})$$

取 $\lambda = 0.28$，则石屑用量

$$G_1 = \lambda(G_1 + G_2) \approx 467.3(\text{kg})$$

碎石总量

$$G_2 = 1669.1 - 467.3 = 1201.8(\text{kg})$$

这样可按上述配合比试配，并按坍落度 3cm 调整用水量。

在实际工程中，桩体配合比也要根据当地材料来源而定，对缺少粉煤灰的地区，可以少用或不用粉煤灰，用砂代替也可。

(2)桩体配合比试验。

①不同石屑掺量的配合比试验。

通过此项试验可确定混合料的坍落度与石屑率的关系，以及混合料强度与石屑率的关系，从而确定最佳石屑率。

图 5-7 为不同石屑率对坍落度影响的试验结果。可见相同的水灰比(W/C)和粉煤灰水泥比(F/C)下，由于石屑率变化引起的坍落度的变化是一个反向的绕曲曲线。从图 5-7中可以看到石屑率在 25% ~33% 的范围内时，混合料的坍落度出现峰值，表明其流动性最好，这个值可称为最佳石屑率。如果石屑率过大，集料的总表面积和孔隙率都增大，在相同用水量的情况下，混合料干稠，流动性小，则坍落度就小；石屑率过小，则石屑浆不足，降低了混合料的流动性，并引起混合料的离析和泌水，混合料的和易性也会差。

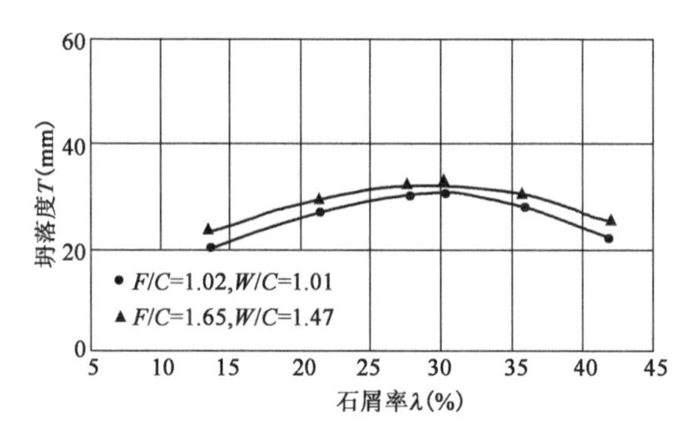

图 5-7　坍落度 T 与石屑率 λ 的关系曲线

在水灰比(W/C)和粉煤灰水泥比(F/C)相同的情况下，只改变石屑率进行试验，根据不同石屑掺量对混合料强度影响的试验结果可绘制出立方抗压强度 R_{28} 与石屑率的关系曲线，如图 5-8 所示。从图 5-8 中可看出石屑率同样存在一个最佳范围，在这个最佳石屑率范围内，抗压强度 R_{28} 达最大值，可见石屑率过低或过高，抗压强度都会下降。

②不同水泥、粉煤灰掺量的配合比试验。

图 5-9 所示为根据某一石屑率，不同水泥、粉煤灰掺量的配合比试验，得到的混合料的 R_{28}/R_c^b 和 C/W 的关系曲线。

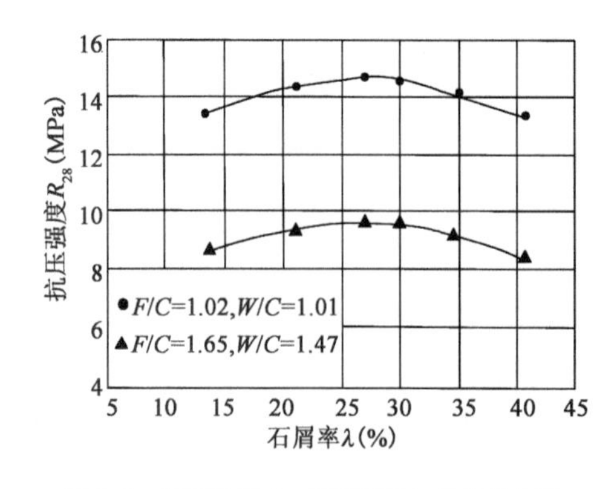

图 5-8　抗压强度 R_{28} 与石屑率 λ 的关系曲线

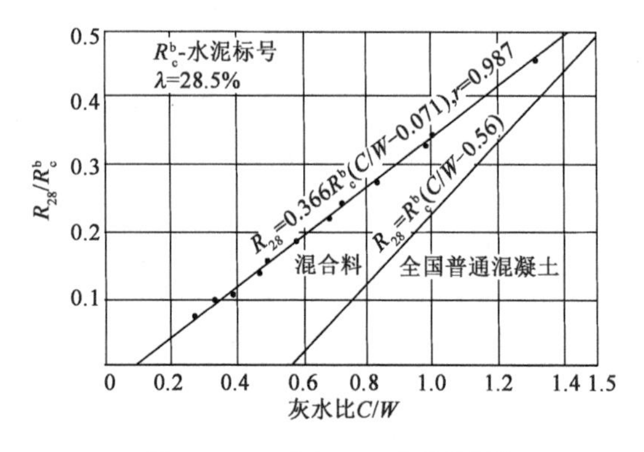

图 5-9　R_{28}/R_c^b 与 C/W 的关系曲线

石屑掺量使石屑率控制在最佳石屑率范围内，混合料的掺水量按坍落度为3cm进行控制，根据不同的水泥掺量、粉煤灰掺量的配合比，可得到如图5-10所示的关系曲线。从图中可得出，在相同水泥掺量的情况下，随着粉煤灰水泥比（F/C）的减小，水灰比（W/C）也相应减小，且粉煤灰掺量减小，混合料的需水量在保证坍落度为3cm的情况下也有所减小。

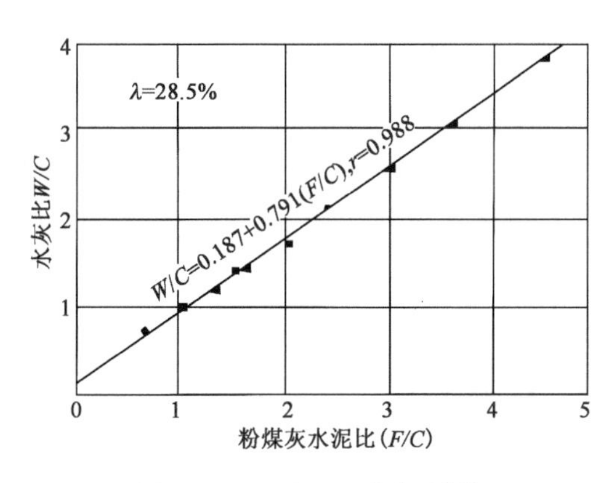

图5-10　W/C与F/C的关系曲线

③养护条件和龄期的配合比试验。

龄期较短时(<52d)，水中养护试样强度比标准养护条件下试样的抗压强度低，当超过这个龄期，水中养护的强度会高于标准养护条件下的抗压强度。无论是水中养护还是标准养护，混合料的后期强度都有较大增长，当龄期超过半年，混合料的后期强度还会增长，这是因为粉煤灰需要一定时间在水中溶解才能较好地发挥其活性。

4）桩体强度和承载力的关系

当桩体强度大于某一数值时，桩体标号的提高将不再对复合地基承载力产生影响。因此设计复合地基时，不必把桩体标号取得很大，一般取桩顶应力的3倍即可，这是由复合地基的受力特性决定的。

2. 桩端持力层选择

水泥粉煤灰碎石桩应选择承载力和压缩模量相对较高的土层作为桩端持力层。设计时须将桩端落在承载力和压缩模量相对高的土层上，这样可以很好地发挥桩的端阻力，也可避免场地岩性变化大而造成的建筑物不均匀沉降。

3. 桩径设计

长螺旋钻中心压灌、干成孔和振动沉管成桩桩径宜为350～600mm，泥浆护壁钻孔成桩桩径宜为600～800mm，钢筋混凝土预制桩桩径宜为300～600mm。当其他条件相同时，桩径越小，桩的比表面积越大，单方混合料提供的承载力越高。

4. 桩长设计

桩长应根据建筑荷载和对地基变形的要求及有无良好的桩端持力层而定，一般情况下，应选择承载力较高的土层作为桩端持力层，如果对地基变形要求严格，桩长应尽可能控制主要变形，如在基础下部小于10m范围内有良好的桩端持力层，也可采用短CFG桩。

5. 桩间距设计

采用长螺旋钻灌注成桩（挤土桩）和振动沉管成桩（部分挤土桩）工艺施工时，箱基、筏基和独立基础，桩间距宜取3～5倍桩径；墙下条基单排布桩和选用挤土成桩施工工艺时，桩间距可适当加大，宜取3～6倍桩径。桩长范围内有饱和粉土、粉细砂、淤泥、淤泥质土层，为防止在施工过程中发生窜孔、缩颈、断桩，并减少新打桩对已打桩的不良影响，宜采用较大桩长和桩间距。

6. 褥垫层设计

桩顶和基础底面之间应设置褥垫层，褥垫层在复合地基中具有如下作用：

（1）保证桩、土共同承受荷载，它是水泥粉煤灰碎石桩形成复合地基的重要条件。

（2）通过改变褥垫厚度，可调整桩垂直荷载的分担，通常情况下，褥垫越薄，桩承受的荷载占总荷载百分比越大，反之亦然。

（3）减少基础底面的应力集中。

（4）调整桩、土水平荷载的分担，褥垫层越厚，土分担的水平荷载占总荷载的百分比越大，桩承受的水平荷载占总荷载的百分比越小。

（5）褥垫层的设置，可使桩间土的承载力充分发挥，作用在桩间土表面的荷载，在桩侧的土单元体产生竖向和水平向附加应力，水平向附加应力作用在桩表面具有增大侧阻的作用，在桩端产生的竖向附加应力具有增大桩端阻力的作用，对提高单桩承载力是有益的。此外，水平向附加应力增加桩的侧限，有助于提高桩身抗压的安全性。

褥垫层厚度宜取桩径的40%～60%。褥垫层材料宜用中砂、粗砂、级配砂石、碎石等，最大粒径不宜大于30mm。

7. 布桩范围设计

水泥粉煤灰碎石桩可只在基础范围内布桩，并可根据建筑物荷载分布、基础形式和地基土性状，合理确定布桩参数。

8. 复合地基承载力特征值计算

CFG桩具有一定的黏结强度，初步设计时，其复合地基承载力特征值可按式（5-2）估算，其中单桩承载力发挥系数 λ 和桩间土承载力发挥系数 β 应按地区经验取值，无经验时 λ 可取0.8～0.9，β 可取0.9～1.0。处理后桩间土的承载力特征值 f_{sk}，对非挤土成桩工艺，可取天然地基承载力特征值；对挤土成桩工艺，一般黏性土可取天然地基承载力特征值，松散砂土、粉土可取天然地基承载力特征值的1.2～1.5倍，原土强度低的取大值。采用式（5-3）估算单桩承载力时，桩端端阻力发挥系数可取1.0。桩身强度应满足式（5-4）和式（5-5）要求。

9. 地基变形计算

CFG桩复合地基沉降计算参见前文。

五、质量检验

水泥粉煤灰碎石桩复合地基质量检验规定：

(1)施工质量检验应检查施工记录、混合料坍落度、桩数、桩位偏差、褥垫层厚度、夯填度、桩体试块抗压强度等。

(2)竣工验收时,水泥粉煤灰碎石桩复合地基承载力检验应采用复合地基静载荷试验和单桩静载荷试验。

(3)承载力检验宜在施工结束28d后进行,其桩身强度应满足试验荷载条件;复合地基静载荷试验和单桩静载荷试验的数量不应少于总桩数的1%,且每个单体工程的复合地基静载荷试验的试验数量不应少于3点。

(4)采用低应变动力试验检测桩身完整性,检查数量不低于总桩数的10%。

第五节 水泥土搅拌法

一、概述

水泥土搅拌法是一种用于加固饱和黏性土地基的新方法。它是利用水泥(或石灰)等材料作为固化剂,通过特制的搅拌机械,在地基深处就地将软土和固化剂(浆液或粉体)强制搅拌,通过固化剂和软土产生的一系列物理化学反应,使软土硬结成具有整体性、水稳定性和一定强度的水泥加固土,从而提高地基强度并增大变形模量。

根据施工方法的不同,水泥土搅拌法分为水泥浆搅拌法和粉体喷射搅拌法。前者是用水泥浆和地基土进行搅拌,后者是用水泥粉或石灰粉和地基土进行搅拌。

水泥土搅拌法加固软土的优点如下：

(1)由于将固化剂和原地基软土就地搅拌混合,因而最大限度地利用了原土。

(2)搅拌时不会使地基侧向挤出,所以对周围原有建筑物的影响很小。

(3)按照不同地基土的性质及工程设计要求,可合理选择固化剂及其配方,设计比较灵活。

(4)施工时无振动、无噪声、无污染,可在市区内和密集建筑群中进行施工。

(5)土体加固后重度基本不变,对软弱下卧层土不致产生附加沉降。

(6)与钢筋混凝土桩基相比,节省了大量的钢材,并降低了造价。

(7)根据上部结构的需要,可灵活采用柱状、壁状、格栅状、块状等加固形式。

二、适用范围

水泥土搅拌法适用于处理正常固结的淤泥与淤泥质土、粉土、饱和黄土、素填土、黏性土以及无流动地下水的饱和松散砂土等地基。用于处理泥炭土、有机质土、塑性指数大于25的黏性土、具有腐蚀性的地下水以及无工程经验时，必须通过现场试验确定其适用性。冬期施工时，应注意负温对处理效果的影响。

水泥加固软土的室内试验表明，有些软土的加固效果较好，而有的不够理想。一般认为含有高岭石、蒙脱石等熟土矿物的软土加固效果较好，而含有伊里石、氯化物、水铝英石等矿物的黏性土以及有机质含量高、酸碱度（pH值）较低的黏性土的加固效果较差。

水泥土搅拌法具有提高软土地基的承载能力、减小沉降量、增强边坡的稳定性等特点。此方法适用于以下情况：

（1）处理建（构）筑物地基、厂房内具有地面荷载的地坪、高填方路堤下基层等。

（2）对地基进行大面积加固。

（3）防止码头岸壁的滑动、深基坑开挖时坍塌、坑底隆起，减少软土中地下建（构）筑物的沉降，对桩侧或板桩背后的软土进行加固以提高其侧向承载能力。

（4）作为地下防渗墙以阻止地下渗透水流。

三、加固机理

软土与水泥采用机械搅拌加固的基本原理，是基于水泥加固土（以下简称水泥土）的物理化学反应过程。它与混凝土的硬化机理有所不同，混凝土的硬化主要是水泥在粗填充料（即比表面积不大、活性很弱的介质）中发生水解和水化反应，所以凝结速度较快，而在水泥土中，由于水泥的掺量很小（仅占被加固土质量的7% ~15%），水泥的水解和水化反应完全是在具有一定活性的介质土的围绕下进行的，所以硬化速度缓慢且作用过程复杂，因此水泥土强度增长的过程也比混凝土缓慢。

1. 水泥的水解和水化反应

普通硅酸盐水泥主要是由氧化钙、二氧化硅、三氧化二铝、三氧化二铁、三氧化硫等组成，由这些不同的氧化物分别组成了不同的水泥矿物：硅酸三钙、硅酸二钙、铝酸三钙、铁铝酸四钙、硫酸钙等。用水泥加固软土时，水泥颗粒表面的矿物很快与软土中的水发生水解和水化反应，生成氢氧化钙、含水硅酸钙、含水铝酸钙、含水铁酸钙等化合物。

在上述一系列反应过程中所生成的氢氧化钙、含水硅酸钙能迅速溶于水，使水泥颗粒表面重新暴露出来。再与水发生反应，这样周围的水溶液就逐渐达到饱和。当溶液达到饱和后，虽然水分子会继续深入颗粒内部，但新生成物已不再溶解，只能以细分散状态的胶体析出，悬浮于溶液中。

2. 黏性土颗粒与水泥水化物的作用

当水泥的各种水化物生成后，有的自身会继续硬化，形成水泥石骨架；有的则与其周围具有一定活性的黏性土颗粒发生反应。

1）离子交换和团粒化作用

黏性土和水结合时就表现出一种胶体特征，如土中含量最多的二氧化硅遇水后，形成硅酸胶体微粒,其表面带有钠离子(Na^+)或钾离子(K^+),它们能和水泥水化生成的氢氧化钙中的钙离子(Ca^+)进行当量吸附交换,使较小的土颗粒形成较大的土团粒,从而提高土体强度。

水泥水化生成的凝胶粒子的比表面积约比原水泥颗粒大1000倍,因而产生很大的表面能,具有强烈的吸附活性。该凝胶粒子能使较大的土团粒进一步结合,形成水泥土的团粒结构,并封闭各土团的空隙,形成坚固的联结,进而使水泥土的强度大大提高。

2)硬凝反应

随着水泥水化反应的深入,溶液中析出大量的钙离子,当其数量超过离子交换的需要量后,在碱性环境中,能使组成黏性土矿物的二氧化硅及三氧化二铝的一部分或大部分与钙离子进行化学反应,逐渐生成稳定且不溶于水的结晶化合物,从而提高水泥土的强度。

3.碳酸化作用

水泥水化物中游离的氢氧化钙能吸收水和空气中的二氧化碳,发生碳酸化反应,生成不溶于水的碳酸钙。这种反应能提高水泥土强度,但提高的速度较慢,幅度也较小。

从水泥土的加固机理分析可知:由于搅拌机械的切削搅拌作用,实际上不可避免地会留下一些未被粉碎的大小土团。在拌入水泥后将出现水泥浆包裹土团的现象,而土团间的大孔隙基本上已被水泥颗粒填满。所以,加固后的水泥土中会形成一些水泥较多的微区,而在大小土团内部则没有水泥。只有经过较长的时间,土团内的土颗粒在水泥水解产物的渗透作用下,其性质才逐渐发生变化。因此,在水泥土中不可避免地会形成强度较高和水稳性较好的水泥石区以及强度较低的土块区。两者在一定空间内相互交替,从而形成一种独特的水泥土结构。可见,搅拌越充分,土块被粉碎得越小,水泥在土中分布得越均匀,则水泥土结构强度的离散性越小,其宏观的总体强度也越高。

四、水泥土的工程特性

1.水泥土的物理性能

1)含水率

水泥土在硬凝过程中,会发生水泥水化等反应,使部分自由水以结晶水的形式固定下来,故水泥土的含水率略低于原土样的含水率,水泥土含水率比原土样含水率减少0.5%~7.0%,且随着水泥掺入比的增加而减小。

2)重度

由于拌入水泥浆的重度与软土的重度相近,所以水泥土的重度与天然软土的重度相差不大,仅比天然软土重度多0.5%~3.0%,采用水泥土搅拌法加固厚层软土地基时,其加固部分对于下部未加固部分不致产生过大的附加荷重,也不会产生较大的附加沉降。

3)渗透系数

水泥土的渗透系数随水泥掺入比的增大和养护龄期的增长而减小,一般可达(10^{-8} ~

10^{-5})cm/s 数量级。

2. 水泥土的力学性能

1)无侧限抗压强度

水泥土的无侧限抗压强度一般为 300 ~ 4000kPa,即比天然软土大几十倍至数百倍。其变形特征随强度不同而不同,介于脆性体与弹塑性体之间。水泥土受力开始阶段,应力与应变关系基本上符合胡克定律,当外力达到极限强度的 70% ~80% 时,试块的应力和应变关系不再继续保持线性关系。当外力达到极限强度时,强度大于 2000kPa 的水泥土很快出现脆性破坏,破坏后残余强度很小,此时的轴向应变为 0.8% ~1.2% (图 5-11 中的 A_{20}、A_{25}试件);强度小于 2000kPa 的水泥土则表现为塑性破坏(图 5-11 中的 A_5、A_{10}和 A_{15}试件)。

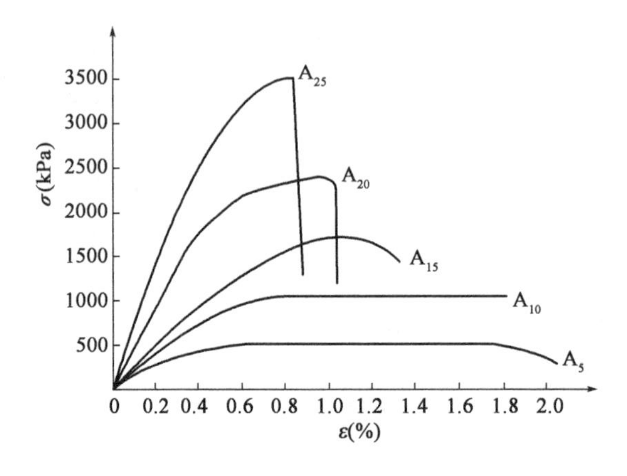

图 5-11　水泥土的应力-应变曲线

A_5、A_{10}、A_{15}、A_{20}、A_{25}-水泥掺入比分别为 5%、10%、15%、20%、25%

2)抗拉强度

水泥土的抗拉强度随抗压强度的增加而提高,当水泥土的抗压强度 q_u 为 500 ~ 4000kPa 时,其抗拉强度 σ_t 为 100 ~ 700kPa,即 σ_t 为(0.15 ~0.25)q_u。

3)抗剪强度

用高压三轴仪进行剪切试验,试验结果表明:水泥土的抗剪强度随抗压强度的增加而提高。当 q_u 为 500 ~ 4000kPa 时,其黏聚力 c 为 100 ~ 1100kPa,一般为 q_u 的 20% ~30%,其内摩擦角变化为 20° ~ 30°,水泥土在三轴剪切试验中受剪破坏时,试件有清楚而平整的剪切面,剪切面与最大主应力面夹角约为 60°。

4)变形模量

当 q_u 为 300 ~ 4000kPa 时,其变形模量 E_0 为 40 ~ 600MPa,一般为 q_u 的 120 ~ 150 倍,即 E_0 为(120 ~ 150)q_u。

5）压缩系数和压缩模量

水泥土试件的压缩系数 α_{1-2} 为 $(2.0\times10^{-5}\sim3.5\times10^{-5})(\mathrm{kPa})^{-1}$（$\alpha_{1-2}$ 的下标 1－2 是指 100kPa 和 200kPa 压力作用条件下的压缩系数），其相应的压缩模量 E_s 为 60～100MPa。

3. 水泥土的抗冻性能

将水泥土试件放置于自然负温下进行抗冻试验，试验表明其外观无显著变化，仅少数试块表面出现裂缝，局部出现微膨胀或出现片状剥落及边角脱落，但深度及面积均不大，可见自然冰冻没有对水泥土深部造成结构性破坏。

在自然温度不低于－15℃的条件下，冻胀对水泥土结构损害甚微。在负温时，由于水泥土与黏性土之间的反应减弱，水泥土强度增长缓慢；正温后，随着水泥水化等反应的继续深入，水泥土的强度可接近标准强度，抗冻系数达 0.9 以上。因此，只要低温不低于－10℃，冬季也可以采用深层搅拌法施工。

五、设计计算

1. 水泥土搅拌桩的设计

1）设计步骤

软土地区的建（构）筑物地基，通常是在满足强度要求的条件下以沉降控制进行设计的，设计步骤如下：

（1）根据地层结构采用适当的方法进行沉降计算，由建（构）筑物对变形的要求确定加固深度，即选择施工桩长。

（2）根据土质条件、固化剂掺量、室内配合比试验资料和现场工程经验选择桩身强度和水泥掺入量等相关施工参数。

（3）根据桩身强度的大小及桩的断面尺寸，由式（5-3）计算单桩承载力。

（4）根据单桩承载力、有效桩长和上部结构要求达到的复合地基承载力，由式（5-24）和式（5-25）计算桩土面积置换率。

（5）根据桩土面积置换率和基础形式，在基础平面范围内进行布桩。

（6）根据桩在基础平面范围内的布置，进行承载力和沉降验算。

2）对地质勘察的要求

地质勘察时，除了满足常规要求外，还应对下述各点予以特别重视：

（1）土质分析：有机质含量、可溶盐含量、总烧失量等。

（2）水质分析：地下水的酸碱度（pH 值）、硫酸盐含量。

3）布桩形式的选择

搅拌桩可布置成柱状、壁状和块状三种形式。

(1)柱状布桩。

柱状布桩是每隔一定距离打设一根搅拌桩,即为柱状加固形式。柱状布桩适用于单层工业厂房独立柱基础和多层房屋条形基础下的地基加固,如图5-12a)所示。

(2)壁状布桩。

壁状布桩是将相邻搅拌桩部分重叠搭接,即为壁状加固形式。壁状布桩适用于深基坑开挖时的边坡加固以及建(构)筑物长高比较大、刚度较小、对不均匀沉降比较敏感的多层砖混结构房屋条形基础下的地基加固,如图5-12b)所示。

(3)块状布桩。

对上部结构单位面积荷载大、不均匀下沉控制严格的建(构)筑物地基进行加固时可采用块状布桩形式。它是由纵、横两个方向的相邻桩搭接而成的。若在软土地区开挖深基坑,为防止坑底隆起也可采用块状加固形式,如图5-12c)所示。

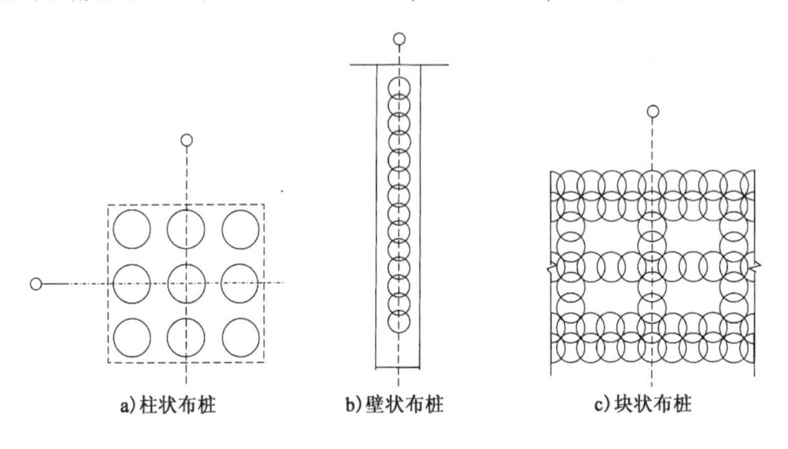

图5-12 搅拌桩布桩形式

4)布桩范围的确定

搅拌桩按其强度和刚度可以确定它是介于刚性桩和柔性桩的一种桩型,但其承载性能又与刚性桩相近。因此在设计搅拌桩时,可仅在上部结构基础范围内布桩,不必像柔性桩一样在基础以外设置保护桩。

2. 水泥土搅拌桩的计算

单桩竖向承载力特征值应通过现场单桩静载荷试验确定,初步设计时也可按式(5-3)计算,并应同时满足式(5-2)的要求,应使由桩身材料强度确定的单桩承载力大于(或等于)由桩周土和桩端土的抵抗力所提供的单桩承载力:

$$R_a = \eta f_{cu} A_p \tag{5-35}$$

式中:f_{cu}——与搅拌桩桩身水泥土配合比相同的室内加固土试块在标准养护条件下,90d龄期的立方体抗压强度平均值(kPa);

η——桩身强度折减系数,干法可取0.2~0.33;

A_p——桩的截面积(m^2)。

利用式(5-3)计算时,桩周第 i 层土的侧阻力特征值 q_{si},对淤泥可取4~7kPa,对淤泥质土可取6~12kPa。对软塑状态的黏性土可取10~15kPa,对可塑状态的黏性土可取12~18kPa。桩端天然地基土的承载力折减系数,可取0.4~0.6,承载力高时取低值。

在对单桩进行设计时,承受垂直荷载的搅拌桩一般应使土对桩的支承力与桩身强度所确定的承载力相近,并且后者略大于前者最为经济。因此,搅拌桩的设计主要是确定桩长和选择水泥掺入比。

加固后搅拌桩复合地基承载力特征值应通过现场复合地基静载荷试验确定,也可按式(5-2)计算。桩间土承载力发挥系数 β,当桩端土未经修正的承载力特征值大于桩周土的承载力特征值的平均值时,可取0.1~0.4,差值大时取低值;当桩端土未经修正的承载力特征值小于或等于桩周土的承载力特征值的平均值时,可取0.5~0.9,差值大或设置褥垫层时均取高值。f_{sk} 为处理后桩间土承载力特征值,可取天然地基承载力特征值。

水泥土搅拌桩复合地基变形 s 的计算,参见式(5-7)~式(5-12)。

六、质量检验

1. 质量检验标准和评定内容

桩身试件强度(90d龄期)应符合设计标准,其中7d和28d龄期的试件强度应分别不低于设计强度值的40%和75%。实际喷灰量不能小于设计喷灰量,同时应保证桩身水泥土搅拌的均匀性。桩的平面位置偏差为±5cm,垂直度偏差为1.5%(桩长),深度偏差为±10cm;成桩直径与设计直径的误差应小于±2.0cm。

开挖桩头,测量桩直径,观察桩身坚硬程度与均匀性,必要时可就地取样进行室内土工试验,以检验是否达到设计要求。抽芯取样,按土质和设计要求确定取样深度和取样数,一般在处理目标的土层、桩底位置都必须取样,进行室内试验,目的是确定处理效果和桩长是否满足要求。抽芯的施工方法与一般地质勘察方法略有不同,即干钻不能湿钻;钻孔位置一般不应在桩中心处。有特殊要求的工程,应在桩身进行标准贯入试验,检测深度和点数按设计要求确定,且处理的目标土层和桩底位置上下都应有测点。按设计要求进行单桩、单桩复合地基和多桩复合地基静荷载试验。将试验结果计算值进行比较,综合评价桩体质量和复合地基效果。

下卧层地基强度验算,当搅拌处理范围下存在强度较弱的下卧层时,须按现行规范的有关规定进行下卧层地基强度的验算。沉降验算,搅拌桩复合地基的变形包括复合土层的压缩变形和桩端以下未处理土层的压缩变形。

督促施工单位及时整理竣工资料,提交竣工报告;组织竣工验收,按有关质量验评标准评定质量等级;经验收合格后方可进行后续施工,资料成果及时整理归档。

2. 检测内容

(1)在开挖基槽和凿除桩头时,应对桩数、桩位、桩径及桩头强度进行检测,如发现漏桩、桩位和桩径偏差过大、桩头强度偏低等质量事故,必须采取相应的补救措施。

(2)取样检验在成桩后7d内,在凿除桩头时,按照2% ~5%的比率,分别割取6组5cm×5cm×5cm的试件进行标准养护,分别测定7d、28d和90d龄期的无侧限抗压强度。

(3)桩顶强度检测,一般可用ϕ16mm、长2m的平头钢筋,垂直放在桩顶,如用人力能压入10cm(28d龄期),就表明桩头质量有问题,一般可先挖除,再填入C10号素混凝土或砂浆。

(4)在凿除桩头过程中,经观测如对成桩的均匀性及强度有怀疑,应在7d内再挖深1m,再使用带钻头的轻便触探器,在桩身中心钻取桩芯水泥加固土样,观察其搅拌均匀程度(主要观察颜色是否一致,是否存在水泥土的结核及未被搅匀的土团等),并根据触探击数(N_{10})判断桩身强度是否符合设计要求。

(5)对于工程地质条件复杂的场地或重要的大中型工程,应采取现场静载荷试验进行测试,一般仅做单桩垂直静载荷试验,必要时还应做单桩或群桩的复合地基的静载荷试验。

第六节 高压喷射注浆法

一、概述

高压喷射注浆法是利用钻机把带有喷嘴的注浆管钻至土层的预定位置,使用高压设备将浆液或水以20~40MPa的高压射流从喷嘴中喷射出来,冲击破坏土体,同时钻杆以一定速度渐渐向上提升,将浆液与土粒强制搅拌混合,浆液凝固后,在土中形成一个固结体。

高压喷射注浆法所形成的固结体形状与喷射流移动方向有关,一般分为旋转喷射(简称旋喷)、定向喷射(简称定喷)和摆动喷射(简称摆喷)三种形式(图5-13)。

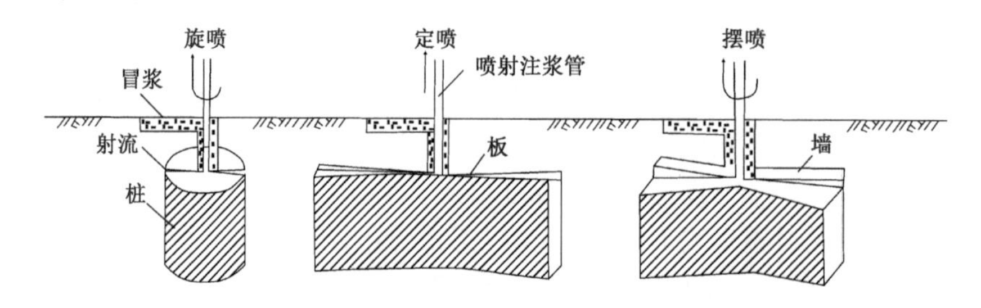

图5-13 高压喷射注浆的三种形式

使用旋喷法施工时,喷嘴一边喷射一边旋转并提升,固结体呈圆柱状。旋喷法主要用于加固地基,提高地基的抗剪强度,改善土的变形性质,也可组成闭合的帷幕,用于截阻地下水流和治理流砂。使用旋喷法施工后，在地基中会形成圆柱体，即旋喷桩。

使用定喷法施工时，喷嘴一边喷射一边提升，喷射的方向固定不变，固结体形如板状或壁状。

使用摆喷法施工时，喷嘴一边喷射一边提升，喷射的方向呈较小角度来回摆动，固结体形如较厚墙状。

定喷及摆喷通常用于基坑防渗、改善地基土的水流性质和稳定边坡等工程。

1. 工艺类型

当前，高压喷射注浆法的基本工艺类型有单管法、二重管法、三重管法、多重管法四种方法。

1)单管法

单管旋喷注浆法是利用钻机把安装在注浆管(单管)底部侧面的特殊喷嘴，置入土层预定深度后，用高压泥浆泵等装置以20MPa左右的压力，把浆液从喷嘴中喷射出去，以冲击破坏土体，并使浆液与从土体上崩落下来的土搅拌混合，经过一定时间，便在土中凝固成一定形状的固结体，如图5-14a)所示。

2)二重管法

二重管法使用双通道的二重注浆管，当二重注浆管钻至土层的预定深度后，通过管底部侧面的一个同轴双重喷嘴，同时喷射高压浆液和空气两种介质的喷射流冲击破坏土体。即以高压泥浆泵等高压发生装置喷射20MPa左右压力的浆液，从内喷嘴中高速喷出，并用0.7MPa左右压力把压缩空气从外喷嘴中喷出。在高压浆液和它外圈环绕气流的共同作用下，破坏土体的能量显著增大，最后在土中形成较大的固结体。固结体的体积明显变大，如图5-14b)所示。

3)三重管法

三重管法是使用分别输送水、气、浆三种介质的三重注浆管，在高压泵等高压发生装置产生20~30MPa的高压水喷射流的周围，环绕一股压强0.5~0.7MPa的圆筒状气流，用高压水喷射流和气流同轴喷射冲切土体，形成较大的空隙，再另由泥浆泵注入压力为0.5~3MPa的浆液进行填充，喷嘴作旋转和提升运动，最后便可在土中凝固为较大的固结体，如图5-14c)所示。

4)多重管法

多重管法首先需要在地面钻一个导孔，然后置入多重管，用逐渐旋转向下运动的超高压力水射流(压力约40MPa)，切削破坏四周的土体，经高压水冲击下来的土和石成为泥浆后，立即用真空泵将其从多重管中抽出。如此反复地操作后，便可在地层中形成一个较大的空间。装在喷嘴附近的超声波传感器及时测出空间的直径，最后根据工程要求选用浆液、砂浆、砾石等材料进行填充。于是在地层中形成一个直径较大的柱状固结体，在砂性土中最大直径可达4m，如图5-14d)所示。

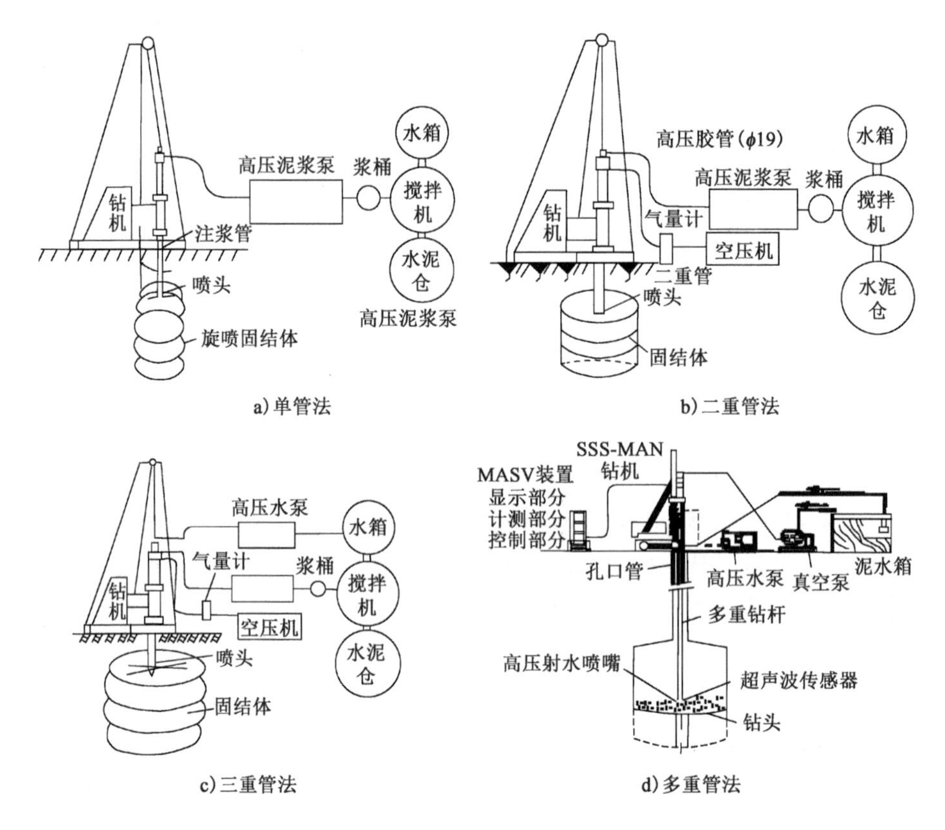

图 5-14 高压喷射注浆法的基本工艺类型

2.适用范围

1)适用土质条件

高压喷射注浆法主要适用于软弱土层,如第四纪的冲(洪)积层、残积层、人工填土等。对于因地下水流速过大喷射浆液无法在注浆管周围凝固、无填充物的岩溶地段,永冻土和对水泥有严重腐蚀的地基,均不宜采用高压喷射注浆法。

2)工程使用范围

从固结体的性质来看,喷射注浆法宜作为地基加固和基础防渗之用。高压喷射注浆法主要用于增加地基强度、挡土围堰及地下工程建设、增大土的摩擦力及黏聚力、减小振动、防止砂土液化、降低土的含水率、防渗帷幕防止洪水冲刷等七类工程的 20 个方面。

二、加固土的基本性状

粉质黏性土、粉土、粉砂、细砂、中砂、粗砂、砾石土、黄土、淤泥及杂填土经过喷射注浆后,由松散的土固化为体积大、质量较小、渗透系数小和坚硬耐久的固结体,其基本特点如下。

1. 直径较大

旋喷固结体的直径大小与土的种类和密实程度有较密切的关系。单管旋喷注浆加固体直径一般为0.3～0.8m；三重管旋喷注浆加固体直径可达1.0～2.0m；二重管旋喷加固体直径介于单管和三重管之间；多重管旋喷注浆加固体直径为2.0～4.0m。

2. 形状可变

在均质土中，旋喷的圆柱体比较均匀。在非均质或有裂隙土中，旋喷的圆柱体不均匀，甚至会在圆柱体旁长出翼片，由于喷射流脉动和提升速度不均匀，固结体的外表很粗糙，三重管旋喷固结体受气流影响，在粉质黏性土中固结体的外表格外粗糙。固结体的形状可以通过喷射参数来控制，大致可喷成均匀圆柱状、非均匀圆柱状、圆盘状、板墙状及扇形状。在深度大的土中，如果不采用其他措施，旋喷圆柱状固结体可能出现上粗下细似胡萝卜的形状。

3. 质量小

固结体内部的土粒少并含有一定数量的气泡。因此，固结体的质量较小，密度小于或接近原状土，黏性土固结体比原状土轻约10%，但砂性土固结体可能比原状土重10%左右。

4. 渗透性差

固结体内虽有一定的孔隙，但这些孔隙并不贯通，为密封型，而且固结体有一层较为致密的硬壳，其渗透系数达10^{-6}cm/s或更小。

5. 固结强度高

土体经过喷射后，土粒重新排列，固结体中水泥等浆液的含量高。一般外侧土颗粒直径大，数量多，浆液成分也多。因此，在固结体横断面上，中心强度低，外侧强度高，与土交换的边缘处有一圈坚硬的外壳。

6. 单桩承载力大

旋喷柱状固结体有较高的强度，外形凸凹不平，因此有较大的承载力，一般固结土直径越大，承载力越大。

高压喷射注浆固结体性质见表5-7。

高压喷射注浆固结体性质一览表　　表5-7

固结体性质	喷注种类		
	单管法	二重管法	三重管法
单桩垂直极限荷载(kN)	500～600	1000～1200	2000
单桩水平极限荷载(kN)	30～40		
最大抗压强度(MPa)	砂性土10～20，黏性土5～10，黄土5～10，砂砾8～20		
平均抗拉强度/平均抗压强度	1/10～1/5		

续上表

固结体性质		喷注种类		
		单管法	二重管法	三重管法
弹性模量(MPa)		$K\times10^4$		
干密度(g/cm^3)		砂性土 1.6~2.0,黏性土 1.4~1.5,黄土 1.3~1.5		
渗透系数(cm/s)		砂性土 $10^{-6}\sim10^{-5}$,黏性土 $10^{-7}\sim10^{-6}$,砂砾 $10^{-7}\sim10^{-6}$		
黏聚力 c(MPa)		砂性土 0.4~0.5,黏性土 0.7~1.0		
内摩擦角 φ(°)		砂性土 30~40,黏性土 20~30		
击数 N		砂性土 30~50,黏性土 20~30		
弹性波速(km/s)	P 波	砂性土 2~3,黏性土 1.5~2		
	S 波	砂性土 1.0~1.5,黏性土 0.8~1.0		
化学稳定性能		较好		

三、加固机理

1. 高压喷射流对土体的破坏作用

破坏土体结构强度的最主要因素是喷射动压,根据动量定律,在空气中喷射时的破坏力为

$$P=\rho\cdot Q\cdot v_{\mathrm{m}} \tag{5-36}$$

式中:P——破坏力($kg\cdot m/s^2$);

ρ——密度(kg/m^3);

Q——流量(m^3/s),$Q=v_{\mathrm{m}}\cdot A$;

v_{m}——喷射流的平均速度(m/s)。

$$P=\rho\cdot A\cdot v_{\mathrm{m}}^2 \tag{5-37}$$

式中:A——喷嘴截面积(m^2)。

破坏力对于某一种密度的液体而言,与该射流的流量 Q、平均流速 v_{m} 的乘积成正比。而流量 Q 又是喷嘴截面积 A 与平均流速 v_{m} 的乘积。所以,在喷嘴截面积 A 一定的条件下,为了取得更大的破坏力,需要提高平均流速,也就是需要增加旋喷压力。一般要求高压脉冲泵的工作压力达到 20MPa 以上,这样就可使射流像刚体一样喷出,冲击破坏土体,使土与浆液混合,进而凝固成圆柱状的固结体。

喷射流在终期区域,能量衰减很大,不能通过直接冲击土体使土颗粒剥落,但能对有效射程的边界土产生挤压力,对四周土有压密作用,并使部分浆液进入土粒之间的空隙,使固结体与四周土紧密相依,不产生脱离。

2. 水(浆)、气同轴喷射流对土体的破坏作用

单射流虽然具有巨大的能量,但由于压力会在土中急剧衰减,因此破坏土的有效射程

较短,致使旋喷固结体的直径较小。

当在喷嘴出口的高压水喷流的周围加上圆筒状空气射流,进行水、气同轴喷射时,空气射流使水或浆的高压喷射流将破坏的土体上的土粒迅速吹散,使高压喷射流的喷射破坏条件得到改善,阻力大大减小,能量消耗降低,因而提高了高压喷射流的破坏能力,形成的旋喷固结体的直径较大。

旋喷时,高压喷射流在地基中把土体切削破坏。一部分细小的土粒被喷射的浆液所置换,随着液流被带到地面上(俗称冒浆),其余的土粒与浆液搅拌混合。在喷射动压力、离心力和重力的共同作用下,土粒按质量大小有规律地排列,中部以小颗粒居多,大颗粒多数在外侧或边缘部分,并形成了浆液主体搅拌混合、压缩、渗透等部分,经过一定时间便凝固成强度较高、渗透系数较小的固结体。随着土质的不同,横断面结构也多少有些不同,如图5-15所示。由于旋喷体不是等颗粒的单体结构,固结质量也不均匀,通常是中心部分强度低、边缘部分强度高。

定喷时,高压喷射注浆的喷嘴不旋转,只作水平的固定方向喷射,并逐渐向上提升,便使土体形成了一条沟槽,并把浆液灌进沟槽中,由此就形成了一个板状固结体。固结体在砂性土中有一部分渗透层,而在黏性土中却无渗透层(图5-16)。

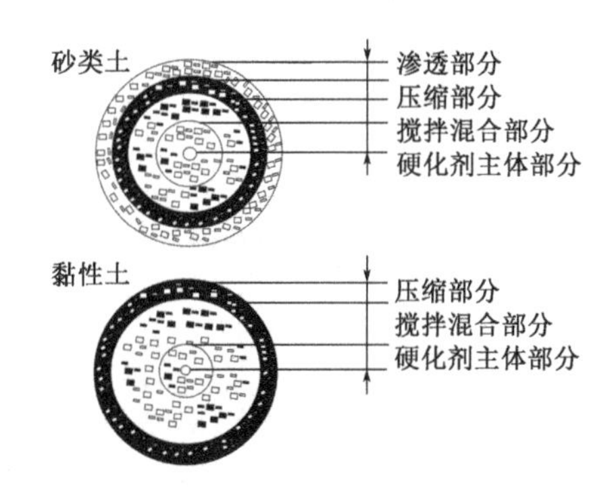

图5-15　旋喷最终固结状况示意图

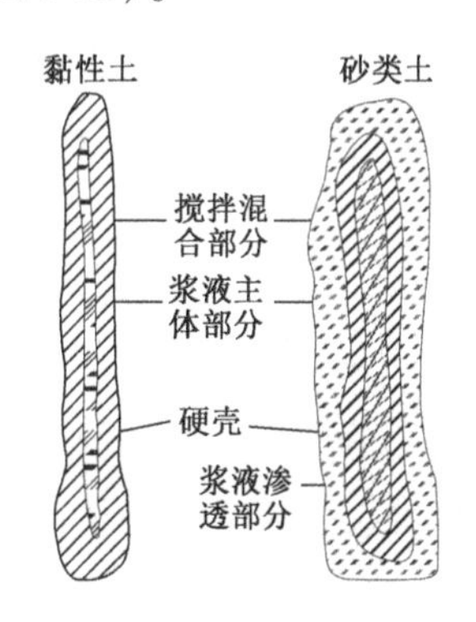

图5-16　定喷固结体横断面结构示意图

3. 水泥与土的固结机理

水泥与水拌和后,首先产生铝酸三钙水化物和氢氧化钙,它们可溶于水,但溶解度不高,很快就达到饱和。这种化学反应连续不断地进行,就析出一种胶质物体。这种胶质物体有一部分悬浮在水中,后来就包围在水泥微粒的表面,形成一层胶凝薄膜。所生成的硅酸二钙水化物几乎不溶于水,只能以无定形体的胶质包围在水泥微粒的表层,另一部分渗入水中。由水泥各种成分所生成的胶凝膜逐渐发展成胶凝体,此时表现为水泥的初凝状态,开始具有胶黏的性质。此后,水泥各成分在不缺水、不干涸的情况下,持续不断地按上述水化程序发展、增强和扩大,从而产生下列现象:

(1)胶凝体体积增大并吸收水分,使凝固加速,结合更紧密。

(2)由于微晶(结晶核)的产生进而产生结晶体,结晶体与胶凝体相互包围渗透并达到一种稳定状态,这就是硬化的开始。

(3)水化作用继续深入水泥微粒内部,使未水化部分参加以上化学反应,直到完全没有水分和胶质凝固结晶充盈为止。但无论水化持续多长时间,都很难将水泥微粒内核全部水化,所以水化是个长久的过程。

四、设计计算

1. 设计前的调查准备

1)工程地质勘测和土质调查

工程地质勘测和土质调查内容包括所在区域的工程地质概况;基岩形态、深度和物理力学特性;各土层的层面状态,各层土的种类及其颗粒组成、化学成分、有机质和腐殖酸含量、天然含水率、液限、塑限、黏聚力、内摩擦角、击数、抗压强度、裂隙通道、洞穴情况等。资料中要附有各钻孔的柱状图或地质剖面图。

钻孔的间距,按一般建(构)筑物详细勘察时的要求确定,但当勘察区域水平方向变化较大时,宜适当加密孔距。

2)水文地质情况勘察

水文地质情况包括地下水位高程,各土层的渗透系数,附近地沟、暗河的分布和连通情况,地下水特性,腐蚀质的成分与含量,地下水的流量、流向等。

3)环境调查

环境调查内容包括地形、地貌,施工场地的空间大小和地下埋设物状态,材料和机具运输道路,水电线路及居民情况。

4)室内配合比与现场喷射试验

为了解喷射注浆后固结体可能达到的强度和确定合理的浆液配合比,必须取现场的各层土样,在室内按不同的含水率和配合比进行配合比试验,选择最合理的浆液配合比。对于规模较大及较重要的工程,设计完成以后,要在现场进行试验,检测旋喷固结体的直径和强度,验证设计的可靠性和安全度。

2. 喷射参数的选择

1)喷射参数的估计

应根据估计直径来选用喷射注浆的种类和喷射方式。对于大型或重要工程,估计直径应在现场通过试验确定。

2)单桩承载力的确定

单桩承载力的变化很大,必须经过现场试验确定。对于无条件进行承载力试验的场合,可按表5-7选用所列数值,安全系数取2~3。

3)固结土强度的设计

根据设计直径和总桩数来确定固结土的强度。一般情况下,黏性土固结强度为

5MPa,砂性土固结强度为10MPa。对于比较重要和允许承载力大的工程,可选用高标号硅酸盐水泥,通过室内试验确定浆液的水灰比或确定是否添加外加剂。

3. 布孔形式及孔距设计

1)堵水防渗

堵水防渗工程中,最好按双排或三排布孔,旋喷桩形成帷幕。孔距为$1.73R_0$(其中R_0为旋喷设计半径)、排距为$1.5R_0$最经济。布孔孔距如图5-17所示。如果想增加每一排旋喷桩的交圈厚度,可适当缩小孔距,按式(5-38)计算孔距(图5-18)。

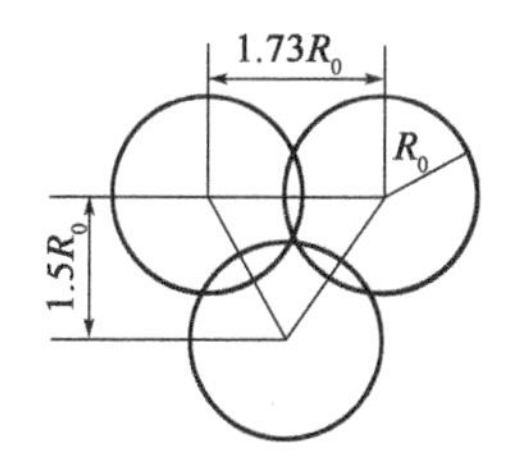

图5-17　布孔孔距图

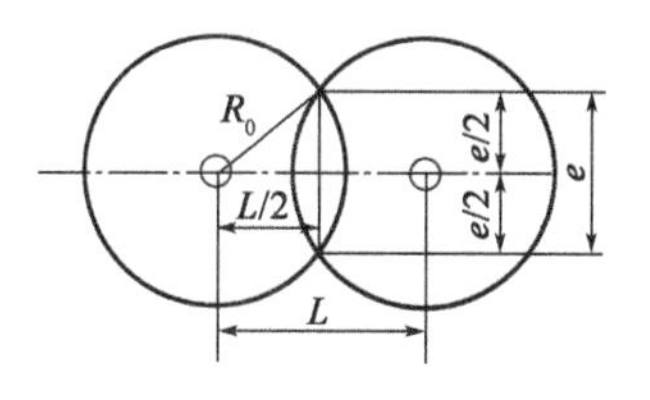

图5-18　旋喷注浆固结体交联图

$$e = 2\sqrt{R_0^2 - \left(\frac{L}{2}\right)^2} \tag{5-38}$$

式中:e——旋喷桩的交圈厚度(m);

R_0——旋喷桩的半径(m);

L——旋喷桩孔位的间距(m)。

定喷也是一种常用的堵水防渗方法,由于喷射而成的板墙薄且长,不但成本较旋喷低,而且整体连续性也好。相邻孔定喷联结形式如图5-19所示。

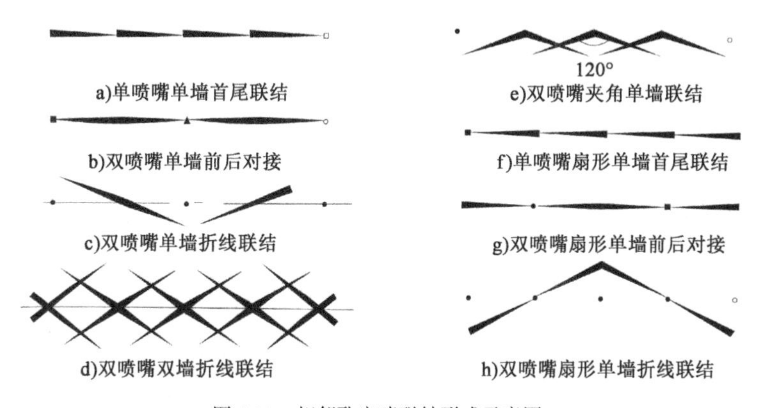

图5-19　相邻孔定喷联结形式示意图

为了保证定喷板墙联结成一帷幕,各板墙之间要进行搭接。

2)加固地基

在提高地基承载力的加固工程中,旋喷桩之间的距离可适当加大,不必搭接,其孔距

L 以旋喷桩直径的 2～3 倍为宜，这样就可以充分发挥土的作用。布孔形式按工程需要而定。

4. 注浆材料确定及浆量计算

水泥是最便宜的注浆材料，种类也较多，是旋喷注浆的基本浆液。

浆量计算方法有两种，即体积法和喷量法，取其大者作为喷射浆量。

1）体积法

$$Q = \frac{\pi}{4}D_e^2K_1h_1(1+\beta) + \frac{\pi}{4}D_0^2K_2h_2 \tag{5-39}$$

式中：Q——需要用的浆量（m^3）；

D_e——旋喷体直径（m）；

D_0——注浆管直径（m）；

K_1——填充率，0.75～0.9；

h_1——旋喷长度（m）；

K_2——未旋喷范围土的填充率，0.5～0.75；

h_2——未旋喷长度（m）；

β——损失系数，0.1～0.2。

2）喷量法

以单位时间喷射的浆量及喷射持续时间，计算出浆量，计算公式为

$$Q = \frac{H}{v}q(1+\beta) \tag{5-40}$$

式中：Q——喷射的浆量（m^3）；

v——提升速度（m/min）；

H——喷射长度（m）；

q——单位时间喷浆量（m^3/min）；

β——损失系数，0.1～0.2。

根据计算所需的喷浆量和设计的水灰比. 即可确定水泥的用量。

5. 承载力计算

用旋喷桩处理的地基，应按复合地基设计。旋喷桩复合地基承载力特征值应通过现场地基静载荷试验确定，也可按式（5-2）计算或结合当地情况与其土质相似工程的经验确定。式（5-2）中，β 为桩间土承载力发挥系数，可根据试验或类似土质条件工程经验确定，当无试验资料或经验时，可取 0～0.5，承载力较低时取低值；f_{sk} 为处理后桩间土承载力特征值，宜按当地工程经验取值，如无经验可取天然地基承载力特征值。

单桩竖向承载力特征值可通过现场单桩静载荷试验确定，也可按式（5-3）和式（5-35）估算，取其中较小值。

6. 地基变形计算

旋喷桩的沉降计算参考式(5-7)~式(5-12)。

五、质量检验

1. 检验内容

检验内容包括固结体的整体性和均匀性、有效直径、垂直度、强度特性(包括桩的轴向压力、水平力、抗酸碱性、抗冻性和抗渗性等)、溶蚀和耐久性能。

另外,尚需检测喷射质量。施工前,主要通过现场旋喷试验,了解设计采用的旋喷参数、浆液配方和选用的外加剂材料是否合适,固结体质量能否达到设计要求。施工后,对喷射施工质量的鉴定,一般在喷射施工过程中或施工告一段落时进行,检查数量应为施工总数的2%~5%,少于20孔的工程,至少要检验2个点。

喷射注浆处理地基的强度较低,28d的强度在1~10MPa,强度增长速度较慢,检验时间应在喷射注浆后四周进行。

2. 检验方法

1)开挖检验

挖桩检查法可参考水泥土搅拌桩的检测方法。该法一般要求按桩总数2%的取样频率挖桩检查桩的成型情况,然后分别在桩顶以下50cm、150cm等部位砍取足尺桩头,进行无侧限抗压强度试验。

2)钻孔取芯

采用定位钻孔取芯法,钻芯深度为自孔口下有效桩头至设计桩底,全程钻取芯样,观察水泥土的均匀程度,观察水泥含量及赋存状态。在开钻前和钻进过程中,反复测量钻孔垂直度,以确保取芯质量。钻孔取芯法采用地质钻机对高压旋喷桩体进行全程钻孔取芯样(一般龄期为28d),这是目前高压旋喷桩质量检测中常用的方法,测定结果能较好地反映桩的整体质量,但该方法检测时间长、钻孔费用高,只能抽取少量的桩进行钻孔取芯检测。

3)标准贯入试验

标准贯入试验(standard penetration test,SPT)能较好地评价桩身质量。首先,对桩身水泥土强度,可以通过标准贯入击数$N63.5$来评定,$N63.5$与无侧限抗压强度之间的关系已有较为成熟的经验公式,实践表明,该公式能比较客观地反映桩身水泥土强度;其次,在进行标准贯入试验的同时进行取芯,通过对芯样进行观察、描述,可以了解水泥土的搅拌均匀性,必要时芯样可送回试验室,进行抗压试验,确定抗压强度。

4)动测法

动测法主要是指小应变动测法,它是基于一维波动理论,利用弹性波的传播规律来分析桩身完整性。动测法检测速度快，操作简单。因旋喷注浆体强度较高，在有经验的地区可以用动测法评价桩身质量。同时，在采用动测法时，要注意旋喷桩成桩直径变化较大而对动测特性产生的影响。

5）静载荷试验

静载荷试验分垂直推力载荷试验和水平推力载荷试验两种。做垂直推力载荷试验时，需在固结体顶部0.5～1.0m范围内浇筑0.2～0.3m厚的钢筋混凝土桩帽；做水平推力载荷试验时，在固结体的加载受力部位，浇筑0.2～0.3m厚的钢筋混凝土加荷截面，混凝土的标号不低于C20。静载荷试验是检验机场建筑地基处理质量的良好方法，有条件的地方应尽量采用。

思考题与习题

1. 简述灰土挤密桩法、素土挤密桩法的加固机理。

2. 简述碎石桩法和砂桩挤密法加固砂性土地基的主要目的和加固机理。

3. 振冲置换法处理后的地基承载力如何考虑？振冲挤密法处理后的地基承载力如何考虑？不加填料振冲挤密法处理后的地基承载力如何考虑？

4. CFG桩复合地基由哪几部分组成？褥垫层有哪些作用？

5. 水泥土搅拌桩的加固机理是基于水泥土的哪些物理化学反应？

6. 如何选用高压喷射注浆中单管、二重管和三重管的施工工艺？

7. 什么叫旋喷、定喷和摆喷？简述它们的主要工程应用。

8. 试述高压喷射注浆法形成加固土的基本性状。

9. 某场地湿陷性黄土厚度为7～8m，平均干密度$\rho_d = 1.30\text{kg/m}^3$。设计要求消除黄土湿陷性，地基经治理后，桩间土最大干密度要求达到1.70kg/m^3。现决定采用挤密灰土桩处理地基。灰土桩桩径为0.4m，等边三角形布桩，试计算该场地灰土桩的桩距。（桩间土平均挤密系数$\overline{\eta}_c$取0.93）

10. 某场地，静载荷试验得到的天然地基承载力特征值为120kPa。设计要求经碎石桩法处理后的复合地基承载力特征值需提高到160kPa。拟采用的碎石桩桩径为0.9m，正方形布置，桩中心距为1.5m，试计算此时碎石桩桩体单桩静载荷试验承载力特征值。

11. 一小型工程采用振冲置换法处理碎石桩，碎石桩桩径为0.6m，等边三角形布桩，桩距1.5m，现场无载荷试验资料，桩间土天然地基承载力特征值为120kPa，试计算复合地基承载力特征值。（桩土应力比取$n = 3$）

第六章

灌 浆 法

第一节 概述

灌浆法(或称注浆法)是指根据液压、气压或电化学原理,通过注浆管把浆液均匀地注入地层中,浆液以填充、渗透、挤密等方式,将土颗粒间或岩石裂隙中的水分和空气挤出后占据其位置,经一定时间的人工控制后,浆液将原来松散的土粒或裂隙胶结成一个整体,形成一个结构新、强度大、防水性能好和化学稳定性良好的"结石体"。

灌浆法在机场工程中有着广泛的应用(表6-1),并取得了良好的效果。其加固目的有以下几个方面。

灌浆法在机场工程中的应用 表6-1

工程类别	应用场所	目的
建筑工程	①建筑物因地基土强度不足发生不均匀沉降; ②桩侧或桩端注浆	①改善土的力学性能,对地基进行加固或纠偏处理; ②提高桩周摩阻力和桩端抗压强度,或处理桩底残渣过厚引起的质量问题
其他	①边坡; ②道基等	维护边坡稳定,防止支挡建筑的涌水和邻近建筑物沉降,处理道基病害等

(1)增加地基土的不透水性,防止流砂、钢板桩渗水、坝基漏水和隧道开挖时涌水,以及改善地下工程的开挖条件;

(2)防止桥墩和边坡护岸受到冲刷;

(3)整治坍方滑坡,处理路基病害;

(4)提高地基土的承载力,减少地基的沉降和不均匀沉降。

灌浆法按加固原理可分为渗透灌浆、挤密灌浆、劈裂灌浆和电动化学灌浆。

第二节 浆液材料

灌浆加固离不开浆液材料,而浆液材料品种和性能的好坏,又直接关系着灌浆工程的成败、质量好坏和造价高低,因而灌浆工程界历来对浆液材料的研究和发展极为重视。现在可用的浆液材料越来越多,尤其在我国,对浆液材料性能和应用的研究比较系统和深入,通过改性消除有些浆液材料的缺点后,可使其朝理想浆液材料的方向演变。

灌浆工程中所用的浆液是由主剂(原材料)、溶剂(水或其他溶剂)及各种外加剂混合而成。通常所说的浆液材料是指浆液中所用的主剂。外加剂可根据其在浆液中所起的作用,分为固化剂、催化剂、速凝剂、缓凝剂、悬浮剂等。

一、浆液材料分类

浆液材料分类的方法很多,如:按浆液所处状态,可分为真溶液、悬浮液、乳化液;按工艺性质,可分为单浆液、双浆液;按主剂性质,可分为无机系、有机系等。通常可按图6-1进行分类。

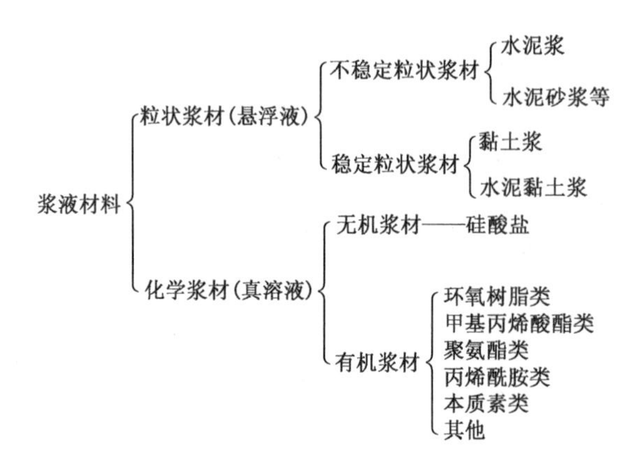

图6-1 浆液材料分类

二、浆液性质

浆液材料的主要性质包括材料的分散度、沉淀析水性、凝结性、热学性、收缩性、结石强度、结石渗透性、结石耐久性。

(1)材料的分散度。分散度是影响浆液材料可灌性的主要因素,一般分散度越高,可灌性就越好。另外,分散度还影响浆液的一系列物理力学性质。

(2)沉淀析水性。在浆液搅拌过程中,水泥颗粒在水中处于分散和悬浮的状态,但当浆液制成和停止搅拌时,除非浆液极为浓稠,否则水泥颗粒将在重力作用下沉淀,并使水向上升。沉淀析水性是影响灌浆质量的有害因素。而浆液水灰比是影响析水性的主要因素,研究证明,当水灰比为 1.0 时,水泥浆的最终析水率可高达 20% 。

(3)凝结性。浆液的凝结过程分为两个阶段:第一阶段,浆液的流动性减少到不可泵送的程度;第二阶段,凝结后的浆液随时间而逐渐硬化。研究证明,水泥浆的初凝时间一般在 2 ~4h,黏性土水泥浆则更慢。由于水泥微粒内核的水化过程非常缓慢,故水泥结石强度的增长有时能延续几十年。

(4)热学性。由水化热引起的浆液温度主要取决于水泥类型、细度、水泥含量、灌注温度、绝热条件等因素,当大体积灌浆工程需要控制浆液温度时,可采用低热水泥,并采取降低水泥含量及降低拌和水温度等措施。当使用黏性土水泥浆灌注时,一般不存在水化热问题。

(5)收缩性。浆液及结石的收缩性主要受环境条件的影响。潮湿养护的浆液只要长期维持其潮湿条件,不仅不会收缩,还可能随时间增长而略有膨胀。反之,干燥养护或潮湿养护后又使浆液处于干燥环境中,浆液就可能发生收缩。一旦发生收缩,灌浆体中就会形成微细裂隙,使灌浆效果降低,因而在灌浆设计中应采取防治措施。

(6)结石强度。影响结石强度的因素主要包括浆液浓度、浆液的起始水灰比、结石的孔隙率、水泥的品种、掺合料等,其中以浆液浓度最为重要。

(7)结石渗透性。与结石的强度一样,结石的渗透性也与浆液起始水灰比、水泥含量、养护龄期等一系列因素有关。工程实践表明,不论纯水泥浆还是黏性土水泥浆,其渗透性都很小。

(8)结石耐久性。水泥结石在正常条件下是耐久的,但若灌浆体长期受水压力作用,则可能使结石破坏。当地下水具有侵蚀性时,宜根据具体情况选用矿渣水泥、火山灰水泥、抗硫酸盐水泥或高铝水泥。由于黏性土料基本不受地下水的化学侵蚀,故黏性土水泥结石的耐久性比纯水泥结石好。此外,水泥结石的密度越大,透水性越小,灌浆体的寿命就越长。

第三节 加固机理

在地基处理中,灌浆工艺所依据的理论主要可归纳为以下四类。

1.渗透灌浆

渗透灌浆是指在压力作用下使浆液充填土的孔隙和岩石的裂隙,挤出孔隙中存在的自由水和气体,而基本上不改变原状土的结构和体积。地基处理中所用灌浆压力相对较小,这类灌浆一般只适用于中砂以上的砂性土和有裂隙的岩石。代表性的渗透灌浆理论有球形扩散理论、柱形扩散理论和袖套管法理论。

2. 劈裂灌浆

劈裂灌浆是指在压力作用下,浆液克服地层的初始应力和抗拉强度,引起岩石和土体结构的破坏和扰动,使其沿垂直于小主应力的平面上发生劈裂,地层中原有的裂隙或孔隙张开,形成新的裂隙或孔隙。

3. 挤密灌浆

挤密灌浆是指通过钻孔在土中灌入极浓的浆液,在注浆点使土体挤密,从而在注浆管端部附近形成"浆泡",如图 6-2 所示。

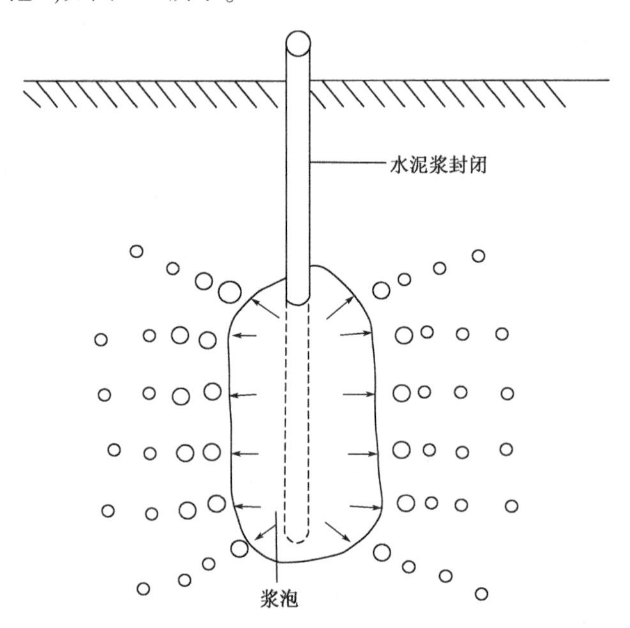

图 6-2　挤密灌浆原理示意图

研究证明,向外扩张的浆泡将在土体中产生复杂的径向和切向应力。紧靠浆泡处的土体将遭受严重破坏和剪切,并形成塑性变形区,在此区内土体的密度可能因扰动而减小;离浆泡较远的土则发生弹性变形,因而土的密度有明显增加。

浆泡的形状一般为球形或圆柱形。在均质土中的浆泡形状相当规则,而在非均质土中则很不规则。浆泡的最终尺寸取决于很多因素,如土的密度、湿度、力学性质,以及地表约束条件、灌浆压力、注浆速率等,有时浆泡的横截面直径可达 1m 甚至更大。实践证明,离浆泡界面 0.3 ~2.0 m 内的土体都能受到明显的加密作用。

挤密灌浆常用于中砂地基,黏性土地基中若有适宜的排水条件也可采用。当遇排水困难而可能使土体产生高孔隙水压力时,必须采用很低的注浆速率。挤密灌浆可用于非饱和的土体,以调整不均匀沉降进行托换,以及在大开挖或隧道开挖时对邻近土进行加固。

4. 电动化学灌浆

当地基土的渗透系数 $k < 10^{-4}$cm/s 时,只靠一般的静压力难以将浆液注入土的孔隙,此时需用电渗的作用使浆液进入土中。

电动化学灌浆是指在施工时将带孔的注浆管作为阳极,将滤水管作为阴极,然后将溶液由阳极压入土中,并通过直流电(两电极间电压梯度一般为0.3～1.0V/cm),使孔隙水在电渗作用下由阳极流向阴极,促使通电区域中土的含水率降低,并形成渗浆通路,化学浆液也随之流入土的孔隙中,并在土中硬结。因而电动化学灌浆是在电渗排水和灌浆法的基础上发展起来的一种加固方法。但电渗排水作用可能会引起邻近既有建(构)筑物基础的附加下沉,遇到这一情况应慎重。

灌浆一般采用定量灌注,而不是灌至不吃浆为止。灌浆结束后,地层中的浆液往往仍具有一定的流动性,因而在重力作用下,浆液可能会流失,使本来已被填满的孔隙重新出现空洞,灌浆体的整体强度被削弱。不饱和充填的另一个原因是采用不稳定的粒状浆液,如这类浆液太稀,在灌浆结束后浆中的多余水又不能排出,则浆液将沉淀析水而在孔隙中形成空洞。可采用以下措施防止上述现象发生:

(1)当浆液充满孔隙后,继续通过钻孔施加最大灌浆压力。

(2)采用稳定性较好的浓浆。

(3)待已灌浆液达到初凝后,设法在原孔段内进行复灌。

第四节 设计计算

1. 设计内容

设计内容包括以下几个方面。

1)灌浆标准

灌浆标准是通过灌浆应达到的效果和质量指标。

2)施工范围

施工范围包括灌浆深度、长度和宽度。

3)灌浆材料

灌浆材料包括浆液材料种类和浆液配方。

4)浆液影响半径

浆液影响半径是指浆液在设计压力下所能达到的有效扩散距离。

5)钻孔布置

钻孔布置是根据浆液影响半径和灌浆体设计厚度,确定合理的孔距、排距、孔数和排数。

6)灌浆压力

灌浆压力是规定不同地区和不同深度的允许最大灌浆压力。

7)灌浆效果评估

灌浆效果评估是用各种方法和手段检测灌浆效果。

2. 方案选择原则

灌浆方案的选择一般应遵循下述原则:

(1)灌浆目的若是提高地基强度和变形模量,一般可选用以水泥为基本材料的水泥浆、水泥砂浆、水泥水玻璃浆等,或采用高强度化学浆材,如环氧树脂、聚氨酯以及以有机物为固化剂的硅酸盐浆材等。

(2)灌浆目的若是防渗堵漏,可采用黏性土水泥浆、黏性土水玻璃浆、水泥粉煤灰混合物、丙凝、AC-MS浆液(主剂为丙烯酸镁)、铬木素、以无机试剂为固化剂的硅酸盐浆液等。

(3)在裂隙岩层中灌浆一般采用纯水泥浆或在水泥浆(水泥砂浆)中渗入少量膨润土,在砂砾石层中或溶洞中可采用黏性土水泥浆,在砂层中一般只采用化学浆液,在黄土中采用单液硅化法或碱液法。

(4)对孔隙较大的砂砾石层或裂隙岩层采用渗入性注浆法,砂层灌注粒状浆材宜采用水力劈裂法,在黏性土层中采用水力劈裂法或电动硅化法,纠正建(构)筑物的不均匀沉降则采用挤密灌浆法。

表6-2是根据不同对象和目的选择灌浆方案的经验法则,可供选择灌浆方案时参考。

根据不同对象和目的选择灌浆方案 表6-2

<table>
<tr><th rowspan="2">编号</th><th rowspan="2">灌浆对象</th><th rowspan="2">适用的灌浆原理</th><th rowspan="2">适用的灌浆方法</th><th colspan="2">常用灌浆材料</th></tr>
<tr><th>防渗灌浆</th><th>加固灌浆</th></tr>
<tr><td>1</td><td>卵砾石</td><td>渗透灌浆</td><td rowspan="3">袖阀管法最好,也可用自上而下分段钻灌法</td><td>黏性土水泥浆或粉煤灰水泥浆</td><td>水泥浆或硅粉水泥浆</td></tr>
<tr><td>2</td><td>砂</td><td>渗透灌浆、劈裂灌浆</td><td>酸性水玻璃、丙凝、单宁水泥系浆材</td><td>酸性水玻璃、单宁水泥浆或硅粉水泥浆</td></tr>
<tr><td>3</td><td>黏性土</td><td>劈裂灌浆、挤密灌浆</td><td>水泥黏性土浆或粉煤灰水泥浆</td><td>水泥浆、硅粉水泥浆、水玻璃水泥浆</td></tr>
<tr><td>4</td><td>岩层</td><td>渗透灌浆或劈裂灌浆</td><td rowspan="2">小口径孔口封闭自上而下分段钻灌浆</td><td>水泥浆或粉煤灰水泥浆</td><td>水泥浆或硅粉水泥浆</td></tr>
<tr><td>5</td><td>混凝土内微裂缝</td><td>渗透灌浆</td><td>改性环氧树脂或聚氨酯浆材</td><td>改性环氧树脂浆材</td></tr>
</table>

3. 灌浆标准的确定

灌浆标准的确定,关系工程质量、进度、造价和建(构)筑物的安全。

设计标准涉及的内容较多,而且工程性质和地基条件千差万别,灌浆的目的和对灌浆的要求都不相同,因而很难规定一个比较具体和统一的准则,而只能根据具体情况作出具体的规定。下面仅提出与确定灌浆标准有关的几点原则和方法。

1) 防渗标准

防渗标准是指渗透性的大小。防渗标准越高,表明灌浆后地基的渗透性越小,灌浆质量也就越好。原则上,对于比较重要的建筑、对渗透破坏比较敏感的地基以及地基渗漏量必须严格控制的工程,都要求采用较高的防渗标准。

防渗标准都用渗透系数表示。对重要的防渗工程,要求将地基土的渗透系数降低至 $10^{-5} \sim 10^{-4}$cm/s 数量级以下;对临时性工程或允许出现较大渗漏量而又不致发生渗透破坏的地层,也可采用 10^{-3}cm/s 数量级的渗透系数。

2) 强度和变形标准

根据灌浆的目的,强度和变形标准将随各工程的具体要求而不同。如:为了增加摩擦桩的承载力,应沿桩的周边灌浆,以提高桩侧界面间的黏聚力;对支承桩则在桩底灌浆,以提高桩端土的抗压强度和变形模量。对振动基础,有时灌浆目的只是改变地基的自然频率以消除共振影响条件,因而不一定需用强度较高的浆材。为了减小挡土墙的土压力,应在墙背至滑动面附近的土体中灌浆,以提高地基土的重度和滑动面的抗剪强度。

3) 施工控制标准

灌浆后的质量指标只能在施工结束后通过现场检测来确定,有些灌浆工程甚至不能进行现场检测,因此必须制定一个能保证获得最佳灌浆效果的施工控制标准。

(1) 按耗浆量控制。在正常情况下理论耗浆量 Q 为

$$Q = V \cdot n + m \tag{6-1}$$

式中:V——设计灌浆体积;

n——土的孔隙率;

m——无效注浆量。

(2) 按耗浆量降低率进行控制。由于灌浆是按逐渐加密原则进行的,因此孔段耗浆量应随加密次序的增加而逐渐减少。若起始孔距布置正确,则第二次序孔的耗浆量将比第一次序孔大为减少,这是灌浆取得成功的标志。

4. 浆材及配方设计

根据土质和灌浆目的的不同,灌浆材料的选择也是不同的。水泥浆材是工程中应用最广泛的浆液,这种悬浮液的主要问题是析水性大、稳定性差。而水灰比越大,上述问题

就越突出。此外,纯水泥浆的凝结时间较长,在地下水流速较大的条件下灌浆,浆液易受冲刷和稀释等。为了改善水泥浆液的性质,以适应不同的灌浆目的和自然条件,常在水泥浆中掺入各种附加剂。

5. 浆液扩散半径的确定

浆液扩散半径 r 是一个重要的参数,它对灌浆工程量及造价具有重要的影响。所谓扩散半径,并非最远距离,而是能符合设计要求的扩散距离。在确定扩散半径时,要选择多数条件下可达到的数值,而不是取平均值。r 值可按理论公式进行估算,当地质条件较复杂或计算参数不易选准时,就应通过现场灌浆试验来确定。在现场进行试验时,要选择不同特点的地基,用不同的灌浆方法,以求得不同条件下浆液的 r 值。

当有些地层因渗透性较小而不能达到 r 值时,可提高灌浆压力或浆液的流动性,必要时还可在局部地区增加钻孔以缩小孔距。

6. 注浆孔的布置

注浆孔的布置是根据浆液的注浆有效范围,使被加固土体在平面和深度范围内连成一个整体的原则确定的。

7. 灌浆压力的确定

灌浆压力是指在不会使地表面发生变化和邻近建(构)筑物受到影响的前提下可能采用的最大压力。

由于浆液的扩散能力与灌浆压力的大小密切相关,有人倾向于采用较高的灌浆压力,在保证灌浆质量的前提下,使钻孔数尽可能减少。高灌浆压力还能使一些微细孔隙张开,有助于提高浆液可灌性。当孔隙中被某种软弱材料充填时,高灌浆压力能在充填物中造成劈裂灌注,使软弱材料的密度、强度、不透水性等得到改善。此外,高灌浆压力还有助于挤出浆液中的多余水分,使浆液结石的强度提高。

但是,当灌浆压力超过地层的压重和强度时,将有可能导致地基及其上部结构被破坏。因此,一般都以不使地层结构破坏或仅发生局部的和少量的破坏,作为确定地基容许灌浆压力的基本原则。

灌浆压力值与地层土的密度、强度和初始应力、钻孔深度、位置及灌浆次序等因素有关,而这些因素又难以准确地预知,因而宜通过现场灌浆试验来确定。

8. 灌浆量

灌注所需的浆液总用量 Q 可参照下式计算:

$$Q = K \cdot V \cdot n \cdot 100 \tag{6-2}$$

式中:Q——浆液总用量(L);

V——注浆对象的土量(m^3);

n——土的孔隙率;

K——经验系数。软土、黏性土、细砂，$K=0.3\sim0.5$；中砂、粗砂，$K=0.5\sim0.7$；砾砂，$K=0.7\sim1.0$；湿陷性黄土，$K=0.5\sim0.8$。

一般情况下，黏性土地基中的浆液注入率为15%～20%。

第五节 灌浆效果检验

灌浆效果与灌浆质量的概念不完全相同。灌浆质量一般指灌浆施工是否严格按设计和施工规范进行，例如灌浆材料的品种规格、浆液的性能、钻孔的角度、灌浆压力等，都要求符合相关规范的要求，不然则应根据具体情况采取适当的补救措施；灌浆效果则指灌浆后能将地基土的物理力学性质提高的程度。

灌浆质量高不等于灌浆效果好，因此，设计和施工过程中，除应明确规定某些质量指标外，还应规定所要达到的灌浆效果及检验方法。

灌浆效果的检验，通常在注浆结束后28d才可进行，检验方法如下：

(1)统计计算灌浆量。可利用灌浆过程中的流量和压力自动曲线进行分析，从而判断灌浆效果。

(2)利用静力触探测试加固前后土体力学指标的变化，用以了解加固效果。

(3)在现场进行抽水试验，测定加固土体的渗透系数。

(4)采用现场静载荷试验，测定土体的承载能力和变形模量。

(5)采用钻孔弹性波试验，测定加固土体的动弹性模量和剪切模量。

(6)采用标准贯入试验或轻便触探等动力触探方法，测定加固土体的力学性能，此法可直接得到灌浆前后原位土的强度，从而可以进行对比。

(7)进行室内试验。通过室内加固前后土的物理力学指标的对比试验，判定加固效果。

(8)采用γ射线密度计法。该法属于物理探测方法的一种，在现场可测定土的密度，用以说明灌浆效果。

(9)使用电阻率法。将灌浆前后对土所测定的电阻率进行比较，根据电阻率差说明土体孔隙中浆液的存在情况。

在以上方法中，动力触探试验和静力触探试验最为简便实用。检验点一般为灌浆孔数的2%～5%，如检验点的不合格率等于或大于20%，或虽小于20%但检验点的平均值达不到设计要求，在确认设计原则正确后应在不合格的注浆区重复注浆。

思考题与习题

1. 试述灌浆法、高压喷射注浆法及水泥土搅拌法的概念、适用范围及分类方法。

2. 试分析渗透灌浆、劈裂灌浆、挤密灌浆和电动化学灌浆的区别，并说明它们的主要工程应用。

3. 试简述灌浆方案的选择原则。

4. 什么是灌浆标准、灌浆压力和浆液扩散半径？它们是怎样确定的？

第七章

加筋土技术

第一节 概述

一、加筋法的发展历史

加筋法是指在人工填土的路堤或挡墙内铺设土工合成材料[或钢带、钢条、钢筋混凝土(串)带、尼龙绳等],或在边坡内打入土锚(或土钉、树根桩)等抗拉材料,依靠它们限制土的变形,改善土的力学性能,提高土的强度和稳定性的方法。

图7-1所示为几种土的加筋技术在工程中的应用。土体是各种矿物颗粒的松散集合体,具有很好的物理、化学稳定性和一定的抗压强度与抗剪强度,但抗拉强度却很低,因此,在工程应用上受到很大的限制。如果在土中埋设抗拉性能较好的土工合成材料,则整个土工建(构)筑物的强度和稳定性能得到很大的改善。这种人工复合的土体,可用以抗拉、抗压、抗剪和抗弯,从而提高地基承载力、减小沉降和增强地基稳定性。

很早以前人类就已经懂得利用这种技术,乌尔城的亚述古庙塔及中国的万里长城,是现有最早的土体力学加固实例。前者是用芦苇编织的席垫水平放置在一层砂和砾石上进行加固,后者则使用了一种由柳枝加固的泥和砾石拌合物。千百年来人们广泛采用的材料主要是木、竹、草等天然材料,以及后来使用的一些金属材料,但它们都有一些固有的缺陷,如性能单一、使用寿命短、价格昂贵等,故不能全面满足工程特定的需要。随着近代化学工业的迅速发展,品种繁多的人工合成材料陆续问世,它们具有能满足工程需要的良好性能,且施工方便、价格低廉,为岩土工程提供了较为理想的材料。

加筋土的概念首先由著名的土力学家卡萨格兰德(Cassagrande)提出,他曾建议在软弱土体中水平向层铺高强度片材使土体强化。现代加筋土技术的发展始于20世纪60年代初期,法国工程师亨利·维达尔(Henri Vidal)首先在试验中发现,当土掺有纤维材料时,其强度可明显提高到原有天然土强度的好几倍,并由此提出了土的加筋概念和设计理论,成为加筋土发展历史上的一个重要里程碑,标志着现代加筋土技术的兴起。加筋土最早用于支挡工程,随着试验研究和理论分析深入,加筋土应用领域也由公路挡墙发展应用到桥台、护岸、堤坎、建筑基础、铁路路堤、码头、防波堤、水库、尾矿坝等多个领域。

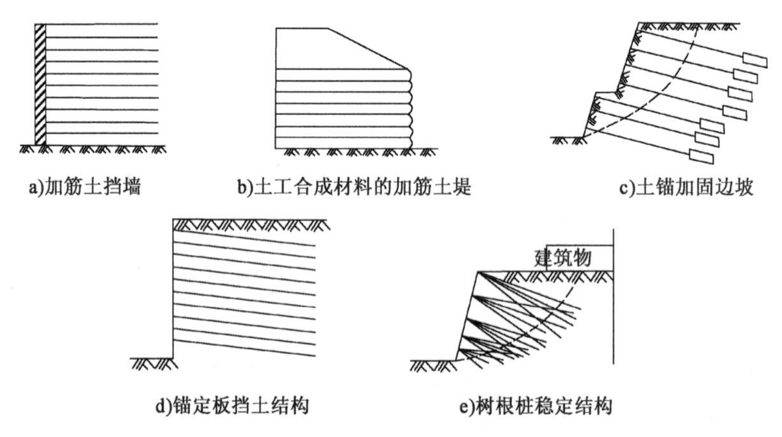

图 7-1　加筋技术在工程中的应用

我国 20 世纪 80 年代初开始进行加筋土的科研和探索,随后在铁路、煤炭、公路、水利等领域相继修建了一些试验工程并不断积累设计和施工经验。据不完全统计,我国现已建成千余座加筋土工程,遍及全国,并先后在武汉、太原、邯郸、北京、杭州和重庆召开了有关加筋土的学术讨论会和经验交流会。1984—2004 年,我国曾先后召开六届全国土工合成材料学术会议,各届会议中加筋土都是作为分组讨论的主要内容之一,此外相关部门还分别编制了技术规范,其中包括加筋土的设计和施工内容。随着城市规模的急剧扩展,城市土地资源日益紧张,特别是位于山区的城市更是如此。土地资源成了制约城市发展的瓶颈,平山造地由此应运而生。与山区城市建设相呼应,山丘沟壑地区的机场建设项目也日益增多。建筑场地地形大多为山、坡、沟谷和洼地,深挖高填不可避免。高填方工程往往采用加筋法,可以有效降低高陡边坡滑坡风险以及高填方工程工后沉降。

现代加筋土技术以其显著的技术经济效益(加筋土用于地基增强成本低,可以节省工程造价 25% ~60%),简单的施工技术,越来越广泛地运用于土木工程中。

二、加筋法的特点

土是一种力学性能较差的材料,其抗剪强度和抗拉强度均较小,因此在工程应用上受到很大的限制。在以受压性能为主的混凝土中增加了能承受抗拉性能的钢筋后,可大大改善混凝土的材料性能,混凝土和钢筋两种材料的特性也能得到充分发挥。正如钢筋混凝土一样,在土体中加入筋材后,所形成的加筋土的力学性能也得到了较大的改善。

加筋法的基本机理是通过土体与筋体间的摩擦作用,使土体中的拉应力传递到筋体上,筋体承受拉力,而筋间土承受压应力及剪应力,使加筋土中的筋体和土体都能较好地发挥自己的潜能。

因此,土的加筋法具有如下优点:应用的范围广且形式多样,充分利用筋材抗拉的特点,充分发挥原土的承载能力,工程造价较低,筋材选用范围广,筋材的设置方式灵活,适合机械化施工,施工设备简单,施工管理方便,对环境的影响小。

当然,加筋法也有一定的缺点:采用金属筋材时,由于金属易锈蚀,需要考虑相应的防护措施;若采用聚合材料筋材,需要考虑聚合物受紫外线照射会发生衰化;材料的长期蠕变性能在设计中也需要予以考虑。

三、加筋法的应用形式和范围

加筋法的应用形式多种多样,包括加筋支挡结构(实践表明,运用加筋法得到的结构可以代替几乎所有常规的钢筋混凝土和重力式支挡结构,也包括桥台、翼墙)、加筋土堤坝、加筋承载结构以及土坡原位加固强化(如土钉、土锚等)。

加筋法可主要用于修筑挡墙,建造桥台,修筑堤坝,修复和加固边坡,强化公路路基、铁路路基和机场道基,以及处理各种非均匀、难处理的地基。

四、加筋结构的类型

加筋结构可分为加筋土结构、承载加筋结构和原位加筋结构。

(1)加筋土结构包括挡墙、边坡、路堤和坝等。加筋土结构一般不承受大的外部荷载,其设计主要考虑加筋土结构在其自重下的稳定性。

(2)承载加筋结构包括桥台、柔性加筋路面、无铺砌道路和铁路基床加筋垫层、软土地基上修筑的加筋路堤等。这类结构在其自重作用下通常是稳定的,设计主要考虑在容许变形之下这类结构可承受附加荷载的能力。

(3)原位加筋结构是用长金属杆打入或插入原位不扰动土体的加筋结构,例如锚杆、土钉等。锚杆设置于土中,由锚头、自由段和锚固段组成;由砂浆与地层黏结成锚固体,撑拉支挡结构,维护边坡的稳定。土钉是在土体内部打入或插入的拉筋,或在土体中钻孔后注浆形成的加筋体,由土钉和土形成的加固体或重力式挡土结构保持边坡的稳定。

第二节　土工合成材料

一、概述

土工合成材料是岩土工程中应用的合成材料的总称,其原料主要是人工合成的高分子聚合物,如塑料、化纤、合成橡胶等。土工合成材料可置于岩土或其他工程结构内部、表面或各结构层之间，具有加强、保护岩土或其他结构的功能，是一种新型工程材料。

20世纪50年代，土工合成材料开始应用于岩土工程中。随着新产品的不断开发和新技术的发展，土工合成材料日益显示出其优越性，并且逐步成为主要加筋材料。早在1958年，美国率先使用聚氯乙烯单丝编织物代替传统的级配砂砾料用于护岸工程；1970年，法国开创了在土石坝工程中使用土工合成材料的先例。土工合成材料发展迅速，尤以北美、西欧和日本发展最快。土工合成材料被誉为继砖石、木材、钢铁、水泥之后的第五大工程建筑材料，广泛应用于铁路、公路、水利、港口、城市建设、国防等领域。随着应用范围的不断扩大，土工合成材料的生产和应用技术也在迅速发展，使其逐渐成为一门新的边缘性学科，有关学术活动也在不断地扩大和深入。自1977年以来，已先后召开了八届国际土工合成材料学术会议；国际土力学与基础工程学会也于1983年成立了国际土工织物协会，后更名为国际土工合成材料协会，成为土工学术界重视土工聚合物的重要标志。

二、土工合成材料的分类

可用于形成加筋土垫层的土工合成材料的种类繁多，主要有土工织物、土工膜、土工格栅、土工带、土工格室、土工网等。

(1)土工织物是透水性土工合成材料，按其制造方法不同，分为织造(有纺)土工织物和非织造(无纺)土工织物。

织造(有纺)土工织物是由纤维纱或长丝按一定方向排列机织的土工织物。

非织造(无纺)土工织物是由短纤维或长丝按随机或定向排列制成的薄絮垫，经机械结合、热粘或化粘而成的织物。

(2)土工膜是由聚合物或沥青制成的一种相对不透水薄膜。

(3)土工格栅是由有规则的网状抗拉条带形成的用于加筋的土工合成材料。其开孔可容周围土、石或其他土工材料穿入。

(4)土工带是经挤压拉伸或加筋制成的条带抗拉材料。

(5)土工格室是由土工格栅、土工织物或土工膜、条带构成的蜂窝状或网格状三维结构材料。

(6)土工网是由平行肋条经以不同角度与其上相同肋条黏结为一体的用于平面排液、排气的土工合成材料。

(7)土工模袋是由双层化纤织物制成的连续或单独的袋状材料。用高压泵在其中充填混凝土或水泥砂浆，凝结后形成板状防护块体。

(8)土工网垫是以热塑性树脂为原料制成的三维结构。其底部为基础层，上覆起泡膨松网包，包内填沃土和草籽，供植物生长。

(9)土工复合材料是由两种或两种以上材料复合而成的土工合成材料。

(10)塑料排水带是由不同凹凸截面形状、具有连续排水槽的合成材料，外包无纺土工织物构成的复合排水材料。

(11)土工织物膨润土垫是由土工织物或土工膜间包有膨润土或其他低透水性材料，以针刺、缝接或化学剂黏结而成的一种防水材料。

(12)聚苯乙烯板块(expanded polystyrene,EPS)，亦称聚苯乙烯泡沫，是由聚苯乙烯加入发泡剂膨胀，经模塑或挤压制成的轻型板块。

(13)玻纤网是以玻璃纤维为原料，通过纺织加工，并经表面处理后形成的网状制品。

三、土工合成材料的特性

土工合成材料的优点：质地柔软而质量小，整体连接性好，施工方便，抗拉强度高，耐腐蚀性和抗微生物侵蚀性好，无纺型的当量直径小且反滤性好。其缺点：同其原材料一样，未经特殊处理则抗紫外线能力低，另外，合成材料中聚酯纤维和聚丙烯纤维的耐紫外线辐射能力和耐自然老化性能最好，所以，目前各国使用的土工合成材料以这两种原材料居多。

表征土工合成材料产品性能的指标包括：

(1)产品形态：材质及制造方法、宽度、每卷的直径及质量。

(2)物理性质：单位面积质量、厚度、开孔尺寸及均匀性等。

(3)力学性质：抗拉强度、断裂时的延伸率、撕裂强度、顶破强度、蠕变性与土体间摩擦系数等。

(4)水理性质：垂直向和水平向渗透性。

(5)抗老化和耐腐蚀性：对紫外线和温度的敏感性，抗化学和生物腐蚀性等。

四、土工合成材料的主要功能

土工合成材料在岩土工程中发挥的功能主要有加筋、反滤、排水、隔离、防渗、防护等。但必须指出，在实际工程应用中是几种功能的组合，其中有的是主要的，有的则是次要的。例如：对松砂或软土地基上的铁路路基，隔离作用是主要的，反滤和加筋作用是次要的；对软土地基上的公路路基，加筋作用是主要的，隔离和反滤作用是次要的。

1.加筋作用

当土工织物或土工格栅埋设在土体内适当位置，依靠它们与土界面的相互作用(摩阻与咬合)能阻止土体侧向位移，提高土体的强度与稳定性。其应用范围包括加固土坡和堤坝，加固地基，以及用土工织物或土工格栅作拉筋的加筋土挡墙。

(1)加固土坡。

土工合成材料在机场工程中的作用：①高填方机场边坡区土方回填采用加筋土，使填方边坡坡度变陡，既可以减少土方量和边坡稳定下滑力，也可以节省占地面积；②边坡区相对薄弱区域采用加筋土，可提高边坡的抗滑力，改变滑动面位置，防止其通过土面区和道槽区；③防止坡脚下因地基承载力不足而发生失稳破坏；④道槽区相对软弱地基处理采用加筋土跨越等，可消除可能的沉陷，防治道面产生不均匀沉降。

(2)加固地基。

由于土工合成材料有较高的强度,又具有较好的柔性,且能紧贴于地基表面,使其上部施加的荷载能均匀地分布在地层中,因此,铺设的土工合成材料将阻止破坏面的出现,从而提高地基承载力。

软土地基加荷后可能会产生蠕变,引起铺设土周围地基土的侧面隆起。如将土工合成材料铺设在软土地基的表面,由于土工合成材料承受拉力和土的摩擦作用,阻止地基土的侧向挤出,从而减小地基变形,增强地基稳定性。

(3)加筋土挡墙作拉筋。

在挡土结构的土体中,每隔一定垂直距离铺设起加筋作用的土工合成材料时,对临时性的挡墙,可只用土工合成材料包裹着砂来填筑。由于这种形式的墙面往往是不平整的,所以,通常用表土覆盖墙面,同时可防止紫外线的照射对土工合成材料的强度造成损伤。而长期使用的挡墙,往往采用混凝土面板。

2. 反滤作用

将土工织物铺在细粒土与粗粒料间,可起反滤作用。

多数土工合成材料在单向渗流的情况下,例如,在机场地基内设置的盲沟上铺设土工合成材料反滤层,或者挡土墙墙后设置土工合成材料反滤层,在紧贴土工合成材料的土体中,会发生细颗粒逐渐向滤层移动的现象。同时,还有部分细颗粒通过土工合成材料被带走,留下较粗的颗粒,从而与滤层相邻的一定厚度土层逐渐形成一个反滤带,阻止土粒的继续流失,最后趋于平衡。亦即土工合成材料与其相邻接触部分土层共同形成了一个完整的反滤系统。

3. 排水作用

具有一定厚度的土工合成材料具有良好的三维透水性,利用这种特性,其除了用作透水反滤外,还可使水在经过土工合成材料的平面时迅速沿水平方向排走,从而构成水平排水层。

4. 隔离作用

在修筑机场跑道和停机坪时,一般道基和道面顺次施工。运营时荷载压力和雨水的作用,使道基材料、道面材料和一般材料都混合在一起,使原设计的强度、排水和过滤的功能减弱。为了防止这种现象的发生,可将土工合成材料设置在两种不同特性的材料间,不使其混杂,但又能发挥统一的作用。在盐渍土和季节性冻土地区机场,可在道基下设置不透水的土工膜阻止孔隙水上升,防止盐胀和冻胀现象损害道面结构层。

在铁路工程中,铺设土工合成材料后可以保持轨道的稳定,并减少养护费用。

在道路工程中,铺设土工合成材料可起渗透膜的作用,防止软弱土层侵入路基的碎石,不然会翻浆冒泥,最后使路基和路床的厚度减小,导致道路被破坏。

土工合成材料也可用于材料的储存和堆放,以避免材料的损失和劣化,还可防止废料的污染。

用作隔离的土工合成材料，其渗透性应大于所隔离土的渗透性，在承受动荷载作用时，土工合成材料还应具有足够的耐磨性；当被隔离材料或土层间无水流作用时，也可用不透水的土工膜。

5. 防渗作用

土工膜和复合土工合成材料可以防止液体的渗漏、气体的挥发，保护环境或建(构)筑物的安全。它们可用于防止各类大型液体容器或水池中液体的渗漏和蒸发、土石坝和库区的防渗、渠道防渗、隧道和涵管周围防渗、屋顶防漏以及修建施工围堰等。

6. 防护作用

土工合成材料对土体或水面可以起防护作用，如防止河岸或海岸被冲刷，防止道面反射裂缝，防止水面蒸发或空气中的灰尘污染水面等。

第三节 设计计算

在实际工程中应用的土工合成材料，不论作用的主次，都是以上六种主要作用的综合。虽然隔离作用不一定伴随过滤作用，但过滤作用经常伴随隔离作用。因而设计时，应根据不同的工程应用对象，综合考虑对土工合成材料的要求进行选料。

一、作为滤层时的设计

一般在设计滤层时，既要求其具有足够的透水性，又要求其能有效地防止土颗粒被带走。通常滤层选用无纺和有纺土工聚合物。此外，滤层应具有避免被保护土体的细小颗粒随着渗流水被带到织物内部孔隙中或被截留在合成材料表面而造成聚合物渗透性能降低的能力。

实际上，土工聚合物作为滤层的效果受到材料的特性、所保护土的性质和地下水条件的影响，所以在进行土工聚合物滤层设计时，应根据滤层所处的环境条件，将土工聚合物和所保护土体的物理力学性质结合起来加以考虑。

对任何一个土工聚合物滤层，在使用初期渗流开始时，土工聚合物背面的土颗粒逐渐与之贴近。其中，粒径小于土工聚合物孔隙的细颗粒必然穿过土工聚合物被排出，而粒径大于土工聚合物孔隙的土颗粒就紧贴靠近土工聚合物。土工聚合物自动调整为过滤层，直至无土粒能通过土工聚合物边界为止。此时靠近土工聚合物的土体透水性增大，而土工聚合物的透水性就会减小，最后土工聚合物和邻近土体共同构成了反滤层。这一过程往往需要几个月的时间才能完成。对级配不好的土料，因其本身不能成为滤料，所以排水和挡土得依靠土工聚合物。当渗流量很大时，就有大量细颗粒通过土工聚合物排出，有可能在土工聚合物表面形成泥皮,出现局部堵塞。因而宜在土工聚合物与被保护的土层间铺设150mm厚的砂垫层,以免土工聚合物的孔隙被堵塞。

二、作为加筋时的设计

1. 地基加固

分层铺设的土工合成材料与地基土可构成加筋土垫层。加筋土垫层多应用于路堤软土地基加固,主要用于提高地基稳定性,减小地基沉降。采用加筋土垫层加固的示意图如图7-2所示。对于局部地基土可能被破坏的情况,也可采用土工合成材料局部加筋垫层的方法加固,如图7-3所示。

图7-2 加筋土垫层加固地基

图7-3 土工合成材料局部加筋垫层

通常认为,采用加筋土垫层加固路堤地基主要是应对四种破坏形式:滑弧破坏、加筋体绷断破坏、地基塑性滑动破坏、薄层挤出破坏。某一具体工程的主控破坏类型与工程地质条件、加筋材料性质、受力情况以及边界条件等影响因素有关。而且在一定条件下,破坏类型可能发生变化,可能从一种形式向另一种形式转化,这主要由土的强度发挥和加筋体的强度发挥两者之间的相互关系决定。

在荷载作用下加筋土垫层加固地基的工作性状是很复杂的,加筋体的作用及工作机理也很复杂。加筋土地基的破坏形式有多种,造成破坏的影响因素也有很多,而且很复杂。到目前为止,许多问题尚未完全弄清楚,其计算理论还处在发展阶段,尚不成熟。

在加筋土地基设计中要防止上述四种破坏形式的发生。对滑弧破坏,应采用土坡稳定分析法验算其安全度。对加筋体绷断破坏,要验算加筋体所能提供的抗拉力。如果加筋体所能提供的抗拉力不够,可增大加筋体断面尺寸,或加密加筋体。加筋土地基塑性滑动破坏实质上是加筋土层下卧层不能满足承载力要求。因此,在加筋土地基设计中要验算加筋土层下卧层承载力。薄层挤出破坏相对较少,此处不做介绍。

采用加筋土垫层法可使路堤荷载扩散,减小地基中附加应力。当路堤下软弱土层不是很厚时,采用加筋土垫层可有效减小沉降;当路堤下软弱土层很厚时,利用加筋土垫层的应力扩散作用可使浅层土体中的附加应力减小,但会使地基土层压缩的影响深度加大。在这种情况下,采用加筋土垫层对减小总沉降的作用不大,有限元分析和工程实践都证明了这一点。

应用加筋土垫层加固地基主要是为了提高地基的稳定性。当路堤地基采用桩体复合地基加固时,在路堤和复合地基之间铺设加筋土垫层,既可有效提高地基承载力,又可有效减小路堤的沉降。

如将具有一定刚度和抗拉力的土工聚合物铺设在软土地基表面上,再在其上填筑粗颗粒土(砂土或砾土),在作用荷载的正下方会产生沉降,其周边地基会产生侧向变形和部分隆起,图 7-4 所示的土工聚合物则受拉,而作用在土工聚合物与地基土间的抗剪阻力就能相对地约束地基的位移;同时,作用在土工聚合物上的拉力,也能起到支承荷载的作用。设计时其地基极限承载力 p_{s+c} 的计算公式如下。

$$p_{s+c} = \alpha c N_c + \frac{2p}{b}\sin\theta + \beta \frac{p}{r} N_q \tag{7-1}$$

式中:α、β——基础的形状系数,一般取 $\alpha = 1.0$,$\beta = 0.5$;

c——土的黏聚力(kPa);

N_c、N_q——与内摩擦角有关的承载力系数,一般取 $N_c = 5.3$,$N_q = 1.4$;

p——土工聚合物的抗拉强度(N/m);

b——基础宽度(m);

θ——基础边缘土工聚合物的倾斜角,一般为 10°~17°;

r——假想圆的半径,一般取 3m,或为软土层厚度的一半,但不能大于 5m。

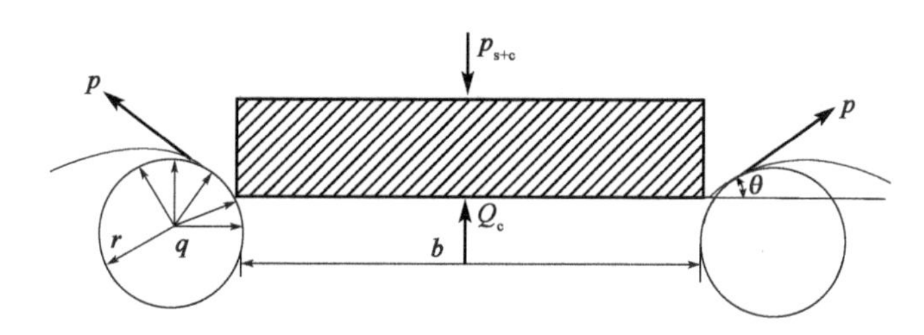

图 7-4　土工合成材料加固地基的承载力计算简图

式(7-1)右边第一项是没有土工聚合物时,原天然地基的极限承载力;右边第二项是在荷载作用下,由于地基的沉降使土工聚合物发生变形而承受拉力的效果;右边第三项是土工聚合物阻止隆起而产生的平衡镇压作用的效果(以假设近似半径为 r 的圆求得,图 7-4 中的 q 是塑性流动时地基的反力)。实际上,式(7-1)右边第二项和第三项均为因铺设土工聚合物而提高的地基承载力。

2. 路堤加固

土工合成材料用以增强填土稳定性,其铺垫方式有两种:一种是铺设在路基底与填土间;另一种是铺设在堤身内填土层间。分析计算时采用瑞典法和荷兰法两种计算方法。

瑞典法的计算模型是假定土工合成材料的拉应力总是保持在原来的铺设方向。由于土工合成材料产生拉力 S,这就增加了两个稳定力矩(图 7-5)。

首先按常规方法找到最危险圆弧滑动的参数,以及相应的最小安全系数 K_{min},然后加入有土工合成材料这一因素。当仍按原最危险圆弧滑动时,若要撕裂土工合成材料,就要克服土工合成材料的拉力 S,以及在填土内沿垂直方向开裂而产生的抗力 $S\tan\varphi$(φ 为填土的内摩擦角)。如以 O 为力矩中心,则前者的力臂为 a,后者的力臂为 b,则原最小安全系数为

$$K_{\min} = \frac{M_{抗}}{M_{滑}} \tag{7-2}$$

增加土工合成材料后的安全系数为

$$K' = \frac{M_{抗} + M_{土工织物}}{M_{滑}} \tag{7-3}$$

故所增加的安全系数为

$$\Delta K = \frac{S(a + b\tan\varphi)}{M_{滑}} \tag{7-4}$$

当已知土工合成材料的拉力 S 时，便可求得 ΔK 。相反，当已知要求增加的 ΔK 时，便可求得所需土工合成材料的拉力 S。

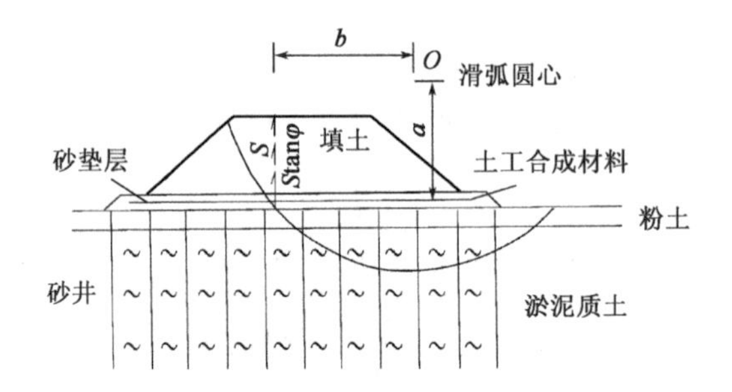

图 7-5　土工合成材料加固软土地基上路堤的稳定分析(瑞典法)

荷兰法的计算模型是假定土工合成材料在滑弧切割处形成一个与滑弧相适应的扭曲，且土工合成材料的拉力 S(每米宽)可认为是直接切于滑弧的(图 7-6)。绕滑动圆心的力矩，其臂长即等于滑弧半径 R，此时抗滑稳定安全系数为

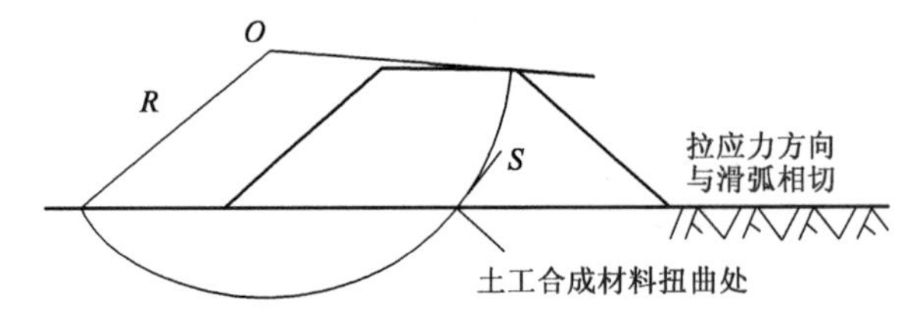

图 7-6　土工合成材料加固软土地基上路堤的稳定分析(荷兰法)

$$K' = \frac{\sum (c_i l_i + Q_i \cos\alpha_i \tan\varphi_i) + S}{\sum Q_i \sin\alpha_i} \tag{7-5}$$

式中：Q_i——某一分条土体的重力(kN)；

c_i——填土的黏聚力(kPa)；

l_i——某分条滑弧的长度(m)；

α_i——某分条与滑动面的倾斜角(°)；

φ_i——土的内摩擦角(°)。

故所增加的安全系数为

$$\Delta K = \frac{SR}{M_{滑}} \tag{7-6}$$

通过式(7-6)即可确定所需要的K'值,从而推算S值,用以选择土工合成材料产品的规格型号。

值得注意的是,除了应验算滑弧穿过土工合成材料的稳定性外,还应验算在土工合成材料范围以外路堤有无整体滑动的可能性,经验算没问题时,才可认为路堤是稳定的。

土工合成材料作为路堤底面垫层,除了提高地基承载力和增强地基稳定性外,其中一个主要作用就是减少堤底的差异沉降。通常土工合成材料可与砂垫层(0.5~1.0m 厚)共同作为一层,这一层具有与路堤本身及软土地基不同的刚度,通过这一垫层可将堤身荷载传递到软土地基中,它既是软土固结时的排水面,又是路堤的柔性筏基。土工合成材料的应力扩散作用可使地基变形较为均匀,路基中心最终沉降量比不铺土工合成材料要小,施工速度可加快,且能较快地达到所需的固结度,提高地基承载力。另外,路堤的侧向变形将因设置土工合成材料而得以减小。

3.加筋土挡墙

土工合成材料作为拉筋材料还可用于建造加筋土挡墙,此内容将在第四节中详细讲解。

第四节 加筋土挡墙

加筋土挡墙是由填土、填土中布置的一定量的拉筋以及直立的墙面板组成的一个复合结构。这种结构内部存在着墙面土压力、拉筋的拉力及填料与拉筋间的摩擦力等相互作用的内力,这些内力相互平衡,从而保证了这一复合结构的内部稳定。

同时,加筋土挡墙这一复合结构类似于重力式挡墙,还要能抵抗加筋体后面填土所产生的侧压力,即保证加筋土挡墙的外部稳定,从而使整个复合结构保持稳定。与其他结构一样,在加筋土结构外部稳定性验算中,还包括地基承载力的稳定验算。

加筋土挡墙具有以下特点:

(1)可以实行垂直填土,从而减少占地面积,这对不利于放坡的地区、城市道路以及土地珍贵的地区而言,具有较大的经济价值。

(2)面板、筋带可工厂化生产,不但保证了质量,而且降低了原材料消耗,加快了施工进度。

(3)充分利用土与拉筋的共同作用,使挡墙结构轻型化。加筋土挡墙具有柔性结构性能,可承受较大的地基变形。因而,加筋土挡墙可应用于软土地基,并具有良好的抗震性能。

(4)加筋土挡墙外侧可铺面板,面板可根据需要进行拼装,造型美观,适用于城市道路的支挡工程。加筋土挡墙也可与三维植被网结合,在加筋土挡墙外侧进行绿化,景观效果也好。

一、破坏机理

加筋土挡墙的整体稳定性取决于加筋土挡墙的内部和外部稳定性。

1. 加筋土挡墙的内部稳定性丧失

从加筋土挡墙内部结构分析可知(图7-7),由于土压力的作用,土体中会产生一个破裂面,且破裂面的滑动棱体达到极限状态。在土中埋设拉筋后,趋于滑动的棱体,通过土与拉筋间的摩擦作用有将拉筋拔出的倾向。因此,这部分的水平分力 τ 指向墙外。滑动棱体后面的土体则受到拉筋和土体间的摩擦作用把拉筋锚固在土中,从而阻止拉筋被拔出,这一部分的水平分力指向土体。两个水平分力的交点就是拉筋的最大应力点。将每根拉筋的最大应力点连接成一曲线,该曲线就把加筋土挡墙分成两个区域。

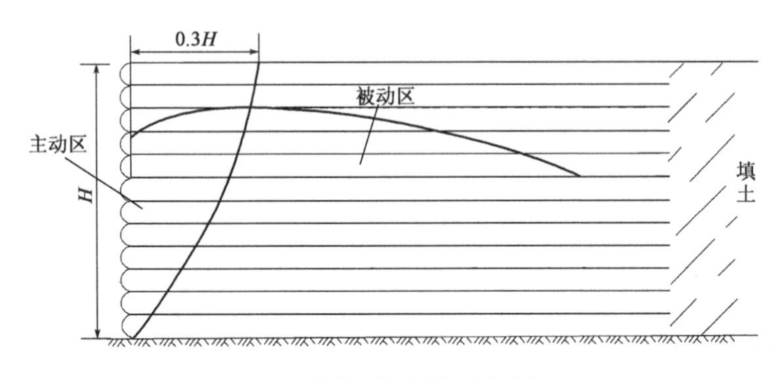

图7-7 加筋土挡墙内部受力分析

将各拉筋最大应力点连线以左的土体区域称为主动区(或活动区),以右的土体区域称为被动区(或锚固区、稳定区)。通过大量的室内模型试验和野外实测资料分析,两个区域的分界线与墙面的最大距离为0.3H(H为墙面高度)。然而,Mitchell 和 Villet 认为:对于延伸性较强的土工合成材料,其破裂面接近朗金理论的破裂面。当然,加筋土两个区域的分界线的形式,还要受到以下几个因素的影响:①结构的几何形状;②作用在结构上的外力;③地基的变形;④土与拉筋间的摩擦力。

加筋土挡墙的内部稳定性丧失包括拉筋拔出破坏、拉筋断裂、面板与拉筋间接头破坏、面板断裂、贯穿回填土破坏、沿拉筋表面破坏(图7-8)。

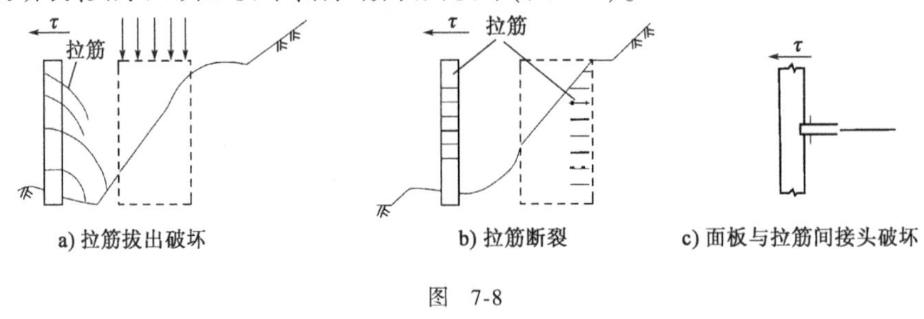

a) 拉筋拔出破坏　b) 拉筋断裂　c) 面板与拉筋间接头破坏

图 7-8

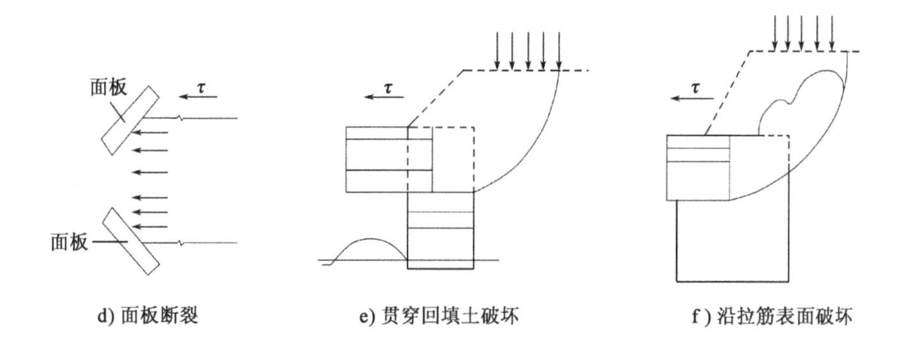

图 7-8　加筋土挡墙内部可能产生的破坏形式

2. 加筋土挡墙的外部稳定性丧失

加筋土挡墙的外部稳定性丧失包括土坡整体失稳、滑动破坏、倾覆破坏和承载力破坏(图 7-9)。

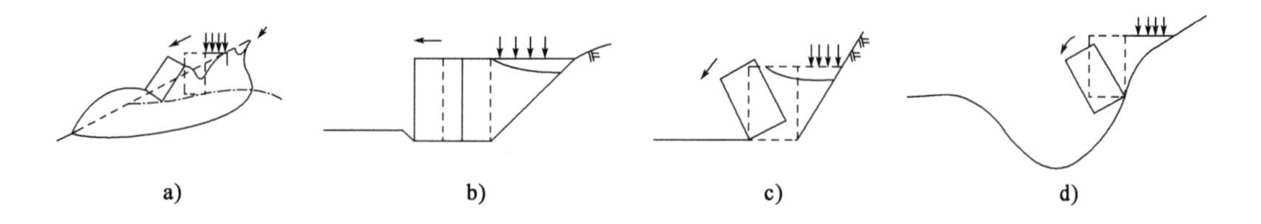

图 7-9　加筋土挡墙外部可能产生的破坏形式

二、设计计算

1. 加筋土挡墙的形式

加筋土挡墙可分为路肩式挡墙和路堤式挡墙,如图 7-10 所示。

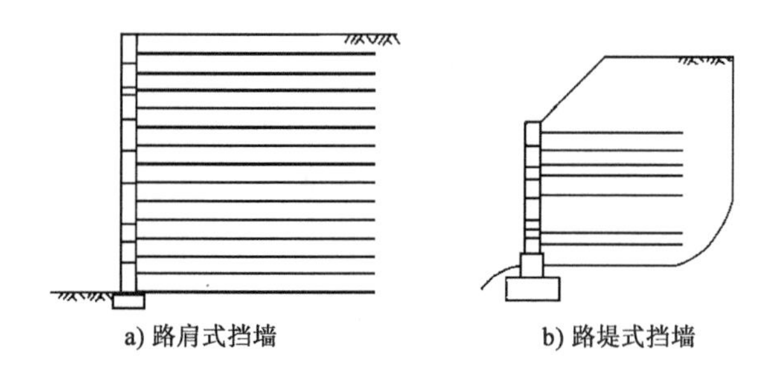

图 7-10　加筋土挡墙(1)

根据拉筋配置方法的不同,加筋土挡墙又可分为单面加筋土挡墙、双面分离式加筋土挡墙、双面交错式加筋土挡墙以及台阶式加筋土挡墙(图7-11)。

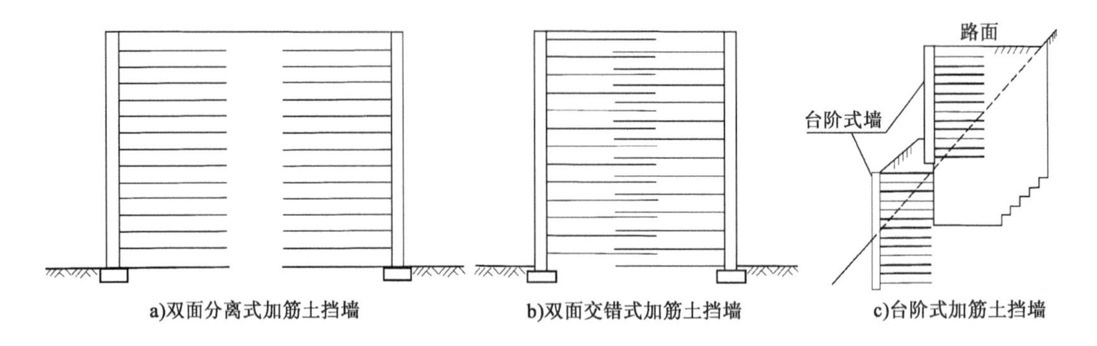

图7-11　加筋土挡墙(2)

2.加筋土挡墙的荷载

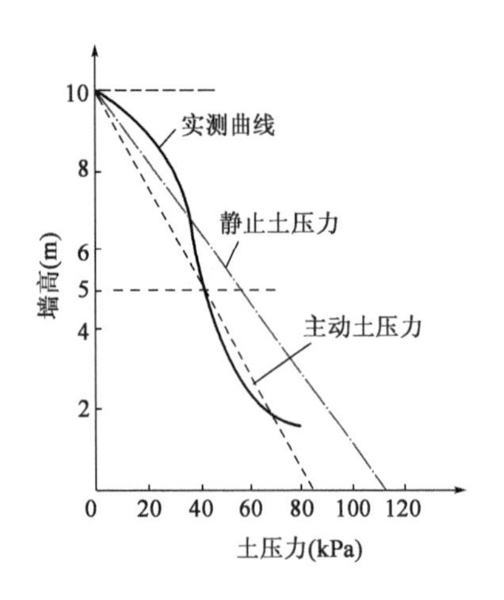

图7-12　加筋土挡墙土压力分布

应根据可能同时出现的作用荷载类型来选择荷载组合。

对于加筋土边坡上的土压力,采用静止土压力已是工程界的共识。根据国内外的实测资料,加筋土边坡上半部的土压力,与静止土压力比较一致;而下半部的土压力,则接近主动土压力;但在其底部,土压力又有所增大,如图7-12所示。

《铁路路基支挡结构设计规范》(TB 10025—2019)规定,在边坡高度1/2以上部分,按静止土压力计算,土压力呈三角形分布;边坡高度1/2以下部分土压力为均匀分布,分布图形为矩形。最大土压力为边坡高度1/2处的静止土压力,静止土压力系数为$k_1 = 1 - \sin\varphi$(其中φ为土的内摩擦角)。

3.加筋条的设计

拉筋应采用抗拉强度高、伸长率小、耐腐蚀和柔韧性好的材料,同时要求加工、接长以及与面板的连接简单,如镀锌扁钢带、钢筋混凝土带、聚丙烯土工聚合物等。

钢带和钢筋混凝土带的接长以及与面板的连接,可通过焊接或螺栓结合,结点应做防锈处理。

加筋土挡墙内拉筋一般应水平布设并垂直于面板,当1个结点有2条以上拉筋时,应呈扇状分开。当相邻墙面的内夹角小于90°时,宜将不能垂直布设的拉筋逐渐斜放,必要时应在转角处增设加强拉筋。

作为加筋土边坡，其加筋材料的选择，应满足如下要求：

①有较高的抗拉强度，蠕变量较小。

②具有较好的柔性和韧性，便于填土夯实。

③具有良好的耐腐蚀性能。

④加筋条与面板有良好的连接性。

⑤加筋条断面简单，便于制作。

⑥加筋条与填土间具有较大的摩擦系数。

⑦取材容易，经济合理。

例如，广西河池机场现在建成的直立反包式加筋土超高挡墙，高度已达 60m，主要采用土工格栅加筋，基本上能满足上述 7 项要求，目前使用情况良好。

4. 面板的设计

面板是一种围护构件，面板与加筋条的连接处，不是加筋条受力最大的地方，此处受力大约只有加筋条最大拉应力的 75%。

在国外，加筋土边坡的面板多采用镀锌薄钢板制成圆筒形，再将其与加筋条(钢带)焊接。在我国，加筋土边坡的面板多采用混凝土面板，多设计成十字形、六角形、矩形的等厚单板(图 7-13)，其厚度为 100～200mm。单板较大时，也可采用槽形板。

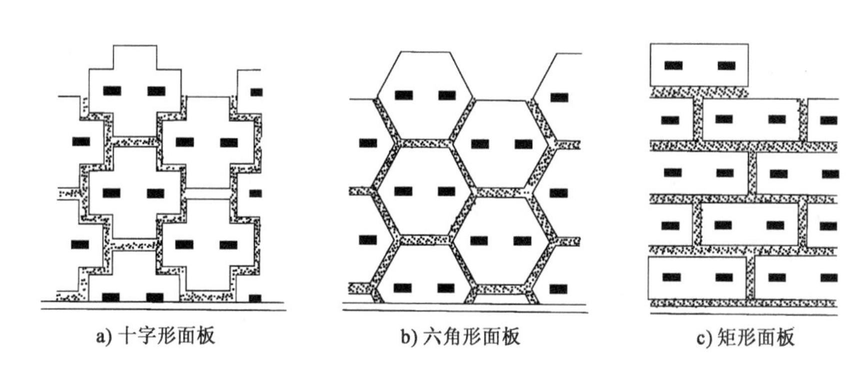

图 7-13　混凝土面板的形式

实践证明，对于高度不同的边坡，面板所受的力相差无几，可根据经验选用，无须进行验算。我国的加筋土面板，因考虑搬运和安装的需要，常采用配筋混凝土制作。面板设计应满足坚固、美观、方便运输、易于安装等要求。由于混凝土面板的厚度较小，设计时应重视面板自身的稳定性，必要时，可在适当的高度设置一道现浇钢筋混凝土连系梁。面板一般情况下应排列成错接式。由于各面板间的空隙都能排水，故排水性能良好。但内侧必须设置反滤层，以防填土流失。反滤层可使用砂夹砾石或土工聚合物。

面板与筋条间的连接，一般采用焊接、螺栓连接、楔形锚头连接等。焊接可用于金属或塑料筋条。螺栓连接是在面板上预留孔洞，将螺栓与筋条连接好后，把螺栓穿越预留孔紧固而成。对于塑料筋带或竹片筋条，多采用混凝土楔形锚头锚固。

5. 填料要求

加筋土挡墙内填土一般应满足易压实、能与拉筋产生足够的摩擦力以及水稳定性好的要求。在加筋土边坡的使用初期,对填料的要求比较严格,随着加筋土边坡的推广应用,经验不断积累,对填料的要求有所放松。在控制填料的粒径方面,各国有不同的规定。近年来,随着加筋土技术的发展,在大量试验研究的基础上,已普遍采用当地土体作为填料,但也不能忽视对填料的选择。

6. 构造设计

(1)加筋土挡墙的平面线形可采用直线、折线和曲线。相邻墙面的内夹角不宜小于70°。

(2)加筋土挡墙的剖面形式一般应采用矩形,见图7-14a),受地形、地质条件限制时采用图7-14b)和图7-14c)的形式。断面尺寸通过计算确定。

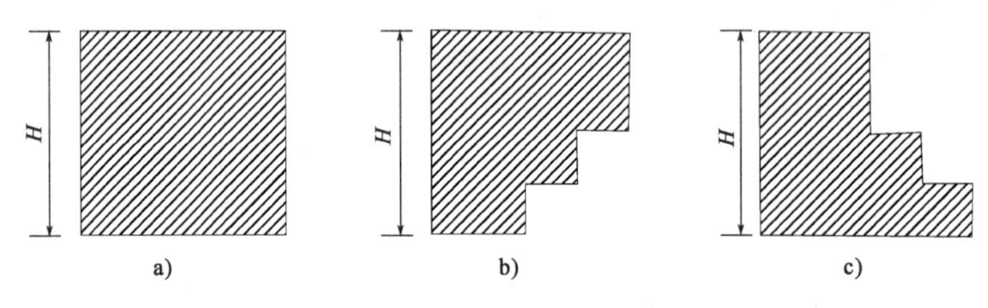

图7-14　加筋土挡墙的剖面形式

(3)加筋土挡墙面板下部应设宽度不小于0.3m、厚度不小于0.2m的混凝土基础,但符合下列情况之一者可不设:①面板筑于石砌圬工或混凝土之上;②地基为基岩,挡墙面板基础底面的埋置深度不小于0.6m。

(4)对设置在斜坡上的加筋土结构,应在墙脚设置宽度不小于1m的护脚,以防止前沿土体在加筋土体水平推力作用下发生剪切破坏,导致加筋土结构丧失稳定性。

(5)加筋土挡墙应根据地形、地质、墙高等条件设置沉降缝,其间距是:土质地基为10～30m,岩石地基可适当增大。沉降缝宽度一般为0～20 mm,可采用沥青板、软木板或沥青麻絮等填塞。

(6)墙顶一般均需设置帽石,可以预制,也可以就地浇筑。帽石的分段应与墙体的沉降缝在同一位置。

7. 加筋土挡墙的结构验算

加筋土挡墙的结构验算包括两个方面:一是加筋土挡墙的整体稳定性验算,即加筋土中拉筋的验算;二是加筋土挡墙的外部稳定性验算。一般先按经验初定一个断面,然后验算拉筋的受力情况,确定拉筋的设置,最后验算挡土结构的整体稳定性。若挡土结构的整体稳定性不能满足要求,则需要调整拉筋的设置;若稳定性验算安全系数偏大,可进一步进行优化,调整拉筋的设置以获得合理断面。

1)加筋土挡墙的内部稳定性验算

加筋土挡墙的内部稳定性是指由于拉筋被拉断或由于筋土间摩擦力不足(在锚固区内拉筋的锚固长度不足导致土体发生滑动),以致加筋土挡墙整体结构被破坏。因此,在设计时必须考虑拉筋的强度和锚固长度(也称拉筋的有效长度)。但拉筋的拉力计算理论,国内外尚未取得统一,现有的计算理论多达十几种。目前比较有代表性的理论可归纳为两类,即整体结构理论和锚固结构理论。与此相应的计算方法,前者有正应力分布法(包括均匀分布、梯形分布和梅氏分布)、弹性分布法、能量法和有限元法,后者有朗金法、斯氏法、库仑合力法、库仑力矩法和滑裂楔体法等,不同的计算方法计算结果稍有差异。

2)加筋土挡墙的外部稳定性验算

加筋土挡墙的外部稳定性验算是指包括考虑挡墙地基承载力、基底抗滑稳定性、抗倾覆稳定性和整体抗滑稳定性等的验算。验算时可将拉筋末端的连线与墙面板间视为整体结构,其他与一般重力式挡土墙的计算方法相同。

第五节 土钉

一、概述

土钉是将拉筋插入土体内部,并在坡面上喷射混凝土,从而形成土体加固区带,其结构类似于重力式挡墙,用以增强边坡的稳定性,适用于开挖支护和天然边坡加固,是一项实用、有效的原位岩土加筋技术。工程中通常采用钢筋做拉筋,尺寸小,全长度与土黏结。

现代土钉技术已有近40年的历史。1972年法国人Bouygues在法国凡尔赛附近铁道拓宽线路的切坡中首次应用了土钉。其后,土钉法作为稳定边坡与深基坑开挖的支护方法在法国得到了广泛应用。德国、美国在20世纪70年代中期开始应用此项技术。我国从20世纪80年代开始进行土钉的试验研究和工程实践,1980年在山西柳湾煤矿边坡稳定中首次应用土钉技术。目前,土钉法在我国逐步得到推广和应用。

二、土钉的类型、特点及适用性

按施工方法,土钉可分为钻孔注浆型土钉、打入型土钉和射入型土钉三类。

土钉作为一种施工技术,具有如下特点。

(1)形成的土钉墙复合体,显著提高了边坡整体稳定性和承受坡顶超载的能力。

(2)施工简单,施工效率高。土钉施工采用的钻孔机具及喷射混凝土设备都属可移动的小型机械,移动灵活,所需场地也小。此类机械的振动小、噪声低,在城区施工中具有明显的优越性。土钉施工速度快,施工开挖容易成型,在开挖过程中较易适应不同的土层条件和施工程序。

(3)对场地邻近建(构)筑物影响小。由于土钉施工采用小台阶逐段开挖,且在开挖成形后及时设置土钉与面层结构,使面层与挖方坡面紧密结合,土钉与周围土体牢固黏合,对土坡的土体扰动较少。土钉一般都是快速施工,可适应开挖过程中土质的局部变化,易于使土坡稳定。

(4)经济效益好。据西欧统计资料,开挖深度在10m以内的基坑,采用土钉技术比锚杆墙方案可节约投资10% ~30%。在美国,土钉开挖专利报告认为可节省投资30%左右。在国内,据9项土钉工程的经济分析统计,认为可节约投资30% ~50%。

土钉适用于地下水位低于土坡开挖段或经过降水使地下水位低于开挖层的情况。为了保证土钉的施工,土层在分阶段开挖时应能保证自立稳定。为此,土钉适用于有一定黏结性的杂填土、黏性土、粉土、黄土类土及弱胶结的砂土边坡。此外,当采用喷射混凝土面层或坡面浅层注浆等稳定坡面措施能够保证每一切坡台阶的自立稳定时,也可采用土钉支挡体系作为稳定边坡的方法。

三、土钉与加筋土挡墙的比较

1. 主要相同之处

(1)加筋体(拉筋或土钉)均处于无预应力状态,只有在土体产生位移后,才能发挥其作用。

(2)加筋体抗力都是由加筋体与土之间产生的界面摩擦力提供的,加筋土体内部本身处于稳定状态,它们承受着其后面外部土体的推力,类似于重力式挡墙的作用。

(3)面层(加筋土挡墙面层为预制构件,土钉面层是现场喷射混凝土而成)都较薄,在支撑结构的整体稳定中不起主要作用。

2. 主要不同之处

(1)虽然竣工后两种结构外观相似,但其施工程序却截然不同。土钉施工自上而下,分步施工;而加筋土挡墙则是自下而上,这对筋体应力分布有很大影响,施工期间尤甚。

(2)土钉法是一种原位加筋技术,是用来改良天然土层的,不像加筋土挡墙那样,能够预定和控制加筋土填土的性质。

(3)土钉技术通常包含灌浆技术,使筋体和其周围土层黏结,荷载通过浆体传递给土层。在加筋土挡墙中,摩擦力直接产生于筋条和土层间。

(4)土钉既可水平布置,也可倾斜布置,当其垂直于潜在滑裂面布置时,将会充分发挥其抗力;而加筋土挡墙内的拉筋一般为水平设置(或以很小角度倾斜布置)。

四、土钉与土层锚杆的比较

表面上,当用于边坡加固和开挖支护时,土钉和预应力土层锚杆有一些相似之处。人们很想将土钉仅仅当作一种“被支式”的小尺寸土层锚杆。尽管如此,两者的功能仍有较大的差别。

(1)土层锚杆在安装后一般应进行张拉,因此在运行时能理想地防止结构产生各种位移。相比之下,土钉则不予张拉,在产生少量(虽然非常小)位移后才可发挥作用。

(2)土钉长度(一般为3~10m)的绝大部分和土层相接触,而土层锚杆多通过在锚杆末端固定的部分传递荷载,其直接后果是两者在支挡土体中产生的应力分布不同。

(3)土钉的安装密度很高(一般为0.5~5.0m^2一根),因此单筋破坏的后果不严重。另外,土钉的施工精度要求不高,它们是以相互作用的方式形成一个整体。土层锚杆的设置密度比土钉要小一些。

(4)因土层锚杆承受荷载很大,在土层锚杆的顶部需安装适当的承载装置,以减小出现穿过挡土结构面而发生“刺入”破坏的可能性。而土钉则不需要安装坚固的承载装置,其顶部承受的荷载小,可由安装喷射混凝土表面的钢垫来承受。

(5)土层锚杆往往较长(一般为15~45m),因此需要用大型设备来安装。锚杆体系常用于大型挡土结构,如地下连续墙和钻孔灌注桩挡墙,这些结构本身也需要大型施工设备。

五、加固机理

土钉是由较小间距的拉筋来加强土体,形成一个原位复合的重力式结构,用以提高整个原位土体的强度并限制其位移,这种技术实质上是新奥法的延伸。它结合了钢丝网喷射混凝土和岩石锚杆的特点,为边坡提供柔性支挡。

由于土体的抗剪强度较低,抗拉强度非常小,因而自然边坡只能以较小的临界高度保持直立。当土坡直立高度超过临界高度,或坡面承受较大荷载且环境因素等发生改变时,土坡就会失稳。为此,过去常采用支挡结构承受侧压力并限制其变形发展,这属于常规的被动制约机制的支挡结构。土钉则是在土体内增设一定长度和分布密度的锚固体,它与土体牢固结合而共同工作,以弥补土体自身强度的不足,增强土坡坡体自身的稳定性,属于主动制约机制的支挡体系。国内学者通过模拟试验发现,土钉墙在超载作用下不会发生如天然均质土边坡那样的突发性塌滑,它不仅会延迟塑性变形发展阶段,而且具有明显的渐进性变形和开裂破坏。即使土体内已出现局部剪切或张拉裂缝,且随着超载集度的增加而扩展,土体也可在很长时间内不发生整体塌滑,表明其仍具有一定的强度。

土钉的这些性状是通过土钉与土体的相互作用实现的。一方面,这些性状体现了土钉与土界面阻力的发挥程度;另一方面,由于土钉与土体的刚度相差很大,所以在土钉墙进入塑性变形阶段后,土钉自身的作用逐渐增强,从而改善了复合土体塑性变形和破坏性状。

原位试验和工程实践表明,土钉在复合土体中的作用表现在以下几个方面。

(1)土钉在其加固的复合土体中起着箍束骨架作用,作用的大小取决于土钉本身的刚度和强度以及它在土体内分布的空间组合方式。同时,土钉还具有制约土体变形的作用,并使复合土体构成一个整体。

(2)土钉与土体共同承担外荷载和土体自重应力,在土体进入塑性状态后,应力逐渐向土钉转移。当土体开裂时,土钉分担作用更为突出,此时土钉出现了弯剪、拉剪等复合应力,从而导致土钉体中浆体碎裂和钢筋屈服。所以,复合土体塑性变形的延迟、渐进性开裂变形的出现均与土钉分担作用密切相关。

(3)土钉起着应力传递与扩散作用,这使得土体部分的应变水平与荷载相同条件下的天然土边坡的应变水平降低了很多,从而推迟了开裂域的形成和发展。

(4)与土钉相连的钢筋网喷射混凝土面板也是土钉发挥有效作用的重要组成部分,坡面膨胀变形是开挖卸荷、土体侧向位移、塑性变形和开裂发展的必然结果。限制坡面膨胀能起到削弱内部塑性变形、加强边界约束的作用,这在开裂变形阶段尤为重要。面板提供的约束取决于土钉表面与土的摩擦力,当复合土体开裂域扩大并连成片时,摩擦力仅由开裂域后的稳定复合土体提供。

(5)在地层中常有裂隙发育,当向土钉孔中进行压力注浆时,浆液会顺着裂隙扩渗,形成网状胶结。当采用一次压力注浆工艺时,对宽度为1~2mm的裂隙,注浆可扩成5mm的浆脉,这必然增强土钉与周围土体的黏结作用。

类似加筋土挡墙内拉筋与土的相互作用,土钉与土间的摩擦力,主要是由土钉与土间的相对位移产生。在土钉加筋的边坡内,同样存在着主动区和被动区(图7-15)。主动区和被动区内土体与土钉间摩擦力的发挥方向正好相反,而被动区内土钉可起到锚固作用。

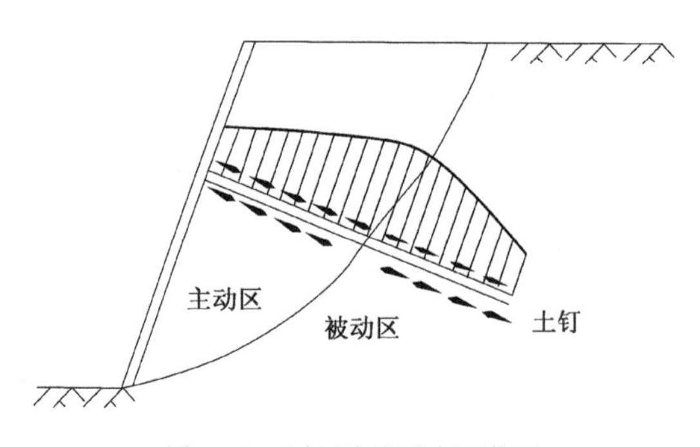

图7-15　土与土钉间的相互作用

第六节　边坡防护

一、三维植被网护坡

三维植被网技术是利用活性植物并结合土工合成材料,在坡面构建一个具有自身生长能力的防护系统,通过植物的生长对边坡进行加固的一门新技术。根据边坡地形地貌、土质和区域气候等特点，在边坡表面覆盖一层土工合成材料并按一定的组合与间距种植多种植物，通过植物的生长达到根系加筋、茎叶防冲蚀的目的，可在坡面形成茂密的植被覆盖，在表土层形成盘根错节的根系，有效抑制暴雨径流对边坡的侵蚀，增加土体的抗剪强度，减小孔隙水压力和土体自重力，从而大幅度提高岸坡的稳定性和抗冲刷能力。土工网对减少岸坡土壤水分的蒸发，增加入渗量有较好的作用。三维植被网护坡技术综合了土工网和植物护坡的优点，起到了复合护坡的作用。边坡的植被覆盖率达到30%以上时，能承受小雨的冲刷，覆盖率达80%以上时能承受暴雨的冲刷。待植物生长茂盛时，能抵抗径流流速达6m/s的冲刷，为一般草皮的2倍多。同时，由于土工网材料为黑色的聚乙烯，具有吸热保温的作用，可促进种子发芽，有利于植物生长。

1. 护坡作用机理

由于三维土工网垫表面凹凸不平，呈多层网孔结构，网孔空隙率高达90%以上，所以其作用主要表现为以下几个方面：

(1)网包的消能作用。在草没有长成以前，土工网垫可使风和水流在网垫表层产生小涡流，减轻雨滴的冲击，起到缓冲消能作用，并通过网包阻挡坡面雨水流动，使其携带物沉积，避免了表层土粒剥蚀流失，保护坡面免遭风雨的侵蚀。

(2)网包的固定土粒和草籽作用。边坡撒上草种以后，土工网垫蓬松的三维空间网包可将土颗粒、草籽等填充物有效、牢固地握裹在一起，防止土粒、草籽或幼苗被冲刷流失。并且三维网的网孔呈一定规律分布，有助于植被的均匀分布，从而有助于根系在坡面土层中固定、生长。

(3)浅层加筋作用。草长成以后，植物生长根系、土工网垫和泥土交织缠绕在一起，形成浅层致密的坡面加筋复合保护层，能有效地防止表层土滑移，具有一定的整体性和极强的抗冲蚀能力。研究资料表明，纯草皮只能抵抗2m/s的流速，而三维土工网垫植草至少能抵抗4m/s的流速。同时，网维护了草，草又缠系了网，还减少了紫外光照射的强度，起到延缓三维土工网垫老化的作用。

(4)渗透作用。土工网垫呈网孔状，可提高土体的通透性。另外，植被的覆盖能有效地利用其枝叶和根茎来消除雨滴的冲击能量，能阻碍雨水沿地面的流动，降低径流的速度，使土的渗透性能增加，从而有利于表层雨水下渗和植物生根发芽，促进植物生长扎根于边坡土体中，有效降低坡面流水量，保证坡面不被冲蚀。

(5)保温作用。三维植被网垫具有优良的保温作用，在夏季可使植物根部的微观环境温度比外部环境温度低3～5℃，在冬季则正好高3～5℃，利于植物均匀生长。

资料表明，在草皮形成之前，当坡度为45°时，三维植被网的固土阻滞率高达97.5%，平面网为74%；当坡度为60°时，三维植被网的固土阻滞率为84%，平面网为0%，已不具备固土作用。由此可见，采用三维植被网具有极好的固土效果，远远胜于平面网，是平面网的新替代品。

2. 适用条件

根据三维植被网护坡在国内不同地区、不同类型边坡的应用经验，初步确定其适用、约束条件包括以下几个方面。

(1)应用地区。各地区均可应用,但在干旱、半干旱地区应保证养护用水的持续供给。

(2)边坡状况。各类土质边坡均可应用,包括填方和挖方边坡,强风化岩石边坡也可应用,土石混合边坡经处理后可用。常用坡率1∶1.5,坡率大于1∶1.0时慎用;每级坡高不超过10 m。

(3)施工一般在春、秋季进行,应尽量避免在暴雨季节施工。

二、土工格室植草护坡

土工格室植草护坡是指在展开并固定在坡面上的土工格室内填充种植土,然后在其上挂三维植被网,均匀撒(喷)播草种进行绿化的一种护坡技术。利用土工格室为草坪植物生长提供稳定、良好的生存环境。该方法能使不毛之地的边坡充分绿化,带孔的格室还能提高坡面的排水性能,且施工方便,可调节性较好。

1. 护坡作用机理

土工格室主要用于较陡边坡的坡面防护,一种方式是直接铺于土坡上再覆盖土壤;另一种方式是在土工格室内部现浇混凝土,可以用于特殊路基坡面防护(桥头高填方路堤、有流水冲刷的坡面),从形式上可以替代浆砌片石护面墙防护。

土工格室内充填土体用于坡面防护的作用机理与土工网格相差不多,区别在于前者的立体高度(一般10~20cm)比后者大了一些。采用土工格室防护的坡面,表层土体在格室侧壁与土体产生的摩擦力和格室对土体的侧限约束力共同作用下,形成一个轻型网状结构体,这种结构体改变了坡面水流的流向,使水流主要沿格室边缘流动,延长了水流的流径,使水流的动能部分消耗在格室上,坡面水流的径流量减少,流速降低,起到了很好的消能作用,减轻了水流对坡面的冲蚀。同时由于格室具有加筋作用,格室结构中土体的黏聚力远大于无格室结构土体的黏聚力,使得网状结构体中土体抵抗水流冲蚀的能力大大提高,可达到对坡面土体加固补强之目的。同时,平铺的立体筋材网格,并有均匀的锚杆加固于边坡土体之中,使相对较轻的网格与坡面之间紧密连接,再有植草根部的缠绕、土颗粒间的咬合作用,使二者成为一个整体,构成稳定的边坡。土工格室结合植草防护原理与三维土工网垫结合植草防护基本相同。

2. 护坡形式与适用条件

土工格室植草护坡(图7-16)在各地区均可应用,特别是在养护用水供应条件受限的干旱、半干旱地区能发挥其独特优势。

该方式适用于边坡坡率不陡于1∶0.5的任何稳定土坡。当坡率缓于1∶1时,采用平铺式植草护坡形式;当坡率陡于1∶1而缓于1∶0.5时,采用叠砌式护坡形式[图7-16b)]。无论采用哪一种护坡形式,每级坡高不应超过10m。

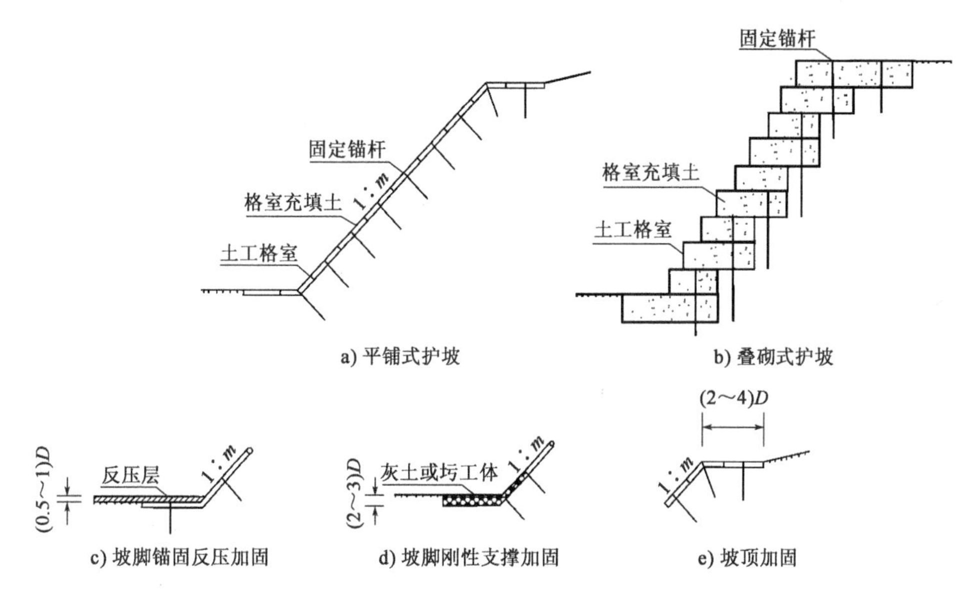

图 7-16　土工格室植草护坡设计形式断面示意图

3. 设计计算

以下设计计算方法由平铺式土工格室植草护坡形式推导得来，主要适用于平铺式土工格室护坡。

1) 土工格室植草护坡的破坏模式

工程实践表明，土工格室种植土防护体系的破坏主要有两种类型：①格室焊接部位剥离，引发格室种植土防护体系的渐进破坏；②格室种植土防护体系沿原坡面发生整体剪切下滑。

(1) 格室焊接部位的剥离破坏。

格室由焊接部位的钎钉固定于坡面。若钎钉数量偏少，或钎钉施工质量较差，则提供抗滑阻力的钎钉受力增大，传递到格室连接部位的局部应力增大，可观察到连接处出现明显的塑性变形。当某个连接部位的局部应力超过其焊接点的剥离强度时，局部应力的重分布使得相邻焊接点相继破坏，导致周围格室逐一散开，从而丧失对种植土的加固作用，因而坡面局部易受水流冲蚀。格室破坏主要受焊点的剥离强度控制。格室破坏引发的整个格室种植土防护体系的破坏呈渐进性发展特征。

(2) 格室种植土防护体系整体剪切下滑破坏。

当格室种植土防护体系的阻滑力不足以抵抗下滑力时，格室沿原坡面发生整体剪切下滑，致使边坡脚部第一排格室底部上翘。从而，经排水孔渗入的水流将上翘格室中的种植土掏空。当第一排格室被掏空后，第二排格室开始上翘，并继续被水冲掏。依次进行，最终使得格室种植土防护体系的坡面防护作用完全失效。

上述土工格室植草护坡的破坏模式要求设计时需计算格室种植土防护体系的抗滑稳

定性、钎钉的合理布置间距、钎钉合理锚固长度、钎钉抗拔力。

2)稳定系数计算

对土工格室加固边坡进行力学设计分析时,须将土工格室、格室固定钎钉和格室充填土作为一个整体来考虑。充填种植土的土工格室在坡面上的受力情况如图7-17所示。

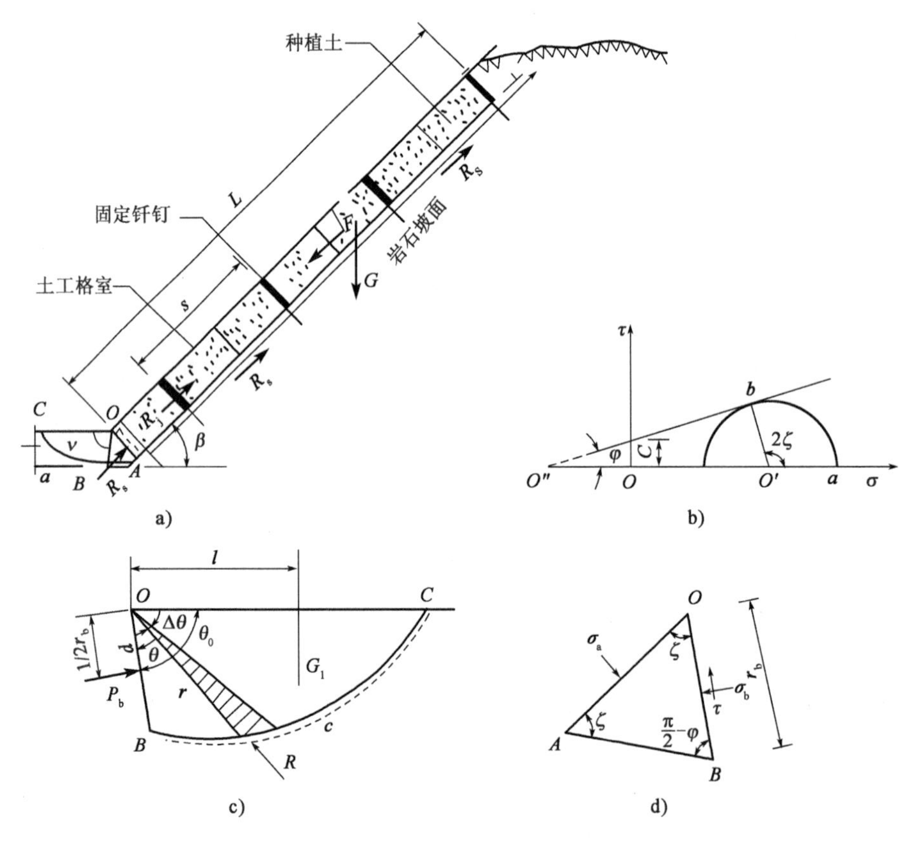

图7-17 边坡坡面格室——种植防护系统受力分析图

以单位宽度坡面土工格室为研究对象,则坡面格室下滑力为

$$F = G\sin\beta = \gamma tL\sin\beta \tag{7-7}$$

式中:L——坡长(m);

G——种植土加土工格室的平均重度(kN/m^3);

t——种植土的深度(m),与格室深度相同;

γ——种植土的重度(kN/m^3);

β——坡角(°)。

坡面格室的总抗滑力为

$$R = R_a + R_s + R_j \tag{7-8}$$

坡面土工格室防护体的安全系数K(要求$K \geqslant 1.5$)为

$$K = \frac{R}{F} \tag{7-9}$$

式中：R_a——坡脚处土工格室提供的被动阻力或抗滑阻力(kN)；

R_s——格室种植土防护系统在坡面的抗滑力(kN)；

R_j——钎钉传递的附加阻力(kN)；

F——坡面格室下滑力(kN)。

其中

$$R_s = G\cos\beta\tan\varphi + cL \tag{7-10}$$

$$R_j = \frac{tf_jL}{sw} \tag{7-11}$$

式中：c——充填土与基土界面上的黏聚力(kPa)；

φ——充填土与基土界面上的内摩擦角(°)；

f_j——单位深度格室焊接点的剥离强度(kPa/m)；

s——钎钉沿坡面纵向方向布置间距(m)；

w——钎钉沿坡面横向方向布置间距(m)。

当坡脚为刚性支挡时，R_a 可由 Rankine 的被动土压力计算求得。此时，以 OA [图 7-17a)]面代替 Rankine 在土压力分析中的竖直面，以土的重力应力分力 $\gamma t\cos\beta$ 代替土的重力应力 γt。

$$\begin{aligned} R_a &= \cos\beta(1/2\gamma k_p t^2 + 2c_1 t k_p^{1/2}) \\ &= \cos\beta[1/2\gamma t^2\tan^2(45° + \varphi_1/2) + 2c_1\tan(45° + \varphi_1/2)] \end{aligned} \tag{7-12}$$

式中：c_1——格室种植土防护系统的综合黏聚力(kPa)，计算时可取与 c 同值；

φ_1——格室种植土防护系统的综合内摩擦角(°)，计算时可取与 φ 同值；

k_p——被动土压力系数。

挡坡脚无护脚措施时，R_a 可根据极限平衡理论分析确定。图 7-17a)中，坡脚破坏区边界线 ABC 由直线 AB 和对数螺旋线 BC 组成。OAB 中的应力表示在图 7-17b)上。图 7-17b)中，摩尔圆上的 a 点代表 OA 面上(格室侧壁光滑，与土的摩擦力为零)的法向应力 σ_a，摩尔圆与破坏包络线的交点 b 代表滑动面 OB 上的应力 σ_b、τ_b，故 $\angle AOB = \xi = \pi/4 + \varphi/2$；$\angle ABO = \pi/2 - \varphi$；$\angle BOC = \theta_0 = \pi/4 + \beta - \varphi/2$。

由图 7-17c)所示的 OBC 力矩平衡条件，可得

$$\sum M_0 = \int dM - P_b\frac{2}{3}r_b = 0 \tag{7-13}$$

式中：$dM = \gamma r^2 l d\theta/2 + cr^2 d\theta$；

$l = 2r\cos(\theta_0 - \theta)/3$；

$r = r_b e^{\theta\tan\varphi_2}$；

$P_b = \sigma_b r_b$，其中 r_b 为 OB 的长度。

整理上式，得

$$\sigma_{\mathrm{b}}=\frac{3}{2r_{\mathrm{b}}^{2}}\int_{0}^{\theta_0}\mathrm{d}M=c\frac{3(\mathrm{e}^{2\theta_0\tan\varphi_2}-1)}{4\tan\varphi_2}+\gamma r_{\mathrm{b}}\frac{3\tan\varphi_2(\mathrm{e}^{2\theta_0\tan\varphi_2}-\cos\varphi_0)+\sin\theta_0}{2(1+9\tan^2\varphi_2)} \tag{7-14}$$

利用图 7-17b)中的几何关系,可得

$$\sigma_{\mathrm{a}}=\frac{1}{1-\sin\varphi_2}\sigma_{\mathrm{b}}+\frac{1+\sin\varphi_2}{\cos\varphi_2}c_2 \tag{7-15}$$

由图 7-17(d)得

$$r_{\mathrm{b}}=\frac{t\sin(90°+\varphi_2/2)}{\cos\varphi_2} \tag{7-16}$$

整理上式,并利用 $R_{\mathrm{a}}=\sigma_{\mathrm{a}}t$ 可得

$$R_{\mathrm{a}}=c_2N_{\mathrm{c}}+\gamma t^2N_{\mathrm{r}} \tag{7-17}$$

其中

$$N_{\mathrm{c}}=\frac{1+\sin\varphi_2}{\cos\varphi_2}+\frac{3(\mathrm{e}^{3\theta_0\tan\varphi_2}-1)}{4\tan\varphi_2(1-\sin\varphi_2)} \tag{7-18}$$

$$N_{\mathrm{r}}=\frac{3\sin\left(45°+\dfrac{\varphi_2}{2}\right)}{2(1-\sin\varphi_2)\cos\varphi_2}\times\frac{\tan\varphi_2(\mathrm{e}^{3\theta_0\tan\varphi_2}-\cos\varphi_2)+\sin\theta_0}{1+9\tan^2\varphi_2} \tag{7-19}$$

式中:c_2——坡脚压实土的黏聚力(kPa),计算时可取与 c 同值;

φ_2——坡脚压实土的内摩擦角(°),计算时可取与 φ 同值。

3)钎钉布置间距、锚固长度及抗拔力确定

(1)钎钉间距。

由稳定系数计算公式可导出钎钉最大布置间距应满足下式:

$$d_{\max}\leqslant\frac{Ltf_{\mathrm{j}}}{rLt(K\sin\beta-\cos\beta\tan\varphi)-R_{\mathrm{a}}} \tag{7-20}$$

式中符号代表含义同前所述。安全系数取值 $K\geqslant1.5$ 。

(2)钎钉锚固长度。

钎钉的力学性质属侧向受力。当钎钉为刚性变形时,其本身挠曲变形可忽略不计,钎钉在土中仅发生整体转动。钎钉侧向位移随着与转动中心的距离的增加而呈线性增加。因而,钎钉锚固段所受法向土压力呈三角形分布。

设钎钉总长为 h_{s} (m),锚固段长为 h (m),钎钉钻孔的直径为 D(m),假定钎钉为刚性体,不发生挠曲,也不发生整体转动,钎钉锚固段法向受力由其上覆土层提供的最大被动土压力确定。则锚固段法向土压力为

$$P_{\mathrm{P}}=\frac{h}{\cos\beta}\gamma\sin\beta=\gamma h\tan\beta \tag{7-21}$$

其合力为

$$E_{\mathrm{P}}=\frac{1}{2}\gamma Dh^2\tan\beta \tag{7-22}$$

在横向宽度为 d 的坡面上,钎钉为格室提供的抗滑阻力为

$$\frac{L}{s}E_{P} = (KF - R_{a} - R_{s})w \tag{7-23}$$

则钎钉锚固段最小长度为

$$h = \sqrt{\frac{2sw(KF - R_{a} - R_{s})}{\gamma LD\tan\beta}} \tag{7-24}$$

式中各项符号含义与稳定安全系数计算模型相同，其中 F 为降雨条件下坡面水流对格室体系的冲刷力(kN)，安全系数取值为 $K \geqslant 1.5$ 。此外，考虑钎钉锚固的其他因素，锚固深度不得小于0.75m。固定钎钉应按格室间距的倍数交错布置。

钎钉总长为

$$h_{s} = h + t \tag{7-25}$$

式中：h_{s}——钎钉总长度(m)；

h——钎钉锚固段长度(m)；

t——种植土的深度(m)，与格室深度相同。

(3)钎钉抗拔力。

钎钉的极限抗拔力取决于土层对于锚固段砂浆产生的最大摩阻力。则钎钉的极限抗拔力为

$$T = \pi Dh\tau \tag{7-26}$$

式中：D——钎钉钻孔的直径(m)；

τ——锚固段周边砂浆与孔壁的平均抗剪强度(kPa)。

抗剪强度 τ 除取决于地层特性外，还与施工方法、灌浆质量等因素有关，最好通过现场拉拔试验确定钎钉的极限抗拔力。在缺乏试验条件的情况下，黄土 τ 可取值范围是60～130kPa。

思考题与习题

1. 土工合成材料的主要功能体现在哪几个方面？分别举例说明。

2. 简述加筋土的加筋机理。

3. 加筋土挡墙有何优点？

4. 举例说明加筋土垫层的工程应用。简述加筋土垫层提高地基承载力和减少地基沉降的机理。

5. 土钉与加筋土挡墙有哪些相同与不同之处？

第八章

高填方地基加固处理

第一节 概述

机场高填方工程是指山区或丘陵地区机场最大填方高度或填方边坡高度(坡顶和坡脚高差)大于或等于20m的工程。

随着国民经济的发展、综合国力的增强,为适应航空运输不断发展的需求,在山区修筑现代化的军用、民用机场是不可避免的。已有一些最大填方高度(或填方边坡高度)大于20m的机场,如铜仁凤凰机场为24m、绵阳南郊机场为28m、大理荒草坝机场为30m、万州五桥机场为32m、广元盘龙机场为38m、兴义万峰林机场为42m、黔南州荔波机场为46m、昆明长水国际机场为52m、贵阳龙洞堡国际机场为54m、攀枝花保安营机场为65m、三明沙县机场为65m、吕梁大武机场为127m、九寨黄龙机场为138m、承德普宁机场为141m、六盘水月照机场为153m、重庆江北国际机场为164m等。

在山区修建的机场必然会遇到高填方。山区地基与平原地基相比,工程地质条件更复杂,一方面有地基性质不均匀和填料不均匀问题,另一方面又有场地稳定性问题。机场跑道的适航性对山区机场高填方变形和稳定提出了极为严格的要求,一旦出现事故,将造成巨大的不良社会影响和经济损失。因此,必须弄清山区地基的特点,有针对性地采取有效措施做好地基处理,确保机场地基的安全和稳定。高填方地基的特点有:

(1)存在大量的不良地质现象。山区经常发生的不良地质现象有滑坡、崩塌、断层、岩溶、泥石流等,这些不良地质现象的存在,对机场建设构成直接或潜在的威胁,给地基处理带来困难,处理不当就有可能带来严重损害。

(2)岩土性质复杂。山区除岩石外,还有各种不同类型的土层,如残积层、坡积层、洪积层、冲积层。这些岩土的力学性质往往差别很大,如软硬不均,分布厚度也不均匀,有的土层夹杂有直径数米至数十米的大块孤石等。

(3)水文地质条件特殊。南方山区一般雨水丰富,当机场地基破坏了天然排水系统时,应解决好暴雨带来的洪水排泄问题,在山麓地带汇水面积大,如风化物质丰富,就可能因暴雨形成泥石流。山区地下水因受大气降雨影响也常处于不稳定状态。在高填方坡脚,在雨季来自坡顶的高水头,会破坏某些地下设施,应注意防水。

(4)地形高差起伏大。山区机场场区往往沟谷纵横,坡陡沟深,填挖土石方量大,给地基处理带来很多困难。

第二节 高填方地基处理的技术问题及原则

高填方工程一般具有地形起伏较大、地质条件复杂、土石方材料多样且工程量巨大等特点,以及由此带来的场地稳定、地基与填筑体沉降和差异沉降、高边坡稳定等方面的问题。

高填方较突出的岩土工程问题是工后沉降、工后差异沉降以及边坡稳定等,处理和填筑后应保证变形均匀、填筑密实、地基稳定。机场高填方是一个由土方、石方或土石混合体共同构成的不同部位承载着不同功能的系统,这个系统的工程形态主要由“基底面”“临空面”“交接面”“填筑体”4个要素构成“三面一体”,平衡并控制好这“三面一体”,就解决了这个系统的主要工程技术问题。

(1)“基底面”为填筑体与原地基的结合面,其岩土工程特性是机场高填方工程需要重点研究与解决的关键技术问题。

(2)“临空面”为边坡坡面和高填方顶面。设计边坡时除应考虑优化坡比以保证在抗滑稳定性情况下最为经济外,还需充分考虑排水和环境等问题。高填方顶面包括道基顶面和飞行区土面区顶面。道基顶面有严格的沉降控制要求和强度及刚度要求;另外,干旱、半干旱寒冷地区,道基土体中的水分以气态水形式被温度/浓度差驱动至道面下冷凝或凝华,产生浅层水分富集的“锅盖效应”,引起道基含水率增加,导致道基冻胀、不均匀沉降、道面变形开裂等病害。飞行区土面区顶面则有一定的沉降控制要求和表面特性要求。

(3)“交接面”为填挖方交接面及其过渡段。由于挖方区无沉降变形甚至挖方卸荷后有一定回弹,而填方区有沉降变形,并且交接面附近的地基处理又往往被忽视,导致填挖方交接面的沉降差异较大且容易出现突变,会对道面结构造成不利影响。因此,“交接面”处理是高填方机场应特别注意的一个问题。

(4)“填筑体”包括飞行区道面影响区填筑体、飞行区土面区填筑体、其他场地分区填筑体和填方边坡稳定影响区填筑体等。填筑体的控制是高填方工程控制的核心。“填筑体”对变形与稳定的影响体现在以下几个方面:填筑体自身的压缩变形会造成“临空面”的水平位移和沉降;填筑体与原地基共同作用也会影响原地基的沉降变形;在填方边坡稳定影响区,填筑体的强度特性则直接影响高边坡的稳定性。同时,填筑体自身的强度、变形特性还受到填料、施工等因素的影响。

由于山区地基具有上述特点和影响处理的因素,因此,在山区进行机场设计与施工时,应遵循以下原则。

1)处理好填挖与地形的关系

由于机场工程建设的范围大、场地分区多,尤其是山区机场通常跨越多个地形地质单元,土石方量大且填料种类多、性质复杂,同一场地岩土的物理力学指标离散性一般较大,加上岩溶、滑坡等诸多不良地质作用,场地平整有挖有填。同时考虑放坡因素,需要较平原地区机场占用更多的土地,因此应综合考虑场地分区,采取挖填平衡、节约土地的原则。

2)处理好机场地基与山体滑坡、软弱地基及大块孤石的关系

如机场地基下遇有滑动体,必须查明滑动体的范围、埋深、分布、滑动方向和倾角,必须进行专门的滑动体勘察和地基处理设计。对滑动体范围不大、埋深较大的,可全部清除,再分层回填压实。对埋深和范围大的滑动体一般可采用锚索和抗滑桩进行稳定处理,并做好地面和地下水的排水设施(盲沟)设计,减少或避免水对滑动面的浸蚀。

对于山间和山谷地区的淤泥等软弱地基,一般采用挖除换土的办法,需回填石碴或山坡土夯实。大块孤石影响地基的均匀性,必须挖除,对装载搬运困难的孤石,可先破碎再清除。

3)处理好山洪、排水与场道基础稳定的关系

山区常有大暴雨,加之地势陡峻,极易形成山洪和泥石流,造成灾害。山区机场地基的工程事故多由水造成。工程实践表明,充分利用和保持长期形成的天然植被和排水系统,对保证机场地基的稳定和安全十分重要。但机场工程面积大,天然植被被破除和天然排水系统被填堵是不可避免的,因此,重新设计场区截洪沟和新的排水系统,对稳定场道基础,事关重大,必须予以特别关注。

总之,在山区进行机场建设时,必须充分重视地基问题,认真细致地做好工程地质勘察工作,查明地层构造、岩土性质及地下水的埋藏条件,查明场地不良地质现象的成因、分布及其对地基稳定性的影响。

第三节 高填方地基加固处理试验方案确定原则

在机场高填方工程大面积施工前,应结合工程的实际情况开展试验段工作。高填方试验段工程以研究地基、填料及填筑体特性,验证并完善高填方工程设计和探索施工工艺为主要目的,通过现场试验选择适宜的原地基与填筑体处理方法、施工工艺,制定施工质量控制和检验标准,以有效地控制工程质量和节约工程投资。

机场高填方工程涉及的岩土工程问题因地形地貌、工程地质条件等不同而有很大的差异，试验段需要有针对性地进行设计，主要体现在以下几个方面：

(1)试验段地段的确定。在机场高填方工程中，原地基条件、填方高度、边坡类型等均可能成为影响试验段选择的要素。如原地基可能存在各种基岩强风化层、残坡积层和冲洪积层等，并在地表水以及地下水长期作用下形成软弱土层，使机场高填方原地基成为典型的多元结构，对高填方的稳定与沉降变形将产生重要影响，故需要针对主要问题合理选择试验区域。

(2)填料的选择。基于挖填平衡的原则，高填方机场的填料应来自场内的挖方。除特殊情况(如湿陷性黄土地区填料的单一性)外，填料的性质可能多样，如昆明长水国际机场的填料包含了三类土料(红黏性土、黏性土、碎屑岩风化土)和两类石料(碎屑岩、碳酸盐岩)，填料性质的差异涉及合理的使用以及压实工法的选择。在进行试验设计时，需要根据机场各功能区的要求，选择场内的主要填料。

(3)施工工艺选择。在机场高填方工程中，原地基土性质与填料类别是确定施工工艺的决定性因素。各种施工工艺的场地适宜性以及与原地基土、填料类别的匹配情况，需要有经验的设计者在技术经济分析的基础上，通过现场试验进行合理的选择。

(4)检测与监测方法选择。在机场高填方工程中，检测是促进施工质量水平提高的重要手段，监测是评价地基、填筑体沉降与稳定性的重要环节。随着技术的发展，针对不同的地基处理方法、填料类别和填筑压实工艺，检测与监测方法可能有多种选择。需要对各种检测与监测方法进行合理的比较和选择。

一、原地基处理试验

机场高填方工程遇到的复杂地基问题主要有两类：一类是软弱土问题，这类问题主要表现在填方区地基中，由于软弱土性质、分布位置、分布规模等不同，其对上部道面结构以及边坡稳定的影响程度也不同；另外一类是空洞问题，这类问题既包括岩溶地区的溶洞、土洞问题，也包括矿区采空区问题，还包括架空结构问题、潜蚀洞穴问题等，这类问题的共同点是，空洞的存在，会影响填筑体以及边坡的稳定。

原地基处理试验应符合下列要求：

(1)宜采用多种原地基处理方法进行试验，试验时应优先选用易于施工、技术经济合理的方法。

(2)原地基处理前后，宜采用多种检测方法测试地基强度及变形等技术指标。

(3)应结合场区排水系统方案，设置试验段排水系统。

原地基处理试验应取得下列成果：

(1)验证、优化原地基处理设计方案。

(2)为全场大面积原地基处理施工提供适用性好的地基处理方法、工艺及参数。

(3)为全场大面积原地基处理施工质量控制提供适宜的检测方法及控制指标。

二、土石方填筑试验

土石方填筑试验应符合下列要求：

(1)宜根据填料类别选用强夯、冲击碾压、振动碾压等适宜工法进行土石方填筑试验。

(2)宜采用多种检测方法测试不同压实方法的填筑压实效果。

(3)宜在原地基处理后的地基上进行。

土石方填筑试验应取得下列成果：

(1)验证、优化土石方填筑设计方案。

(2)为全场大面积土石方填筑工程施工提供适用性好、技术可靠、经济合理的填筑压实方法、工艺和参数。

(3)为全场大面积土石方填筑工程施工质量控制提供适宜的检测方法及控制指标。

(4)验证和修正勘察报告给出的填挖比等参数。

三、专项试验

(1)对高填方工程的岩溶地基处理,应根据勘察资料、填挖高度和现场实际情况,进行试验研究。试验研究的内容宜包括岩溶稳定性评判、岩溶处理方法的适宜性、岩溶处理效果的检测方法等。

(2)对湿陷性黄土高填方工程,应根据现场实际情况对湿陷性黄土地基处理及高填方稳定性进行试验研究。试验研究的内容宜包括原地基处理方法的适宜性、填筑压实技术的适宜性、高填方地基变形特性、对浸水湿陷量的实测等。

(3)对膨胀土高填方工程,应对膨胀土地基处理及高填方稳定性进行试验研究。试验研究的内容宜包括膨胀土高填方填筑技术的适宜性,膨胀土高填方边坡处理技术的适宜性,膨胀土对道基变形的影响及控制措施。

第四节 原地基处理

飞行区道面影响区、飞行区土面区和填方边坡稳定影响区地基处理应满足其功能要求,航站区、工作区及预留发展区地基处理应满足场地平整的要求,其后续的建(构)筑物应根据具体使用要求进行二次处理,场地平整(造地) 地基处理不得给后续工程带来地质隐患及实施困难。

根据机场建设项目的特点和总平面规划图,原地基的处理范围应不小于表 8-1 的范围。

原地基处理范围　　表 8-1

场地分区	范　围
飞行区道面影响区	道肩两侧各处外延 1～3m 的范围，填方区在外延线处以 1∶0.6～1∶0.4 向道肩外侧斜投影至原地面的范围
飞行区土面区	飞行区内飞行区道面影响区以外的区域，不包括填方边坡稳定影响区
航站区	航站区用地的投影范围
工作区	工作区用地的投影范围
预留发展区	预留发展区用地的投影范围
填方边坡稳定影响区	根据填方高度和原地基的实际条件，通过具体分析确定

注：飞行区道面影响区斜投影坡比，填料为石料、土石混合料和砂土料时可取 1∶0.6，填料为粉土料和黏性土料时可取 1∶0.4。

填挖交界处、土岩交界处、处理方法不同的地基交界处、土石方填筑与结构物结合处等应进行过渡段处理。

在填挖交界处，根据原地面坡度，可开挖台阶或超挖放坡与开挖台阶相结合，如昆明长水国际机场、重庆江北国际机场、六盘水月照机场、宁蒗泸沽湖机场等采用道基顶面以下 0～3m 超挖放坡不大于 1∶8，3～8m 超挖放坡不大于 1∶2，8m 以下超挖放坡不大于 1∶1，且开挖宽度不小于 2m 台阶。在土岩地基交界处，超挖土岩地基交界处的基岩，必要时超挖放缓原基岩面并设置搭接垫层。在不同地基处理方法的交界处，扩大强夯、冲击碾压的处理范围，或设置垫层、土工合成材料等进行搭接。

一、填方地基处理

飞行区道面影响区填方原地基处理除应符合《民用机场岩土工程设计规范》（MH/T 5027—2013）的规定外，还应符合下列要求：

（1）浅部软弱土层厚度较小时，宜优先采用换填法处理；软弱土层厚度较大时，宜优先采用复合地基处理，或利用填筑体荷载进行堆载预压处理。

（2）岩溶地基宜采用强夯、冲击碾压等方法消除不明隐伏岩溶的影响。

（3）膨胀土地基应结合填筑体荷载确定是否需要处理并选择合适的处理方法。

二、挖方地基处理

飞行区道面影响区挖方地基处理除应符合《民用机场岩土工程设计规范》（MH/T 5027—2013）的规定外，还应符合下列规定：

（1）土洞应进行处理；溶洞应根据开挖后的埋深进行稳定性判别，判别为不稳定时应进行处理。

（2）道基顶面开挖出露岩石时宜超挖，并铺设厚度不小于 500mm 的褥垫层，褥垫层材料可采用级配良好、粒径不大于 150mm 的碎石料、石质混合料或砾质混合料。

第五节 填方工程

场内开挖的土石方材料性质多样时，填料调配主要受不同场地分区对变形和强度的不同要求影响，如：岩石强度高、级配良好的填料优先用于填筑飞行区道面影响区和填方边坡稳定影响区；而级配不良、强度较低的填料用于填筑土面区等对变形和强度要求不高的场地分区。航站区、工作区中的建(构)筑物通常采用桩基础，填料为石料或含有大块石的土石混合料时，则会增加桩基施工的难度。飞行区土面区设计高程以下200mm内对填料的规定是为了满足植草绿化要求，并且避免靠近道肩的石子被飞机发动机吸入。

道基填挖交界处应设置过渡段，采取冲击碾压、强夯、挖台阶、设置土工合成材料等措施。

石料、石质混合料、砾质混合料的压实指标宜采用固体体积率，土质混合料、土料的压实指标应采用压实度。

石料填筑施工宜优先采用强夯法，应采用堆填法填筑，强夯前需用推土机推平。强夯施工参数宜通过单点夯击试验确定。

土石混合料填筑施工可优先选用冲击压实法或振动碾压法，分层碾压过程中的虚铺厚度、压实遍数、间歇时间等参数应通过试验段或现场试验确定。

土料填筑施工应符合下列规定：

(1)宜优先选用振动碾压或静压方法，虚铺厚度按土质类别、压实机具性能等通过试验确定，当填筑至道基顶面时，顶层最小压实厚度应不小于100mm；

(2)压实过程中，应控制土料的含水率在最优含水率±2%的范围内。

第六节 边坡工程

一、滑坡原因及整治措施

高填方机场地基山体滑动的原因比较复杂，一般内因在外因的作用下使山体发生滑动。

1.滑坡产生的内因

内因包括地层岩性、地质构造、滑面产状等。

(1)地层岩性。地层中含有岩性不良的土层，往往就是岩石顺层滑坡、滑动带产生下滑形成的。从直接观察滑坡残迹、地质钻探及试验资料不难得知，滑动带一般有较薄软弱岩,这层泥岩风化严重,并且抗水性差,受到山体裂隙潜水的长期作用,遇水软化,抗剪强度降低,主滑动带就会沿此薄层泥岩下滑。

(2)地质构造。工程开挖破坏山坡原有的平衡条件,这会造成节理的普遍松弛和张开,降雨易通过此节理裂隙下渗到严重风化层,为滑坡下滑提供了条件。

(3)滑面产状。当滑坡倾角比原状泥岩的内摩擦角稍小时,山体就已处于稳定性较差的状态,一旦水渗入滑动带,岩体的内聚力(c)和内摩擦角(φ)就会很快减小,从而使山体的稳定性进一步降低。

2. 滑坡产生的外因

(1)降雨和地下水。降雨和地下水是滑坡外因之一,滑坡的发生、发展过程实际是岩体的抗剪强度不断减小,滑动带抗剪强度逐渐衰减,滑动能量不断积累的过程。渗入滑动带的地下水在滑动带抗剪强度不断衰减过程中,起着重要作用。

(2)地形因素。当坡度较陡(≥40°)时,山坡下滑力较大,使上覆岩层沿下伏泥岩(滑动带)产生蠕动变形,为滑坡的发生创造了条件。

(3)人为因素。人为因素也是滑坡不可忽视的重要外因。如山体的开挖,施工机械的移动、振动,过量的切坡,大量的填方等都会破坏山体的自然平衡,使原来相对稳定的边坡失去坡脚的支撑,在自重的作用下,岩体首先沿软弱结构面产生应力松弛,逐步造成整个滑体下滑。

纵观上述内容,滑坡是由各种内部条件(地层岩性、地质构造、滑面产状)的客观存在和一些重要外因(水文的、地质的、人为的)综合作用所致。

3. 滑坡的整治

高填方影响范围内的滑坡应按施工过程中和填筑完成后的工况进行稳定性分析,当稳定安全系数不满足要求时,应采取防治措施。防治措施应优先结合土石方工程予以挖除或填筑反压。整治滑坡的措施很多,但目前比较常用且行之有效的措施有以下几种:

1)挖除全部滑体或削方减载

挖除全部滑体简单易行,目前已得到广泛应用,特别是滑体较小,土石方工程量较少(与机场整体土石方量比)时,全部挖除是最稳妥的办法。

削方减载,受滑面形态直接控制,且受排水等因素影响,适用于具有较长前缘缓坡段的滑坡。一般削方量占滑体20%以下,是经济合理的。采用削方减载,应避免坡顶部位产生新的滑坡。斜坡上岩土体在自重作用下一般既产生滑移力也产生抗滑力,不适当的削方减载所起的作用有限,甚至会产生副作用,因此要根据情况进行计算分析。同时要注意在分析斜坡稳定性时,不能仅看到局部的斜坡,而要从更大范围来进行分析。如对某一局部斜坡的上部进行削方减载时,可能会引发更上部斜坡的滑动。

2)坡脚反压

高填方工程土石方填挖方量大,滑坡治理采用填筑反压的措施,可结合土石方调配统筹考虑增加的土石方工程量。采用坡脚反压,应避免坡脚部位发生新的滑坡。对斜坡的坡脚进行压载时，可能会降低下方潜在滑移面的稳定性。

3）提高地基承载力

当高填方原地基中已发生滑坡，或高填方填筑体荷载将诱发原地基滑坡时，原地基承载力已无法满足高填方荷载要求，此时，应结合土石方工程及原地基处理工程予以综合整治。例如，存在浅层滑坡或者浅层软弱覆盖层时，应清除滑面或软弱面以上土层，采用换填法加固地基，并设置好排水盲沟，提高地基承载力。

4）减小坡率

减小坡率就是将边坡的坡度放缓，一般采用削坡减载的方式，减小边坡可能发生滑坡破坏的下滑力。边坡坡率应通过稳定性计算分析确定，根据边坡岩土体自身黏聚力、填方高度和原地基地质条件确定合适坡率，若边坡上部为停机坪和服务车道，还应考虑飞机和车辆荷载。

5）抗滑桩

由于各种抗滑桩都具有施工灵活性强，对滑体扰动甚小，对地下水径流影响小，施工弃方少的优点，故得到广泛应用。但也因滑面形态不同而效果各异。如对陡直的滑面滑坡，因下滑力大，施工难度高，投资也会增大。

6）抗滑锚索

抗滑锚索是在已成孔洞中将高强度钢绞线锚固在稳定的地层内并施加预应力，使之起到抗滑作用，同时钻孔按抗拉力最大的角度进行设计，充分发挥钢材抗拉强度高的优势，故其效果比抗滑桩更为优越。

本措施适用于各类型滑面滑坡，在陡滑面和陡的直线滑面的滑坡中使用更显示其在技术经济上的先进和合理性。

7）抗滑挡墙

抗滑挡墙一般只适用于浅小滑坡和在前缘具有缓坡滑面的滑坡，常配合其他措施使用。

8）排水措施

如前所述，彻底阻止水对滑坡特别是对滑面的作用是极不现实的。山区高填方工程的防排水设计有着较大的难度，因为原场地的地表水系及地下水系往往较为复杂，而高填方工程又可能对原本复杂的水系产生复杂的影响。场地的防排水设计要综合考虑整个场地各个部位的防排水措施，保证整个防排水体系的科学有效性。所以，排水措施一般与其他工程措施配套进行综合整治，用截水沟或盲沟将水引走。

此外，对高填方工程的施工要事先制订详细的施工方案，科学安排施工顺序，规划施工运输道路等，对施工过程每个阶段斜坡的稳定性进行评价、分析，切实避免施工过程中发生滑坡。高填方边坡设计应优先采用坡率法或边坡支挡。采用坡率法时宜充分利用有利地形或设置反压平台等稳固坡脚，边坡支挡可采用衡重式或仰斜式的重力式挡墙、加筋土挡墙、悬臂式桩板挡墙、扶壁式挡墙等形式。

二、坡率法

坡率法是边坡岩土体依靠自身黏聚力和重力作用产生的抗滑力来保持稳定的方法。坡率法在山区具有较大的经济优势。

高填方边坡宜采用台阶式，每级边坡高度宜为10m，每级边坡间应设置马道，马道宽度宜为2～3m。最下一级边坡高度小于5m时，与其上一级边坡间可不设马道。边坡坡率应通过稳定性计算分析确定，斜坡稳定性分析应根据可能的滑裂面形状，采用条分法、剩余推力法等进行。对较复杂的情况可进行数值计算，高度较大时宜考虑粗粒填料强度的非线性特性。

斜坡上的填方边坡应验算其沿斜坡滑动的稳定性。分层填筑前，应将斜坡的坡面修成若干向内倾斜的台阶，倾斜坡度宜大于4.0%，台阶宽度宜大于2m，台阶高度应与斜坡天然坡度相适应。当单独采用坡率法不能有效改善边坡整体稳定性时，坡率法应与其他边坡支护方法联合使用。

三、边坡支挡

边坡支护有坡率法、边坡支挡（重力式挡墙、扶壁式挡墙、悬臂式桩板挡墙、桩板式挡墙、板肋式或格构式锚杆挡墙、排桩式锚杆挡墙）、抗滑桩、加筋土、岩石喷锚等多种形式。重力式挡墙是边坡岩土体依靠自身黏聚力和自身重力以及挡墙重力的作用产生抗滑力而保持稳定。其余边坡支护形式除重力提供抗滑力外，还需借助锚杆力、支护结构内力等。只依靠自身黏聚力和重力作用产生的抗滑力而保持稳定的支护形式为重力自稳的形式，该形式的最大优点是边坡稳定不受支护结构使用寿命的影响。采用其他支护结构形式，高填方边坡产生的土压力在支护结构中产生的内力会很可观，对支护结构的强度要求很高，除造价较高外，支护结构的使用寿命也会影响高填方边坡的长期稳定和安全。

高填方边坡高度较大，采用边坡支挡结构时，支挡结构承受的土压力较大，且挡墙后为填方，采用衡重式或仰斜式的重力式挡墙有利于增加挡墙高度。加筋土挡墙可以增大放坡的坡比，减少征地。悬臂式桩板挡墙适用于边坡高度不大的情况，特别是原地基内存在危险滑动面时。有滑坡可能性或已发生滑坡时，桩板式挡墙既可作为抗滑桩，又可作为填方边坡的支挡结构。

高填方边坡高度大，采用边坡支挡结构时，作用在支挡结构上的土压力较大，支挡结构既要承受高填方边坡的土压力，还要满足边坡整体稳定性的要求。采用重力式挡墙时，由于重力式挡墙的自重较大，原地基有时不能满足承载力及沉降要求，需要增大挡墙基础的埋深或进行挡墙地基处理。

1. 重力式挡墙

重力式挡墙设计应进行抗滑移、抗倾覆稳定性及地基稳定性验算。重力式挡墙高度较大时还应验算墙身截面的抗压强度，必要时验算墙身截面的抗剪强度。

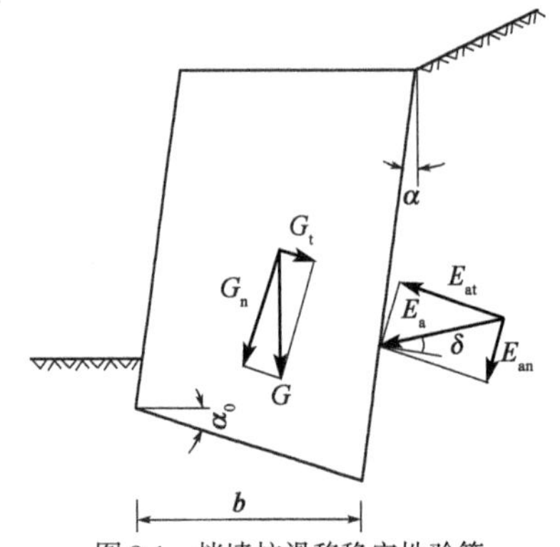

图 8-1 挡墙抗滑移稳定性验算

(1)重力式挡墙的抗滑移稳定性应按式(8-1)~式(8-5)验算,计算简图见图8-1。

$$F_s = \frac{(G_n + E_{an})\mu}{E_{at} - G_t} \geqslant 1.3 \tag{8-1}$$

$$G_n = G\cos\alpha_0 \tag{8-2}$$

$$G_t = G\sin\alpha_0 \tag{8-3}$$

$$E_{at} = E_a\cos(\alpha_0 + \delta - \alpha) \tag{8-4}$$

$$E_{an} = E_a\sin(\alpha_0 + \delta - \alpha) \tag{8-5}$$

式中:F_s——挡墙抗滑移稳定安全系数;

G_n、G_t——挡土墙重力的水平、竖向分力(kN/m);

G——挡墙每延米自重(kN);

α_0——挡墙底面倾角(°);

E_{an}、E_{at}——主动岩土压力的水平、竖向分力(kN/m);

E_a——岩土每延米主动压力合力(kN);

δ——墙背与岩土的摩擦角(°);

α——墙背与铅垂线的夹角(°);

μ——挡墙底与地基岩土体的摩擦系数,宜由试验确定,也可按表8-2选用。

挡墙底与地基岩土体的摩擦系数μ 表8-2

岩土类别		摩擦系数μ
黏性土	可塑	0.20~0.25
	硬塑	0.25~0.30
	坚硬	0.30~0.40
粉土		0.25~0.35
中砂、粗砂、砾砂		0.35~0.40
碎石土		0.40~0.50
极软岩、软岩、较软岩		0.40~0.60
表面粗糙的坚硬岩、较硬岩		0.65~0.75

(2)重力式挡墙的抗倾覆稳定性应按式(8-6)~式(8-10)验算,计算简图见图8-2。

$$F_t = \frac{G \cdot x_0 + E_{az} \cdot x_f}{E_{ax} \cdot z_f} \geqslant 1.6 \tag{8-6}$$

$$E_{ax} = E_a\cos(\delta - \alpha) \tag{8-7}$$

$$E_{az} = E_a\sin(\delta - \alpha) \tag{8-8}$$

$$x_f = b + z\tan\alpha \tag{8-9}$$

$$z_f = z - b\tan\alpha_0 \tag{8-10}$$

式中：F_t——挡墙抗倾覆稳定安全系数；

b——挡墙底面水平投影宽度(m)；

α_0——挡墙底面倾角(°)；

x_0——挡墙中心到墙趾的水平距离(m)；

x_f——岩土压力作用点到墙踵的水平距离(m)；

z_f——岩土压力作用点到墙踵的竖直距离(m)；

z——岩土压力作用点到墙角的竖直距离(m)。

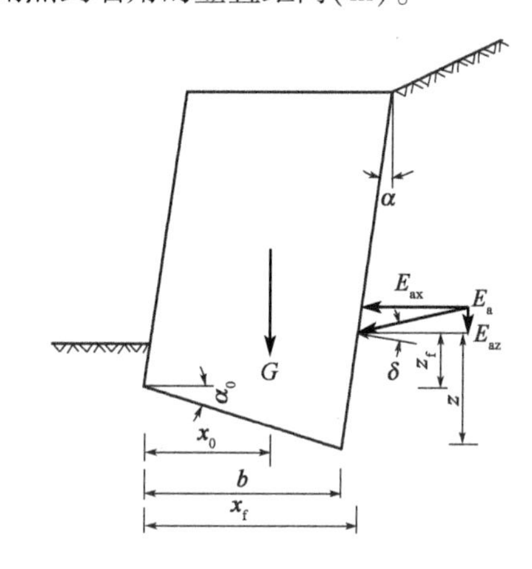

图 8-2　挡墙抗倾覆稳定性验算

(3)挡墙基底合力的偏心距不应大于基底宽度 b 的 1/6。偏心距应按式(8-11)计算。

$$e=\frac{b_0}{2}-\frac{\sum M_y-\sum M_0}{\sum N} \tag{8-11}$$

式中：e——基底合力的偏心距(m)，当为倾斜基底时，为倾斜基底合力的偏心距；

b_0——基底宽度(m)，倾斜基底为其斜宽；

$\sum M_y$——稳定力系对墙趾的总力矩(kN·m)；

$\sum M_0$——倾覆力系对墙趾的总力矩(kN·m)；

$\sum N$——作用于基底上的总垂直力(kN)。

重力式挡墙材料可使用浆砌块石、条石或素混凝土。块石、条石的强度等级不应低于MU30，砂浆强度等级不应低于 M7.5，混凝土强度等级不应低于 C15。块石、条石挡墙所用石材的上下面应尽可能平整，块石厚度应不小于 200mm。挡墙应分层错缝砌筑，砂浆填塞应饱满，严禁干砌，基底和墙趾台阶转折处不应有垂直通缝，外露面应用 M7.5 砂浆勾缝。挡墙天然地基承载力不足时，可采用加宽基础、地基处理或桩基础等措施。

重力式挡墙的伸缩缝间距，对块石、条石挡墙宜为 20～25m，对混凝土挡墙宜为 10～15m。在挡墙高度突变处及与其他建(构)筑物连接处应设置伸缩缝，在地基土性状变化处应设置沉降缝。缝宽宜为 20～30m，缝中应填塞沥青麻筋或其他有弹性的防水材料，填塞深度应不小于 150mm。

挡墙上应设置外倾坡度不小于5%的泄水孔，间距为2～3m，宜按梅花形布置，泄水孔直径宜不小于100mm，进水侧应设置反滤层或反滤包。

2.加筋土挡墙

加筋土挡墙高度宜不大于20m，挡墙分级时，单级高度宜不大于10m。加筋土挡墙的拉筋材料宜采用土工格栅、复合土工带或钢筋混凝土板条等，拉筋材料应具有抗拉强度高、延伸率小、蠕变变形小、耐腐蚀性较好、抗老化等性能。

加筋土边坡应通过稳定性设计确定加筋材料的铺设方式、铺设层数、铺设长度。由于机场高填方工程的加筋土边坡通常具有高度大、分级多等特点，还应对其进行内部和外部稳定性分析。内部稳定性分析包括拉筋强度、抗拔稳定、边坡坡度、面板结构设计等，外部稳定性分析包括抗滑移稳定、抗倾覆稳定、地基承载力等。内部稳定性破坏是指滑动面穿过加筋材料（包括部分穿过加筋材料）的可能破坏模式。外部稳定性破坏是指滑动面不直接穿越加筋材料的可能破坏模式。内部稳定性分析一般采用对数螺旋线破坏模式，对于接近直立挡墙可采用库仑直线破坏模式。一般要求内部与外部稳定安全系数均不小于1.3。

1）内部稳定性分析

（1）强度折减法。

使用强度折减法定义折减后的土体有效应力黏聚力 c'_e 和土体有效应力内摩擦角 φ'_e，见式(8-12)和式(8-13)：

$$c'_e = \frac{c'}{F} \tag{8-12}$$

$$\tan\varphi'_e = \frac{\tan\varphi'}{F} \tag{8-13}$$

式中：c'_e——折减后的土体有效应力黏聚力(kN)；

φ'_e——折减后的土体有效应力内摩擦角(°)；

F——安全系数；

c'——土体有效应力黏聚力(kN)；

φ'——土体有效应力内摩擦角(°)。

（2）库仑直线破坏模式。

考虑库仑直线破坏模式（图8-3）进行加筋土边坡内部稳定性分析，应采用式(8-14)计算安全系数。

$$c'_e\cos\varphi'_e L - u\sin L_w - W\sin(\alpha - \varphi'_e) + \sum_{i=1}^{n} T_i\cos(\alpha - \varphi'_e) = 0 \tag{8-14}$$

式中：L——滑动面总长度(m)；

L_w——孔隙水压力作用在滑动面上的总长度(m)；

u——作用在 L_w 上的平均孔隙水压力(kPa)；

W——滑动体的重力(kN)；

T_i——第 i 层筋材提供的抗拔力(kN)，当滑动面穿过该层筋材时，按式(8-16)计算；

n——加筋层数；

α——直线滑动面与水平线的夹角(°)。

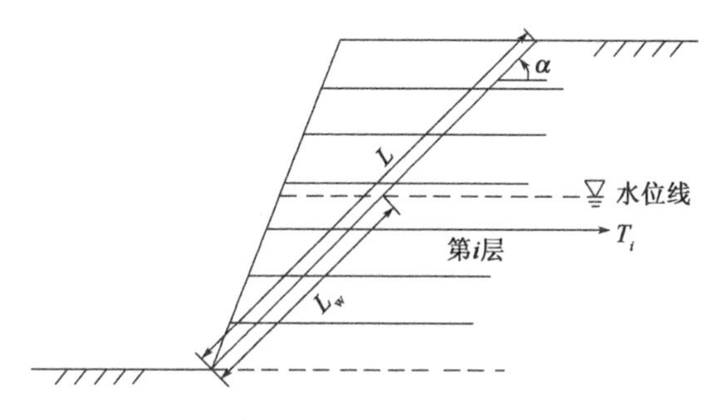

图 8-3 加筋土边坡库仑直线破坏模式

在计算中变动定义滑动面的几何参数 α，找到最小安全系数及其对应的临界滑动面，作为设计值用于稳定性复核成果。当需要考虑坡顶荷载和地震作用时，应计入垂直向下的表面外力和水平地震力。

(3)对数螺旋线破坏模式。

考虑对数螺旋线破坏模式(图 8-4)进行加筋土边坡内部稳定性分析，应采用式(8-15)计算安全系数。

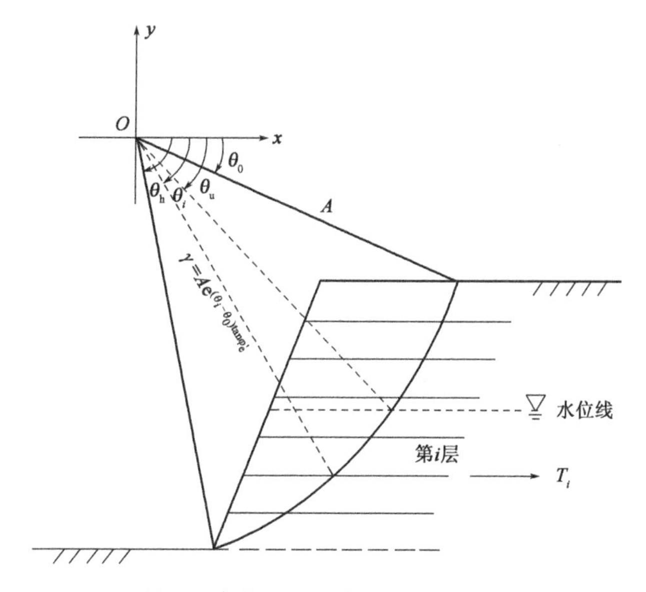

图 8-4 加筋土边坡对数螺旋线破坏模式

$$\int_{\theta_0}^{\theta_h} c'_e A^2 e^{2(\theta-\theta_0)\tan\varphi'_e} d\theta - \int_{\theta_u}^{\theta_h} u\tan\varphi'_e A^2 e^{2(\theta-\theta_0)\tan\varphi'_e} d\theta - M + \sum_{i=1}^{n} T_i A e^{(\theta_i-\theta_0)\tan\varphi'_e} \sin\theta_i = 0 \tag{8-15}$$

式中：A——对数螺旋线的初始半径(m)；

θ——对数螺旋线的转动弧度(°)；

θ_u——水位对应的对数螺旋线的转动弧度(°)；

u——作用在滑动面上的孔隙水压力(kPa)；

M——整个滑动体质量相对转动中心 O 的力矩(kN·m)。

安全系数 F 隐含于式(8-12)和式(8-13)中,可通过迭代求解。式(8-15)包含对数螺旋线破坏模式的两个未知变量(θ_0 和 θ_h),通过迭代计算可获得最小安全系数及其对应的临界滑动面,作为设计值用于稳定性复核成果。

(4)筋材强度和抗拔出验算。

加筋土挡墙的内部稳定性验算包括筋材强度验算和抗拔出验算,应按式(8-16)~式(8-21)计算。

$$T_i = K_i \sigma_{vi} S_{vi} S_{hi} \tag{8-16}$$

式中:T_i——筋材所受拉力值(kN)；

K_i——土压力系数；

σ_{vi}——筋材所处深度处竖向平均压应力(kPa)；

S_{vi}——筋材竖向间距(m)；

S_{hi}——筋材水平间距(m),筋材满铺时取1m。

K_i 应按式(8-17)和式(8-18)计算。

$0 < z_i < 6$ 时,

$$K_i = K_0 - \frac{(K_0 - K_a) z_i}{6} \tag{8-17}$$

$z_i \geqslant 6$ 时,

$$K_i = K_a \tag{8-18}$$

式中:z_i——墙顶距第 i 层筋材的高度(m)；

K_0——静止土压力系数；

K_a——主动土压力系数。

筋材强度验算应按式(8-19)和式(8-20)进行,安全系数应不小于1。

$$F_{sa} = \frac{A_e R_k}{T_i} \tag{8-19}$$

$$R_k = \frac{R_f}{F} \tag{8-20}$$

式中:F_{sa}——筋材强度安全系数；

A_e——筋材有效截面积,筋材满铺时取1m宽度范围内的筋材有效截面积(m^2)；

R_k——筋材材料抗拉强度标准值(kPa)；

R_f——试验测得的筋材材料抗拉强度值(kPa)；

F——考虑施工损伤、材料蠕变以及生物化学作用使筋材强度降低的因数,依据筋材种类在1.5~3.5间取值。

筋材抗拔出验算应按式(8-21)进行,抗拔出安全系数 F_{sp} 应不小于1.3。

$$F_{sp} = \frac{2B_i\sigma_{vi}L_{ai}f_i}{T_i} \tag{8-21}$$

式中:F_{sp}——筋材抗拔出安全系数;

B_i——筋材宽度(m);

L_{ai}——筋材伸过图8-5所示破裂面的长度(m);

f_i——第 i 层加筋所处土层与筋材间摩擦系数,应根据专项试验成果确定,无条件做试验时对一般筋材可取 $0.67\tan\varphi_{gi}$,φ_{gi} 为筋材所处部位土体内摩擦角标准值。

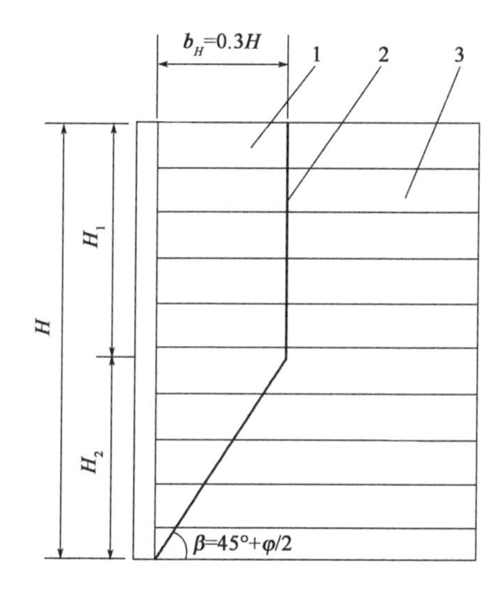

图8-5　加筋土挡墙简化破裂面示意图

1-滑动土体;2-破裂面;3-稳定土体

2)外部稳定性分析

加筋土边坡外部稳定性分析采用极限分析上限法计算安全系数,通过 B 点引入垂直条分面(图8-6),假定条间力方向为水平方向。采用式(8-22)计算安全系数。

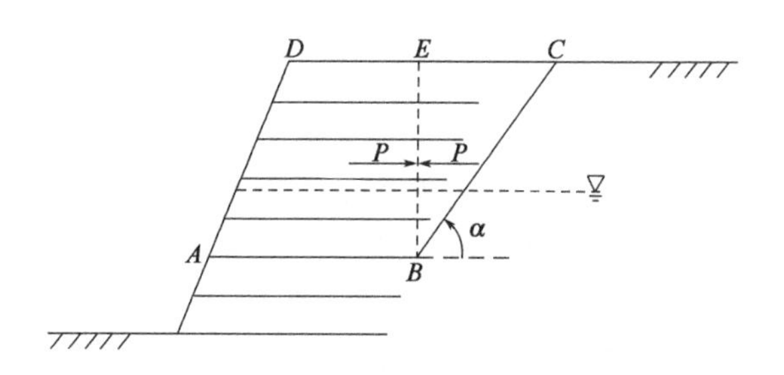

图8-6　加筋土边坡外部稳定性分析的破坏模式

$$
\begin{aligned}
&[(c'_{e}\cos\varphi'_{e}-u\sin\varphi'_{e})L-\Delta W\sin\varphi'_{e}]_{J}+\frac{\sin(\pi/2-\alpha+2\varphi'_{e,S})}{\sin(\pi/2-\varphi'_{e,S}-\varphi'_{e,J})}\\
&[(c'_{e}\cos\varphi'_{e}-u\sin\varphi'_{e})L-\Delta W\sin(\alpha-\varphi'_{e})]_{S}+\\
&\frac{\sin(\pi/2-\alpha+2\varphi'_{e,S})}{\sin(\alpha-\varphi'_{e,S}+\varphi'_{e,J})}[(c'_{e}\cos\varphi'_{e}-u\sin\varphi'_{e})L]=0
\end{aligned}
\tag{8-22}
$$

式中：J——沿筋材 AB 滑动的块体 $ABDE$；

S——沿墙后填土 BC 滑动的块体 BCE；

L——对应的滑动面长度(m)；

u——作用在对应的滑动面上的平均孔隙水压力(kPa)；

ΔW——对应的滑动体重力(kN/m)；

α——墙后滑动面 BC 与水平线的夹角(°)；

$\varphi'_{e,J}$——加筋材料与土体之间的有效内摩擦角(°)；

$\varphi'_{e,S}$——墙后土体的有效内摩擦角(°)。

图 8-6 中 P 为双滑块破坏模式垂直界面上作用的水平向内力。

在计算中，变动定义滑动面 BC 的几何参数 α，通过迭代计算最小安全系数，作为设计值用于外部稳定性复核成果。原则上，需对不同位置的筋材 AB 逐条复核。

进行加筋土挡墙外部稳定性验算时，可将其视为重力式实体墙进行抗水平滑移和抗倾覆验算，当墙下地基土质较差时还应进行地基承载力验算。

土工格栅包裹式加筋土挡墙筋材回折包裹长度应按式(8-23)计算。

$$
L_0=\frac{De_{ai}}{2(p_b+\gamma h_i\tan\delta_0)}\tag{8-23}
$$

式中：L_0——拉筋层的水平回折包裹长度，为水平投影长度(m)；

D——拉筋的上、下层间距(m)；

e_{ai}——加筋土挡墙墙面第 i 层拉筋处的水平土压应力(kPa)；

p_b——拉筋与填料之间的黏结力(kPa)；

γ——填料重度(kN/m^3)；

h_i——拉筋所处深度(m)；

δ_0——拉筋与填料之间的内摩擦角(°)，填料为砂性土时取 50% ~80% 内摩擦角。

筋材之间连接或筋材与墙面板连接时，连接强度不得低于设计强度。墙面板与土工格栅及复合土工带拉筋之间应采用连接棒或其他连接方式连接，墙面板与钢筋混凝土板条拉筋之间以及钢筋混凝土板条拉筋段之间应采用电焊连接。墙面板应设榫口或连接件与周边墙面板间相互密贴。面板内侧应沿整个墙高设置反滤层。

包裹式挡墙墙面板宜采用在加筋体中预埋钢筋与墙面板进行连接，钢筋埋入加筋体中的锚固长度宜不小于 3.0m。包裹式加筋土挡墙拉筋应采用统一的水平回折包裹长度，其长度应大于计算值，且宜不小于 2.0m。加筋土体最上部 1、2 层拉筋的回折长度应适当加大。

3. 悬臂式桩板挡墙

悬臂式桩板挡墙高度宜不大于12m,桩间距、桩长、截面尺寸应根据侧压力大小和嵌固段地基承载力等因素确定。对有滑动面的边坡及工程滑坡,应取滑动剩余下滑力与主动岩土压力两者中的较大值进行桩板式挡墙设计。

作用在桩上的荷载宽度可按其左右两相邻桩桩中心距离的一半计算。作用在挡土板的荷载宽度可按板的计算跨度计算。

桩板式挡墙用于滑坡支挡时,滑动面以上桩前滑体抗力可由桩前剩余抗滑力或被动土压力确定,设计时选较小值。当桩前滑体可能发生滑动时,不应计其抗力。

计算桩板式挡墙桩身内力时,临空段或边坡滑动面以上部分桩身内力,应根据侧压力或滑坡推力计算。嵌入段或滑动面以下部分桩身内力,宜根据地面或滑动面处弯矩和剪力,采用地基系数法计算。地基系数宜根据试验资料、地方经验和工程类比综合确定。桩板式挡墙的桩嵌入岩土层部分的内力采用地基系数法计算时,桩的计算宽度可按下列规定取值:

圆形桩:$d_p \leqslant 1$ 时,

$$B_p = 0.9(1.5d_p + 0.5) \tag{8-24}$$

$d_p > 1$ 时,

$$B_p = 0.9(d_p + 1) \tag{8-25}$$

矩形桩:$b_p \leqslant 1$ 时,

$$B_p = 1.5b_p + 0.5 \tag{8-26}$$

$b_p > 1$ 时,

$$B_p = b_p + 1 \tag{8-27}$$

式中:B_p——桩身计算宽度(m);

b_p——桩身实际宽度(m);

d_p——桩径(m)。

桩身混凝土应连续灌注,不得形成水平施工缝。当需加快施工进度时,宜采用速凝、早强混凝土。

4. 扶壁式挡墙

(1)扶壁式挡墙高度宜不大于10m,并应采用现浇钢筋混凝土结构。扶壁式挡墙的基础应置于稳定的岩土层中,其埋置深度应根据地基稳定性、地基承载力、冻结深度、水流冲刷情况以及岩石风化程度等因素确定。挡墙的侧向主动土压力宜按第二破裂面法计算。当不能形成第二破裂面时,可用墙踵下缘与墙顶内缘的连线或通过墙踵的竖向面作为假想墙背计算,取其中不利状态的侧向压力作为设计控制值。

(2)挡墙结构构件截面设计应按《混凝土结构设计规范(2015 年版)》(GB 50010—2010)的有关规定执行。挡墙结构应进行混凝土裂缝宽度的验算。迎土面的裂缝宽度应不大于0.2mm,背土面的裂缝宽度应不大于0.3mm,并应符合《混凝土结构设计规范(2015年版)》(GB 50010—2010)的有关规定。

(3)挡墙的抗滑、抗倾覆稳定性验算应按相关规范中重力式挡墙的有关规定执行。

(4)扶壁式挡墙的混凝土强度等级应根据结构承载力和所处环境类别确定,且不应低于C25。立板和扶壁的混凝土保护层厚度应不小于35mm,底板的保护层厚度应不小于40mm。受力钢筋直径应不小于12mm,间距宜不大于250mm。

(5)扶壁式挡墙尺寸应根据强度和变形计算确定,并应符合下列规定:

①两扶壁之间的距离宜取挡墙高度的1/3～1/2。

②扶壁的厚度宜取扶壁间距的1/8～1/6,且宜不小于300mm。

③立板顶端和底板的厚度应不小于200mm。

④立板在扶壁处的外伸长度,宜根据外伸悬臂固端弯矩与中间跨固端弯矩相等的原则确定,可取两扶壁净距的35%左右。

(6)当挡墙墙后原地面的横坡坡度大于1:6时,应进行表面粗糙处理后再填土。挡墙位于纵向坡度大于5%的斜坡时,基底宜做成台阶形。扶壁式挡墙纵向伸缩缝间距宜采用10～15m。宜在不同结构单元处和地层性状变化处设置沉降缝,且沉降缝与伸缩缝宜合并设置。挡墙的泄水孔设置及构造要求等应按重力式挡墙规定执行。

(7)墙身混凝土强度达到设计强度的70%后方可在墙后填土,填土应分层夯实。扶壁两侧回填宜对称实施。

思考题与习题

1. 何谓机场高填方工程?高填方地基具有哪些特点?
2. 简述机场高填方工程“三面一体”控制论的要点。
3. 机场试验段地段的确定需考虑哪些要素?

参 考 文 献

[1] 中国民用航空局. 民用机场水泥混凝土道面设计规范:MH/T 5004—2010[S]. 北京:中国民航出版社,2010.

[2] 中国民用航空局. 民用机场沥青道面设计规范:MH/T 5010—2017[S]. 北京:中国民航出版社,2017.

[3] 中国民用航空局. 民用机场岩土工程设计规范:MH/T 5027—2013[S]. 北京:中国民航出版社,2013.

[4] 中国民用航空局. 民用机场高填方工程技术规范:MH/T 5035—2017[S]. 北京:中国民航出版社,2017.

[5] 中华人民共和国住房和城乡建设部. 建筑地基处理技术规范:JGJ 79—2012[S]. 北京:中国建筑工业出版社,2013.

[6] 中华人民共和国建设部. 岩土工程勘察规范(2009 年版):GB 50021—2001[S]. 北京:中国建筑工业出版社,2009.

[7] 中华人民共和国住房和城乡建设部. 土工试验方法标准:GB/T 50123—2019[S]. 北京:中国计划出版社,2019.

[8] 中华人民共和国水利部. 土工合成材料测试规程:SL 235—2012[S]. 北京:中国水利水电出版社,2012.

[9] 中华人民共和国住房和城乡城设部. 湿陷性黄土地区建筑标准:GB 50025—2018[S]. 北京:中国建筑工业出版社,2019.

[10] 龚晓南. 地基处理手册[M]. 3 版. 北京:中国建筑工业出版社,2008.

[11] 《工程地质手册》编委会. 工程地质手册[M]. 5 版. 北京:中国建筑工业出版社,2018.

[12] 《岩土工程手册》编写委员会. 岩土工程手册[M]. 北京:中国建筑工业出版社,1994.

[13] 龚晓南. 复合地基理论及工程应用[M]. 3 版. 北京:中国建筑工业出版社,2018.

[14] 张爱军,谢定义. 复合地基三维数值分析[M]. 北京:科学出版社,2004.

[15] 叶书麟. 地基处理工程实例应用手册[M]. 北京:中国建筑工业出版社,1998.

[16] 何光武,周虎鑫. 机场工程特殊土地基处理技术[M]. 北京:人民交通出版社,2003.

[17] 翁兴中. 机场道面设计[M]. 3 版. 北京:人民交通出版社股份有限公司,2017.

[18] 叶观宝. 地基处理[M]. 4 版. 北京:中国建筑工业出版社,2020.

[19] 娄炎. 真空排水预压法加固软土技术[M]. 2 版. 北京:人民交通出版社,2013.

[20] 顾强康,李宁,黄文广. 机场高填土地基工后不均匀沉降指标研究[J]. 岩土力学,2009,30(12):3865-3870.

[21] 顾强康,刘伟. 爆夯加固法在机场地基处理中的应用[J]. 空军工程大学学报(自然科学版),2004,5(2):20-22.

[22] 姚志华,黄雪峰,陈正汉,等. 兰州地区大厚度自重湿陷性黄土场地浸水试验综合观测研究[J]. 岩土工程学报,2012,34(1):65-74.
[23] 黄雪峰,陈正汉,方祥位,等. 大厚度自重湿陷性黄土地基处理厚度与处理方法研究[J]. 岩石力学与工程学报,2007,26(s2):4332-4338.
[24] 姚雪贵,姚志华,周立新,等. 某机场自重湿陷性黄土场地地基处理试验研究[J]. 建筑技术,2016,47(3):213-217.
[25] 李婉,陈正汉,董志良. 考虑地下水浸没作用的固结沉降计算方法[J]. 岩土力学,2007,28(10):2173-2177.
[26] 董志良,李婉,张功新. 真空预压法加固潮间带软土地基的试验研究[J]. 岩石力学与工程学报,2006,25(s2):3490-3494.
[27] 李婉,董志良,陈正汉. 强夯法在排水固结加固后地基工程中的应用[J]. 水运工程,2005(8):61-66.
[28] 苏立海,李宁,吕高,等. 黄土机场近地表填土层含水率快速无损检测研究[J]. 西安理工大学学报,2015,31(1):40-44.
[29] 姜仁安. 土工合成材料在吉林省公路边坡防护中的实用技术研究[D]. 长春:吉林大学,2007.
[30] 杨惠林. 黄土地区路基边坡生态防护技术研究[D]. 西安:长安大学,2006.